普通高等教育"十二五"规划教材

支挡结构设计

汪班桥　主编
门玉明　主审

北　京
冶金工业出版社
2012

内 容 提 要

本书详细阐述了重力式挡墙、抗滑挡土墙、锚杆挡土墙、加筋土挡墙、抗滑桩、预应力锚索、土钉式挡土墙、桩板式挡土墙等支挡结构类型的设计原理和方法。本书理论结合实际，具有较强的实用性。

本书可作为高校土木工程、地质工程、岩土工程等专业的教材，也可供相关专业的工程技术人员参考。

图书在版编目（CIP）数据

支挡结构设计/汪班桥主编. —北京：冶金工业出版社，2012.6

普通高等教育"十二五"规划教材

ISBN 978-7-5024-5894-2

Ⅰ.①支… Ⅱ.①汪… Ⅲ.①支挡结构—结构设计—高等学校—教材 Ⅳ.①TU399

中国版本图书馆 CIP 数据核字(2012)第 085157 号

出 版 人 曹胜利

地 址 北京北河沿大街嵩祝院北巷 39 号，邮编 100009

电 话 (010)64027926 电子信箱 yjcbs@cnmip.com.cn

责任编辑 杨 敏 美术编辑 李 新 版式设计 孙跃红

责任校对 石 静 责任印制 李玉山

ISBN 978-7-5024-5894-2

三河市双峰印刷装订有限公司印刷；冶金工业出版社出版发行；各地新华书店经销

2012 年 6 月第 1 版，2012 年 6 月第 1 次印刷

787mm×1092mm 1/16；14.5 印张；349 千字；221 页

30.00 元

冶金工业出版社投稿电话：(010)64027932 投稿信箱：tougao@cnmip.com.cn

冶金工业出版社发行部 电话：(010)64044283 传真：(010)64027893

冶金书店 地址：北京东四西大街 46 号(100010) 电话：(010)65289081(兼传真)

前　言

本书是按照我国现行的相关专业的最新规范，并参照土木工程专业教学指导委员会的教学大纲编写而成的。为适应土木工程专业的教学需要，本书在内容安排上，突出各类支挡结构如重力式挡土墙、抗滑挡土墙、锚杆挡土墙、加筋土挡墙、抗滑桩、预应力锚索等的设计原理及方法，具有较强的实用性，并且在附录中给出了工程综合治理设计实例，目的是尽量做到使学生通过本书的学习不但能懂得各种不同的支挡结构的结构形式、应用范围和设计计算方法，而且还能够根据各种不同的环境条件选择不同支挡结构并能实际设计支挡结构。每章后均附有习题，便于学生更好地掌握本书内容。

本书由长安大学的汪班桥担任主编，由门玉明教授主审。具体编写分工为：汪班桥编写绪论、第1章~第4章、第6章，任祥编写第7章，王勇智编写第5章，汪班桥、王勇智、任祥编写第8章，汪班桥、李寻昌编写附录。全书由汪班桥统稿。

在编写过程中，得到了长安大学2012年"十二五"规划教材基金资助及兄弟院校有关人员的大力支持和帮助，同时，参考了有关文献，在此向有关人员一并表示感谢。

由于编者水平有限，书中不足之处，恳请各位读者、同行批评指正。

编　者

2012 年 1 月

目　录

绪 论

A 支挡结构的发展和展望

我国对滑坡灾害的系统研究和治理，是 20 世纪 50 年代开始的。对抗滑支挡建筑物的研究和开发应用，也是从新中国成立初期开始的。

50 年代起，主要学习苏联的经验。在治理滑坡中首先考虑地表和地下排水工程，如地面截、排水沟，地下截水盲沟、盲洞，支撑渗沟等，辅以减重、反压和支挡工程。支挡工程主要是各种形式的挡土墙。用重力式抗滑挡土墙治理人型边坡、大型滑坡常常工程量浩大，施工困难，虽然总结了"分段跳槽开挖基坑"的施工经验，有时还会造成加速滑动，危及施工安全。

60 年代末至 70 年代中期，随着施工技术的进步，抗滑结构形式不断完善创新。这个时期多采用抗滑挡土墙、挖孔抗滑桩、抗滑键（抗滑短桩，多在顺层边坡中使用）、桩墙结合或者采用挖孔钢筋混凝土桩与预应力拉杆组成的锚杆抗滑挡墙来整治滑坡。

70 年代中后期，在深入研究抗滑桩的受力状态和设计理论的同时，又研究开发了排架桩、刚架桩，椅式桩墙等新的结构形式，改变了抗滑桩的受力状态，节省了圬工和钢材。但由于施工要求高于单桩，至今没有得到广泛应用。同时，由于施工机械的发展，预应力锚索、锚定板挡土墙、锚定板与锚杆联合使用的挡土墙也开始用于滑坡治理。

80 年代至 90 年代锚固技术大力发展，演化出了各种各样的锚固结构形式，主要有：预应力锚索地梁或地墩、预应力锚索抗滑挡土墙、预应力锚索抗滑桩、预应力锚索桩板墙、预应力锚索格构。1993 年在深圳市罗沙公路西岭山滑坡防治中首次应用了预应力锚索格构，治理效果良好，推动了锚固技术的发展，也推动了边（滑）坡支挡形式的发展。

在此期间的重大滑坡防治工程中，为贯彻有关部门提出的"一次根治、不留后患"的原则，主要采用排水体系、减载与反压体系、抗滑桩墙体系、预应力锚索体系、土钉体系等相互结合的方式来治理滑坡。90 年代后边坡支护侧重于综合治理，不仅注重支护结构形式，而且注重治理前后的环境关系。

进入 21 世纪后，由于预应力锚固理论研究和凿岩施工机械的突破性进展，及其使用的经济性与实用性，预应力锚索被广泛用于滑坡整治。2000 年以来，预应力锚索格构在三峡库区边坡灾害治理中得到了广泛应用。同时，随着 21 世纪城市景观发展的需要，一些与景观相结合的支挡结构相继被提出并被应用到边坡工程上。2004 年中国铁道科学研究院深圳研究设计院的刘国楠研究员创造性地将土钉墙和坡面绿化有机地结合在一起，设计了一种花篮挂板式土钉墙，在深圳蛇口半山海景边坡支护工程项目中应用成功，取得了良好的工程效果和社会评价。同年，刘国楠研究员还提出了衡重式桩板挡墙结构来治理小型地质灾害及高挡墙，也取得了良好的工程效果和社会评价，随后在深圳的多个滑（边）坡工程中成功应用。2005 年梅益生等人提出了与景观效果相结合的锚桩板支护结构来治理边坡，取得了良好的工程效果。

近 20 年是抗滑支挡结构发展最快的阶段，由其发展趋势可以对未来发展前景作如下展望：

（1）新型结构的开发与应用。例如强度高、耐久性高、可提供较大抗滑阻力、可提供较大反弯矩的边坡支挡构件的开发与应用。

（2）新工艺工法的开发与应用。例如高强度预应力混凝土格构锚固工法、高强度预应力抗滑桩及锚拉抗滑桩的开发与应用、新型灌浆的开发与应用、各工法与计算机的结合应用等。

（3）与城市景观相结合及土地合理利用。各类治理工程在设计时，应充分考虑与城市景观的美化绿化相结合，考虑达到治理后土地资源的合理开发与利用。

B　支挡结构常见类型

a　支挡结构的分类

支挡结构类型划分方法很多，一般有按支挡结构的材料、结构形式、设置位置、设置地区等进行划分的多种方法，现说明如下。

（1）按结构形式分。

1）重力式挡土墙（包括衡重式挡土墙）；

2）托盘式挡土墙和卸荷板式挡土墙；

3）悬臂式挡土墙和扶壁式挡土墙；

4）加筋土挡土墙；

5）锚定板挡土墙；

6）抗滑桩和由此演变而来的桩板式挡土墙；

7）锚杆挡土墙；

8）土钉墙；

9）预应力锚索加固技术和由此发展而来的锚索桩等桩索复合结构；

10）桩基托梁挡土墙。

（2）按设置支挡结构的地区条件划分。分为一般地区、地震地区、浸水地区以及不良地质地区和特殊岩土地区等。

（3）按支挡结构的材料划分。分为浆砌片石支挡结构（如浆砌片石挡土墙）和混凝土支挡结构（如混凝土挡土墙、桩板墙、抗滑桩等）、土工合成材料支挡结构（如包裹式加筋土挡土墙）以及复合型支挡结构（如卸荷板式或托盘式挡土墙、土钉墙、预应力锚索、锚索桩等）。

（4）按支挡结构设置的位置划分。

1）用于稳定路堑边坡的路堑边坡支挡结构；

2）用于稳定路堤边坡的路堤边坡支挡结构，又可分为墙顶与路肩一样平的路肩式支挡结构及墙顶以上有一定填土高度的路堤式支挡结构；

　　3）用于稳定建筑物旁的陡峻边坡减少挖方的边坡支挡结构；

　　4）用于稳定滑坡、岩堆等不良地质体的抗滑支挡结构；

　　5）用于加固河岸、基坑边坡、拦挡落石等其他特殊部位的支挡结构。

b　常用支挡结构类型介绍

　　（1）重力式挡土墙。由于我国的一些地区石料来源丰富，就地取材方便，再加上施工方法简单，所以，在过去很长一段时间内，石砌的重力式挡土墙是我国岩土工程中广泛采用的主要支挡结构。这种挡土墙形式简单，设计一般采用库仑土压力理论。当墙体向外变形墙后土体达到主动土压力状态时，假定土中主动土压滑动面为平面并按滑动土楔的极限平衡条件来求算主动土压力。在侧向土压力作用下，重力式挡土墙的稳定性主要靠墙身的自重来维持，墙身一般采用浆砌片石来砌筑，有时也用混凝土。形式简单、取材容易、施工简便；适用于一般地区、浸水地区、地震地区等地区的边坡支挡工程，当地基承载力较低时或地质条件较复杂时应适当控制墙高。20 世纪 50 年代为适应西南山区地形陡峻的特点，出现了我国独创的衡重式挡土墙，如图 1 所示。

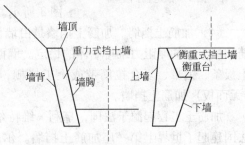

图 1　重力式挡土墙和衡重式挡土墙

　　（2）锚杆挡土墙。锚杆挡土墙是由钢筋混凝土肋柱墙面板和锚杆组成，靠锚杆拉力来维持稳定，肋柱等预制，有时，根据地质和工程的具体情况，也采用无肋柱式锚杆挡土墙。我国 20 世纪 50 年代开始引进锚杆技术，最初在煤炭系统中使用，随后又在水利、铁道、建筑、国防工程中逐渐推广。1966 年铁路部门在成昆铁路上首次将锚杆挡土墙用来加固边坡，继而在川黔、湘黔、太焦、京九、南昆铁路等线上推广运用，使用效果都很好。1990 年铁道部将锚杆挡土墙纳入《铁路路基支挡结构设计规则》中，并编制了相应的标准图供设计中运用，加速了这种结构在铁路中的推广使用。建筑、冶金等行业 70 年代末和 80 年代初在高层建筑的深基坑支护中大量采用了锚杆加固技术。由于锚杆在土质边坡中的加固作用比较复杂，《土层锚杆设计与施工规范》（中国工程建设标准化协会标准）对永久性锚杆的使用作了一些限制。铁路部门在 2001 年《铁路路基支挡结构设计规范》中规定锚杆挡土墙仅适用于一般地区岩质路堑地段，目前锚杆挡土墙在土质边坡的支挡工程中常用于临时加固工程。锚杆挡土墙如图 2 所示。

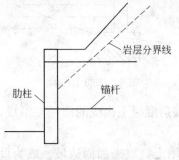

图 2　锚杆挡土墙

　　（3）锚定板挡土墙。锚定板在港口码头护岸工程中用来锚定岸壁钢板桩或混凝土板桩的顶部，已有很久的历史，一般要求锚定板埋设在被动土压区，大多数只用单层。20 世纪 70 年代，铁路系统首先把锚定板结构作为支挡结构运用于铁路路基工程，这种结构由墙面系、钢拉杆、锚定板和填土共同组成。填土的侧压力通过墙面传至钢拉杆，钢拉杆则依靠锚定板在填土中的抗拔力而维持平衡。1974 年，铁道部科一学研究院、第三工程局和铁三院共同试验研究，在太焦铁路稍院首次建成了一座 12m 高的多层锚定板挡墙。1976 年以后，铁路、公路、建筑、航运等在不同线路和边坡工程上修建了一些锚定板桥台、锚定板挡墙。例如，北京枢纽西北环线锚定板挡墙、武汉南环铁路和武豹公路立交桥的锚定板桥台、贵州六盘水小云尚煤矿专用线锚定板挡墙、

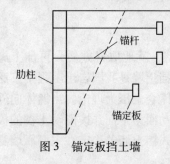

图 3　锚定板挡土墙

南平造纸厂锚定板挡墙等，加速了锚定板挡墙的推广。1990 年，锚定板挡墙设计的有关要求已纳入《铁路路基支挡结构物设计规则》。由于锚定板结构是我国修建铁路支挡工程中发展起来的一种新结构，墙面、拉杆、锚定板以及其间的填土组成一种复合结构，受力比较复杂，铁科院、铁三院、铁四院等单位通过试验提出了不同的计算模式，尚有待在实践中进一步研究、验证。锚定板挡土墙如图 3 所示。

（4）加筋土挡墙。加筋土挡墙是由墙面系、拉筋和填土共同组成的挡土结构，由拉筋和填土间的摩阻力维持墙体的稳定。墙面板宜采用钢筋混凝土板，拉筋宜采用钢筋混凝土板条、钢带、复合拉筋带或土工格栅，目前也有采用土工合成材料作拉筋的包裹式（无面板）加筋土挡墙。

加筋土工程起源于法国，亨利·维特尔于 1963 年提出加筋土结构新概念，1965 年在法国建起了世界上第一座加筋土挡墙。尔后，加筋土挡墙在世界各国迅速发展。我国从 20 世纪 70 年代初就开始了加筋土挡墙的研究工作。1979 年云南省煤矿设计院在云南田坝矿区建成了我国第一座加筋土挡墙储煤仓，该挡墙长 80m，高 2.3～8.3m，采用钢筋混凝土墙面板，素混凝土块穿钢筋作拉筋。该挡墙的建造成功，推动了加筋土挡墙在我国的推广运用。80 年代，先后在公路、水运、铁路、水利、市政、煤矿、林业等部门运用这项技术，加筋土工程的设计计算理论和施工技术也日臻成熟。1990 年铁道部将加筋土挡墙纳纳入《铁路路基支挡结构物设计规则》中，交通部也于 1991 年正式颁发了公路加筋土工程设计规范和施工技术规范。近年来，加筋土技术不断提高，据不完全统计，全国已建成加筋土挡墙上千余座。结构中已广泛采用钢筋混凝土、复合土工带、土工格栅等材料作为拉筋，墙面板除采用钢筋混凝土面板外，也出现了采用土工合成材料的无面板包裹式加筋土挡墙。加筋土挡墙如图 4 所示。

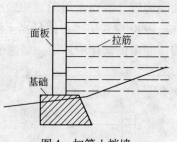

图 4　加筋土挡墙

（5）土钉墙。土钉墙一般由土钉及墙面系（钢筋网和喷射混凝土构成的面层）组成，靠土钉拉力维持边坡的稳定。

1972 年，法国瓦尔赛市铁路边坡开挖工程中成功地应用土钉墙来加固边坡，成为世界上首次将土钉墙作为支挡结构运用于岩土边坡的先行者。此后，土钉墙在法国和世界各地迅速推广。我国 20 世纪 80 年代初期开始引进这项技术，1980 年山西柳湾煤矿的边坡稳定工程中首次运用土钉墙来加固边坡。1987 年，总参工程兵科研所在洛阳王城公园首次采用注浆式土钉墙和钢筋混凝土梁板护壁结构相结合的措施，成功加固了 30m 高的护岸。冶金、建筑、铁路、公路等行业也将这项技术运用于基坑边坡加固及路基边坡加固工

程中。90 年代基坑采用土钉加固防护的深度为 10～18m，北京新亚综合楼工程，地下基坑深 15.2m，采用土钉支护。南宁至昆明铁路，铁道部第二勘测设计院等单位，为解决软弱破碎岩质高边坡的稳定问题，结合工程开展了分层开挖分层稳定新技术的研究，在 DK333、DK339 等工点采用土钉墙作为路堑边坡的支挡结构，最大墙高 27m，属国内路堑土钉墙之最，并根据试验成果，提出了土钉墙设计计算建议公式，其有关成果已纳入新修编的《铁路路基支挡结构设计规范》中。其后，土钉墙在内昆铁路、株六铁路复线工程、渝怀铁路等路堑边坡支挡工程中大量使用。土钉墙如图 5 所示。

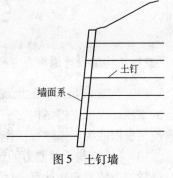

图 5　土钉墙

　　（6）抗滑桩。抗滑桩是一种由其锚固段侧向地基抗力来抵抗悬臂段的土压力或滑坡下滑力的横向受力桩（当用在非滑坡工程时常称其为锚固桩），在土质和破碎软弱岩质地层中常设置锁口和护壁。

抗滑桩是我国铁路部门 20 世纪 60 年代开发、研究的一种抗滑支挡结构。1966 年铁道部第二勘测设计院在成昆铁路沙北 1 号滑坡及甘洛车站 2 号滑坡中首次采用钢筋混凝土桩来加固稳定滑坡，取得了良好的抗滑效果。

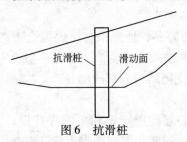

图 6　抗滑桩

20 世纪 90 年代以来，通过南昆线软弱破碎岩质深路堑边坡的结合工程试验，研究开发了分层开挖、分层稳定、坡脚预加固新技术，抗滑桩与钢筋混凝土挡板、桩间挡土墙、土钉墙、预应力锚索等结构结合组成桩板墙、锚索桩等复合结构，并在后来的内昆、株六复线、渝怀线等新线建设工程中，得到推广运用。抗滑桩如图 6 所示。

　　（7）预应力锚索。预应力锚索由锚固段、自由段及锚头组成，通过对锚索施加预应力以加固岩土体使其达到稳定状态或改善结构内部的受力状态，预应力锚索采用高强度低松弛钢绞线制作。

预应力锚索技术用于岩土工程在国外已有很长的历史。我国从 20 世纪 60 年代开始引进这项技术，1964 年梅山水库使用锚索技术加固右岸坝基获得成功。20 世纪 70 年代开始，该项技术在我国的国防、水电、矿山、铁路等领域逐步推广。

　　进入 20 世纪 90 年代后，一方面因为预应力锚索理论研究的不断深入，另一方面国内预应力锚索技术所需的高强度低松弛钢绞线材料及施工机械的发展和价格的降低，大大促进了预应力锚索技术的运用。由于预应力锚索具有施工机动灵活、消耗材料少、施工快、造价低等特点，90 年代中期，在南昆铁路工程建设中，广泛应用于整治滑坡、加固顺层边坡、加固危岩以及与抗滑桩相结合组成锚索桩等，在加固软质岩路堑高边坡等工程中发挥了巨大的作用，锚索加固技术得到较大发展，并迅速在全国山区铁路、公路路基支挡工程中推广应用。预应力锚索如图 7 所示。

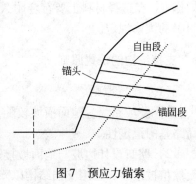

图 7　预应力锚索

C　支挡结构设计及设置原则

a　支挡结构的设计原则

（1）需要满足足够的承载能力。工作人员要熟悉掌握支挡结构的使用方法和所该注意的事项，保证支挡结构安全使用，支挡结构具有一定的承载能力极限，必须严格按照正确使用极限的要求来进行操作，并且对支挡结构要进行科学的计算和验证。

1）支挡结构承载能力的计算。对支挡结构的形式和受力特点进行认真的分析，并进行科学的土体稳定性计算，计算后还要进行验算，其主要内容分为：第一、支挡结构要保证不会沿着墙底地基中某一滑动面产生滑动，也即是对支挡结构整体稳定性的验证；第二、抗倾覆稳定的验算；第三、抗渗流验算；第四、抗滑移验算；第五、抗隆起稳定验算。对支挡结构受压、受弯、受拉承载力的计算。有锚杆或者支撑时，要进行支挡结构的承载力和稳定性验算。

2）使用极限状态计算。有时在工程中要求比较复杂，对支挡结构周围环境要求也比较多，所以，必须对支挡结构进行变形计算；在房屋建筑等工程时还要对钢筋和混凝土进行抗裂缝宽度计算。

（2）分析各种影响因素，满足工程需要。根据工程的需要、地理条件，要综合考虑地形、填土性质、荷载条件以及材料的供应和地区的技术条件等影响因素，再进一步确定支挡结构的布置、高度以及支挡结构的类型和截面尺寸。支挡结构的基础部分，尤其是抗滑桩，必须要有足够的勘探资料和准确的地基基础。

（3）满足规范要求，加强施工监控原则。支挡结构必须按照规定和要求进行设计。必须严格贯彻国家经济技术政策，按照统筹兼顾原则，施工过程中要明确指出质量安全检测和施工监控要求。

（4）保护环境，坚持与环境相统一发展的原则。支挡结构的设计一定要与环境相协调，在施工过程中要遵守国家保护的有关规定，实行绿色保护工程。

（5）坚持安全可靠的原则。支挡结构的设计必须满足结构稳定、坚固和耐久。结构类型必须恰当地选择后再确定合适的地理位置。选择的类型要可靠、经济实用和利于施工养护作业。在选择材料上要符合耐久性和耐腐蚀性的要求。保证支挡结构的耐久性，要做出明确的维修规定。

b　支挡结构的设置原则

（1）设置原则。

1）陡坡路堤，地面横坡较陡，路堤边坡形成薄层填方，采用支挡结构收回坡脚，提高路基的稳定性。

2）路堑设计边坡与地面坡接近平行，边坡过高，且形成剥山皮式的薄层开挖，破坏天然植被过多，采用支挡结构以降低路堑边坡，减少对环境的破坏。

3）稳定基坑边坡。

4）不良地质地段，为提高该地质体的稳定性或提高建筑物的安全度。

①为加固滑坡、岩堆、软弱地基等不良地质体；

②为拦挡危岩、落石、崩塌等；

③在特殊土地段或软弱破碎岩质地段的路堑边坡，采用坡脚预加固技术。

5）滨河滨海地段填方，其坡脚伸入水中，水流冲刷影响填方边坡的稳定，为了收回坡脚或减少对水流的影响。

6）为了避免对既有建筑物的影响、破坏或干扰。

7）为了减少土石方数量或少占农田。

8）其他特殊需要。

（2）支挡结构设置位置的选择。

1）路堑支挡结构的位置通常设置在路基侧沟边，有时结合边坡的地质条件也可设置在边坡的中部，但要保证墙基以下边坡的稳定。

2）路堤挡土墙与路肩挡土墙比较，当其墙高、工程数量、地基情况相近时，宜设路肩挡土墙。当路肩挡土墙、路堤挡土墙兼设时，其衔接处可设斜墙或端墙。

3）滨河挡土墙要注意使设墙后的水流平顺，不致形成漩涡，发生严重的局部冲刷，更不可挤压河道。

4）滑坡地段的抗滑支挡工程，应结合地形、地质条件、滑体的下滑力，以及地下水分布情况，与清方减载、排水等工程综合考虑。

5）带拦截落石作用的挡土墙，应按落石宽度、规模、弹跳轨迹等进行考虑。

6）受其他建筑物（如公路、房屋、桥涵、隧道等）控制的支挡结构的设置，应注意保证既有建筑物的稳定和安全。

1 土 压 力

1.1 土压力概述

作用在支挡结构上的土压力，即填土（填土和填土表面上荷载）或挖土坑壁原位土对支挡结构产生的侧向土压力，是支挡结构物所承受的主要荷载。因此，设计支挡结构物时，首先要确定土压力的大小、方向和作用点。这是一个复杂的问题，它与支挡结构物的形状、刚度、位移、背后填土的物理力学性质，墙背和填土表面的倾斜程度等有关。

作用在支挡结构上的土压力，根据结构的位移方向、大小及背后填土所处的状态，可分为三种：

（1）静止土压力。如果支挡结构在土压力作用下，结构不发生变形和任何位移（移动或转动），背后填土处于弹性平衡状态，如图 1-1a 所示，则作用在结构上的土压力称为静止土压力，并以 E_0 表示。

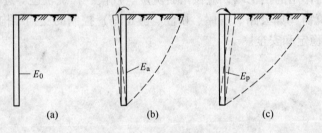

图 1-1 三种土压力示意图

（2）主动土压力。若挡土墙（由于支挡结构本身无变形，则取重力式挡土墙为代表，以后简称挡土墙）在填土产生的土压力作用下离开填土方向向墙前发生位移时，则随着位移的增大，墙后土压力将逐渐减小。当位移达到表 1-1 中所列数值时，土体出现滑裂面，墙后填土处于主动极限平衡状态。此时，作用于挡土墙上的土压力称为主动土压力，用 E_a 表示，如图 1-1b 所示。

表 1-1 产生主、被动土压力所需墙位移量

土的类别	土压力类别	墙体位移（变形）方式	所需位移量
砂 土	主 动	墙体平行移动	$0.001H$（H 为挡土墙高）
	主 动	绕墙趾转动	$0.001H$
	主 动	绕墙顶转动	$0.02H$
	被 动	墙体平行移动	$-0.05H$
	被 动	绕墙趾转动	$>-0.1H$
	被 动	绕墙顶转动	$-0.05H$
黏 土	主 动	墙体平行移动	$0.004H$
	主 动	绕墙趾转动	$0.004H$

（3）被动土压力。如挡土墙在外荷载作用下，向填土方向位移，随着位移增大，墙受到填土的反作用力逐渐增大，当位移达到表 1-1 所需的位移量时，土体出现滑裂面，墙背后填土就处于被动极限平衡状态，如图 1-1c 所示。这时作用于墙背上的土压力称为被动土压力，以 E_p 表示。

由图 1-2 可以看出填土所处平衡状态，土压力与挡土墙位移的关系。

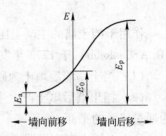

图 1-2　土压力类别图

土压力计算，实质是土的抗剪强度理论的一种应用。静止土压力计算，主要是应用弹性理论方法和经验方法；主、被动土压力计算，主要是应用极限平衡理论（处于塑性状态）的库仑理论和朗肯理论及依上述理论为基础发展的近似方法和图解法。

一般挡土墙均属平面问题，故在以后研究中均取沿墙长度方向每延长米计算。

1.2　静止土压力计算

静止土压力可根据弹性半无限体的应力状态求解。图 1-3a 中，在填土表面以下深度 h 处 M 点取一单元体（在 M 点处取一微小正六面体），作用于单元体上的力有两个：一是竖向土的自重；二是侧向压力。

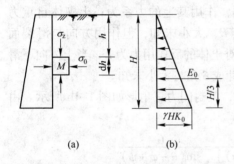

图 1-3　静止土压力计算图

土的自重应力 σ_z 为：

$$\sigma_z = \gamma h \qquad (1\text{-}1)$$

式中　γ——填土的重度，kN/m^3；

h——由填土表面至 M 点的深度，m。

侧向土压力是由于土侧向不能产生变形而产生的，它的反作用力就是静止土压力 σ_0。弹性半无限体在无侧向变形的条件下，其侧向压力之间的关系为：

$$\sigma_0 = K_0 \sigma_z = K_0 \gamma h \qquad (1\text{-}2)$$

式中　K_0——静止土压力系数，按下式计算：

$$K_0 = \frac{\mu}{1 - \mu} \qquad (1\text{-}3)$$

μ——填土的泊松比。

静止土压力系数 K_0 与填土的性质、密实程度等因素有关，可由试验测定。由于目前试验设备和方法还不够完善，所得结果不能令人满意，所以常采用下述经验公式估算：

$$\left.\begin{array}{ll} K_0 = 1 - \sin\varphi & （正常固结土） \\ K_0 = \sqrt{R}(1 - \sin\varphi) & （超固结土） \end{array}\right\} \qquad (1\text{-}4)$$

式中　φ——填土的有效内摩擦角，（°）；

R——填土的超固结比。

由式（1-2）知，静止土压应力沿墙高呈三角形分布，如图 1-3b 所示，其合力 E_0 为：

$$E_0 = \frac{1}{2}\gamma H^2 K_0 \tag{1-5}$$

静止土压力 E_0 方向为水平，作用点位于离墙踵 $H/3$ 高度处。

1.3 库仑土压力理论

作用于挡土墙的主动土压力可用库仑土压力理论加以计算，该理论由法国科学家库仑（C. A. Coulomb）于 1773 年发表。库仑土压力理论的基本假定为：

（1）挡土墙墙后填土为砂土（仅有内摩擦力而无黏聚力）；

（2）挡土墙后填土产生主动土压力或被动土压力时，填土形成滑动楔体，其滑裂面为通过墙踵的平面。

库仑土压力理论根据滑动楔体处于极限平衡状态时，应用静力平衡条件求解得主动土压力和被动土压力。

1.3.1 主动土压力计算

取单位长度的挡土墙加以分析。设挡土墙高为 h，墙背俯斜并与竖直面之间夹角为 ρ，墙后填土为砂土，填土表面与水平面成 β 角，墙背与土体的摩擦角为 δ。挡土墙在主动土压力作用下向前位移（平移或转动），当墙后填土处于极限平衡状态时，填土内产生一滑裂平面 BC，与水平面之间夹角为 θ。此时，形成一滑动楔体 ABC，如图 1-4a 所示。

为求解主动土压力，取滑动土体 ABC 为隔离体，作用其上的力系为：土楔体自重力 $G = S_{\triangle ABC} \times \gamma$，方向竖直向下；滑裂面 BC 上的反力 R，大小未知，但作用方向与滑裂面 BC 法线顺时针成 φ 角（φ 为土的内摩擦角）；墙背对土体的反作用力为 E，当土体向下滑动，墙对土楔的反力向上，其方向与墙背法线逆时针成 δ 角，大小未知。

滑动楔体在 G、R、E 三力作用下处于平衡状态，其封闭力三角形如图 1-4b 所示。由正弦定理可知：

$$\frac{E}{\sin(\theta-\varphi)} = \frac{G}{\sin[180°-(\theta-\varphi+\psi)]} = \frac{G}{\sin(\theta-\varphi+\psi)}$$

$$E = \frac{\sin(\theta-\varphi)}{\sin(\theta-\varphi+\psi)} \cdot G \tag{1-6}$$

式中，$\psi = 90° - \rho - \delta$。

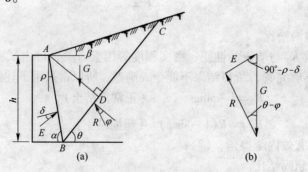

图 1-4 主动状态下滑动楔体图

$$G = S_{\triangle ABC} \cdot \gamma = \frac{1}{2} BC \cdot AD \cdot \gamma \tag{1-7}$$

在 $\triangle ABC$ 中，由正弦定量可知：

$$BC = AB \cdot \frac{\sin(90° - \rho + \beta)}{\sin(\theta - \beta)}$$

因为

$$AB = \frac{h}{\cos\rho}$$

所以

$$BC = h \frac{\cos(\rho - \beta)}{\cos\rho\sin(\theta - \beta)} \tag{1-8}$$

由 $\triangle ABC$ 知：

$$AD = AB \cdot \cos(\theta - \rho) = \frac{h\cos(\theta - \rho)}{\cos\rho} \tag{1-9}$$

将 AD、BC 代入式（1-7）中 G 内，得：

$$G = \frac{\gamma h^2}{2} \cdot \frac{\cos(\rho - \beta)\cos(\theta - \rho)}{\cos^2\rho\sin(\theta - \beta)}$$

将上式 G 代入式（1-6）中，得：

$$E = \frac{\gamma h^2}{2} \cdot \frac{\cos(\rho - \beta)\cos(\theta - \rho)\sin(\theta - \varphi)}{\cos^2\rho\sin(\theta - \beta)\sin(\theta - \varphi + \psi)} \tag{1-10}$$

由式（1-10）可知，E 是滑裂面与水平线之间夹角 θ 的函数，实际作用于挡土墙上的土压力 E_a 应当是 E_{max}，即求 E 的极值。由 $\frac{dE}{d\theta} = 0$，求得最危险滑裂面的角 θ_0，将 θ_0 代入式（1-10）得：

$$E_a = \frac{\gamma h^2}{2} \cdot \frac{\cos^2(\varphi - \rho)}{\cos^2\rho\cos(\delta + \rho)\left[1 + \sqrt{\frac{\sin(\delta + \varphi)\sin(\varphi - \beta)}{\cos(\delta + \rho)\cos(\rho - \beta)}}\right]^2} = \frac{\gamma h^2}{2} K_a \tag{1-11}$$

$$K_a = \frac{\cos^2(\varphi - \rho)}{\cos^2\rho\cos(\delta + \rho)\left[1 + \sqrt{\frac{\sin(\delta + \varphi)\sin(\varphi - \beta)}{\cos(\delta + \rho)\cos(\rho - \beta)}}\right]^2} \tag{1-12}$$

式中　γ——填土重度；

φ——填土内摩擦角；

ρ——墙背倾角，即墙背与铅垂线之间的夹角，反时针为正（称为俯斜），顺时针为负（称为仰斜）；

β——墙背填土表面的倾角；

δ——墙背与土体之间的摩擦角；

K_a——主动土压力系数。

由式（1-11）知：主动土压力合力的大小与墙高 h 的平方成正比。因此，土压力强度呈三角形分布，如图1-5所示，深度 z 处 M 点的土压力强度为：

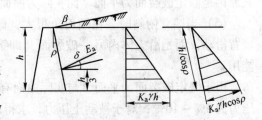

图1-5　主动土压力强度分布图

$$p_{az} = \frac{\mathrm{d}E_a}{\mathrm{d}z} = K_a \cdot \gamma \cdot z \qquad (1\text{-}13)$$

合力作用点距墙踵为 $h/3$ 处，作用方向与墙背成 δ 角。

1.3.2　被动土压力计算

　　挡土墙在外力作用下向填土方向位移 $+\delta$，直至使墙后填土沿某一滑裂面（BC）滑动而破坏。在发生破坏的瞬间，滑动楔体处于极限平衡状态。此时，作用在隔离体 ABC 上仍是三个力：楔体 ABC 自重力 G；滑动面上的反力 R；墙背的反力 E_p。

　　如图 1-6 所示，除土楔体自重力仍为竖直向下外，其他两力 R 及 E_p 方向和相应法线夹角均与主动土压力计算时相反，即均位于法线的另一侧。按照求解主动土压力原理与方法，可求得被动土压力计算公式：

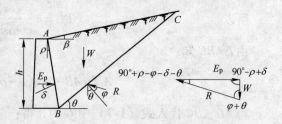

图 1-6　被动土压力计算图

$$E_p = \frac{\gamma h^2}{2} \cdot \frac{\cos^2(\varphi + \rho)}{\cos^2\rho\cos(\rho - \delta)\left[1 - \sqrt{\dfrac{\sin(\varphi + \delta)\sin(\varphi + \beta)}{\cos(\rho - \delta)\cos(\rho - \beta)}}\right]^2} = \frac{\gamma h^2}{2}K_p \qquad (1\text{-}14)$$

式中　K_p——被动土压力系数，按下式计算：

$$K_p = \frac{\cos^2(\varphi + \rho)}{\cos^2\rho\cos(\rho - \delta)\left[1 - \sqrt{\dfrac{\sin(\varphi + \delta)\sin(\varphi + \beta)}{\cos(\rho + \delta)\cos(\rho - \beta)}}\right]^2} \qquad (1\text{-}15)$$

　　被动土压力强度分布也呈三角形，被动土压力合力 E_p 作用点距墙踵为 $h/3$ 处，其方向与墙背法线顺时针成 δ 角。

1.3.3　库仑理论适用条件

　　（1）回填土为砂土。

　　（2）滑裂面为通过墙踵的平面。

　　（3）填土表面倾角 β 不能大于内摩擦角 φ，否则，求得主动土压力系数为虚根。

　　（4）当墙背仰斜时，土压力减小，若倾角等于 φ 时，土压力为零。但实际上不为零，其原因是假定破裂面为平面，而实际为曲面，导致此误差，因此，墙背不宜缓于1:0.3。

　　（5）当墙背俯斜时，在倾斜角很大，即墙背过于平缓的情况下，滑动土体不一定沿墙背滑动，而是沿土体内另一破裂面（即第二破裂面）滑动。因此，本节推导的公式不能用。

　　由于假定破裂面为平面，与实际曲面有差异，则导致误差的出现。此差异对于主动土压力为2%～10%；对于被动土压力，求得的值与实际相差较大，随着内摩擦角 φ 的增大而增大，有时相差数倍至数十倍，如应用此值则是非常危险的。

1.3.4　第二破裂面计算法

在挡土墙设计中，有时会遇到墙背俯斜很缓，即墙背倾角 ρ 比较大的情况，如衡重式挡土墙的上墙或大俯角墙背挡土墙，见图 1-7。当墙身向外移动，土体达到主动极限平衡状态，破裂土楔体将并不沿墙背 AB 滑动，而是沿着出现在土中的相交于墙踵的两个破裂面滑动，即沿图 1-7 中所示的 BD_1 和 BD_2 破裂面滑动。此时称远墙的破裂面 BD_1 为第一破裂面，近墙的 BD_2 为第二破裂面。工程上常把出现第二破裂面的挡土墙称为坦墙，把出现第二破裂面时计算土压力的

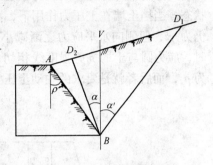

图 1-7　第二破裂面

方法称为第二破裂面法。按照库仑土压力假设，直接采用库仑理论的一般公式来计算坦墙所受的土压力是不合适的。虽然滑动土楔体 D_2BD_1 处于极限平衡状态，但位于第二破裂面与墙背之间的土楔体 ABD_2 尚未达到极限平衡状态。在这种情况下，可将它暂时视为墙体的一部分，贴附于墙背 AB 上与墙一起移动。首先求出作用于第二破裂面 BD_2 上的土压力，再计算出三角形土体 ABD_2 的自重力，最终作用于墙背 AB 上的主动土压力就是上述两个力的合力（向量和）。应注意的是，由于第二破裂面是存在于土中的，土体间的滑动是土与土之间的摩擦，因此，作用在第二破裂面 BD_2 上的土压力与该面法线的夹角是土的内摩擦角 φ 而不应该是墙背与土的摩擦角 δ。

产生第二破裂面的条件应与墙背倾角 ρ、δ、φ 以及填土面坡角 β 等因数有关。一般可用临界倾斜角 α_{cr} 来判别：当 $\rho > \alpha_{cr}$ 时，认为会出现第二破裂面，应按坦墙进行土压力计算；否则认为不会出现第二破裂面。经研究表明，临界倾斜角与 δ、φ、ρ 有关。可以证明当 $\delta = \varphi$ 时，临界倾斜角用下式计算：

$$\alpha_{cr} = 45° - \frac{\varphi}{2} + \frac{\beta}{2} - \frac{1}{2}\arcsin\frac{\sin\beta}{\sin\varphi} \tag{1-16}$$

若填土面水平，$\beta = 0$，$\alpha_{cr} = 45° - \varphi/2$。

产生第二破裂面 BD_2 的条件证实以后，即可将 BD_2 当做墙背，$\delta = \varphi$，按库仑土压力理论计算其主动土压力了。各种边界条件下的第二破裂面数解公式详见铁路工程设计技术手册《路基》。

1.4　朗肯土压力理论

朗肯土压力理论是由英国学者朗肯（W. J. W. Rankine）于 1857 年提出的，其基本假定为：挡土墙背竖直、光滑；墙后砂性填土表面水平并无限延长。因此，砂性填土内任意水平面与墙背面均为主平面（即平面上无剪应力作用），作用于两平面上的正应力均为主应力。假定墙后填土处于极限平衡状态，应用极限平衡条件可推导出主动土压力及被动土压力的计算公式。

1.4.1　主动土压力计算公式

考虑挡土墙后填土表面以下 z 处的土单元体的应力状态，作用于上面的竖向力为 γz。

由于挡土墙既无变形又无位移，则侧向水平力为 $K_0\gamma z$，即为静止土压力，两者均为主应力。此点的应力圆在土的抗剪强度线下面不与其相切，见图1-8，墙后填土处于弹性平衡状态。当挡土墙在土压力作用下，离开填土向前位移，此时，作用于单元体上的竖向应力仍为 γz，但侧向水平应力逐渐减小。如果墙的移动量使墙后填土处于极限平衡状态，此时，应力圆与土的抗剪强度线相切，作用在单元体的最大主压应力为 γz，最小主压应力为 p_a，而后者就是要求的主动土压力强度。

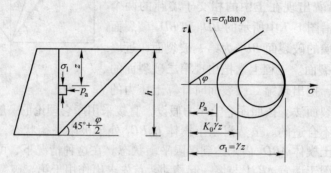

图1-8　主动土压力计算简图

$$p_a = \gamma z \tan^2\left(45° - \frac{\varphi}{2}\right) = \gamma z K_a \tag{1-17}$$

式中　p_a——主动土压力强度；

　　　γ——填土的重度；

　　　z——计算点到填土表面的距离；

　　　K_a——主动土压力系数，$K_a = \tan^2\left(45° - \dfrac{\varphi}{2}\right)$；

　　　φ——填土的内摩擦角。

发生主动土压力时的滑裂面与水平面之间的夹角为 $45° + \dfrac{\varphi}{2}$。

主动土压力强度与 z 成正比，沿墙高土压力强度分布为三角形，主动土压力合力为：

$$E_a = \frac{\gamma h^2}{2}\tan^2\left(45° - \frac{\varphi}{2}\right) = \frac{\gamma h^2}{2} \cdot K_a \tag{1-18}$$

土压力合力作用线过土压力强度分布图形形心，距墙踵 $h/3$ 处，并垂直于墙背。

1.4.2　被动土压力计算

当挡土墙在外力作用下，向填土方向位移时，墙后填土被压缩。这时，距填土表面为 z 处单元体，竖向应力仍为 γz；而水平向应力则由静止土压力逐渐增大。如墙继续后移，达到表1-1所列数值，墙后填土会出现滑裂面，而填土处于极限平衡状态，应力圆与土的抗剪强度线相切（图1-9），作用于单元体上竖向应力为最小主压应力，其值为 γz，水平应力为最大主压应力 p_p，而后者就是要求的被动土压力强度。

根据土体的极限平衡条件，作用在挡土墙上的被动土压力强度为：

$$p_p = \gamma z \tan^2\left(45° + \frac{\varphi}{2}\right) = \gamma z K_p \tag{1-19}$$

式中 p_p——被动土压力强度；

   K_p——被动土压力系数，$K_p = \tan^2\left(45° + \dfrac{\varphi}{2}\right)$。

被动土压力强度呈三角形分布。

被动土压力作用时，滑裂面与水平面之间夹角为 $45° - \dfrac{\varphi}{2}$。

被动土压力合力为：

$$E_p = \frac{\gamma h^2}{2}\tan^2\left(45° + \frac{\varphi}{2}\right) = \frac{\gamma h^2}{2} \cdot K_p \tag{1-20}$$

被动土压力合力 E_p 通过被动土压力强度分布图形的形心，距墙踵 $h/3$ 处，并垂直于墙背。

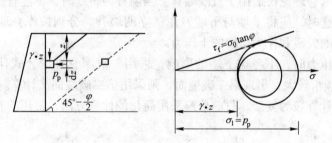

图 1-9　被动土压力计算图式

1.4.3　朗肯理论的适用范围

朗肯理论适用于以下情况：

（1）地面为一水平面（含地面上的均布荷载）；

（2）墙背是竖直的；

（3）墙背光滑，即墙背与土体之间摩擦角 δ 为零；

（4）填土为砂性土；

（5）倾斜墙背和悬臂式挡墙。对于此种情况，由朗肯理论计算其土压力时，可按图 1-10 的方法处理，土压力方向都假定与地面平行；对于图 1-10a 所示的俯斜式墙背，可假设通过墙踵的内切面 $A'B$ 为假想墙面，但土体 ABA' 的自重力必须包括在力学分析中；对于图 1-10b 所示的仰斜式墙背，可假设通过内切面 AB' 为假想墙面，求出 E_a 后只用其水平

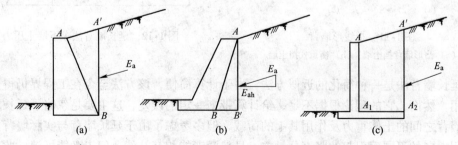

图 1-10　倾斜墙背和悬臂式挡墙的土压力计算
（a）俯斜式墙背；（b）仰斜式墙背；（c）悬臂式挡墙

分力 E_{ah}，因其竖向分力和土块 ABB' 的自重力对墙是不发生作用的；对于图 1-10c 所示的悬臂式钢筋混凝土挡墙，设计时通常求出假想墙面 $A'A_2$ 上的土压力 E_a，再将底板上土块 AA_1A_2A' 的自重力包括在地基压力和稳定性检算中即可。

1.5　特殊条件下的土压力计算

1.5.1　折线形墙背的土压力

为了适应地形和工程需要，常采用凸形墙背的挡土墙或衡重式挡土墙。这些挡土墙背不是一个平面，而是折面。对于这类折线形墙背，以墙背转折点或衡重为界，分为上墙与下墙，如图 1-11 所示。

如前所述，库仑理论仅适用于直线墙背。当墙背为折线时，不能直接用库仑理论求算全墙的土压力。这时，应将上墙与下墙看作独立的墙背，分别按库仑理论计算主动土压力。然后取两者的矢量和作为全墙的土压力。

计算上墙土压力时，不考虑下墙的影响，采用一般库仑理论公式计算；若上墙墙背（或假想墙背）倾角较大，出现第二破裂面，则采用第二破裂面法计算。

下墙土压力计算较为复杂，目前普遍采用简化的计算方法，常用的有延长墙背法和力多边形法两种。

1.5.1.1　延长墙背法

如图 1-12 所示，AB 为上墙墙背，BC 为下墙墙背。先将上墙视为独立的墙背，用一般的方法求出主动土压力 E_1，土压应力分布图形为 abc。计算下墙土压力时，首先延长下墙墙背 CB，交填土表面于 D 点；以 DC 为假想墙背，用一般库仑土压力理论求算假想墙背的土压力，其土压应力分布图形为 def；截取其中与下墙相应的部分，即 $hefg$，其合力即为下墙主动土压力 E_2。

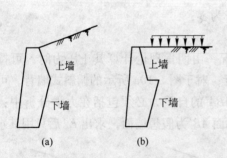

图 1-11　折线形墙背
（a）凸形墙背挡土墙；（b）衡重式挡土墙

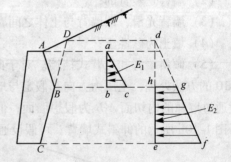

图 1-12　延长墙背法求下墙土压力

延长墙背法是一种简化的近似方法，由于计算简便，该方法至今在工程界仍得到广泛的应用。然而，它的理论根据不足，给计算带来一定的误差，这主要是忽略了延长墙背与实际墙背之间的土体重力及作用其上的荷载，但多考虑了由于延长墙背与实际墙背上土压力作用方向的不同而引起的竖直分量差，虽然两者能相互补偿，但未必能抵消。此外，在计算假想墙背上的土压力时，认为上墙破裂面与下墙破裂面平行，实际上，一般情况下两者是不平行的，这就是产生误差的第二个原因。

1.5.1.2　力多边形法

力多边形法依据极限平衡条件下作用于破裂棱体上的诸力应构成闭合力多边形的原理，来求算下墙土压力。这种方法不需要借助于任何假想墙背，因而避免了延长墙背法所引起的误差。

力多边形法求算折线墙背下压力采用数解法，作用于破裂棱体上的力及由此构成的力多边形如图 1-13b 所示。在多边形中，根据其几何关系，即可求得下墙土压力 E_2：

$$E_2 = W_2 \frac{\cos(\theta_2 + \varphi)}{\sin(\theta_2 + \varphi + \delta_2 - \alpha_2)} - \Delta E \tag{1-21}$$

$$\Delta E = R_1 \frac{\sin(\theta_2 - \theta_i)}{\sin(\theta_2 + \varphi + \delta_2 - \alpha_2)} \tag{1-22}$$

$$R_1 = E_1 \frac{\cos(\alpha_1 + \delta_1)}{\cos(\theta_2 + \varphi)} \tag{1-23}$$

式中　W_2——挡土墙下墙破裂棱体的重力（包括破裂棱体上的荷载），kN；

　　　　θ_i——上墙第一破裂角，(°)；

　　　　θ_2——下墙破裂角，(°)；

　　　　R_1——上墙破裂面上的反力，kN；

　　　　E_1——上墙土压力，kN；

　　　　α_1——上墙墙背倾角，(°)；

　　　　α_2——下墙墙背倾角，(°)；

　　　　δ_1——上墙墙背摩擦角，(°)；

　　　　δ_2——下墙墙背摩擦角，(°)；

　　　　φ——填土的内摩擦角，(°)。

由上式可知，下墙土压力 E_2 是试算破裂角 θ_2 的函数，为求 E_2 的最大值，可令 $\dfrac{\mathrm{d}E_2}{\mathrm{d}\theta_2} = 0$，求得破裂角 θ_2。将求出的 θ_2 代入式（1-21）即可求得下墙土压力 E_2。

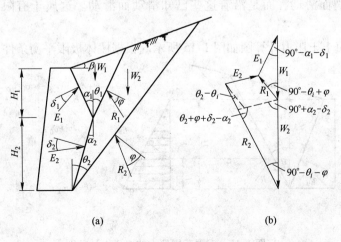

(a)　　　　　　　　　　(b)

图 1-13　力多边形法求下墙土压力

1.5.2　多层填土时的土压力计算

如果墙后填土有多层不同种类的水平土层时，第一层按均质计算土压力；计算第二层时，可将第一层按土重 $\gamma_1 H_1$ 作为作用在第二层顶面的超载，按库仑公式计算（图1-14）。

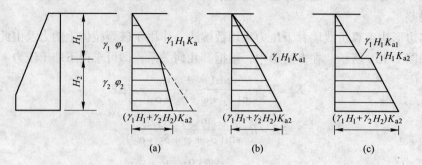

图1-14　多层填土土压力计算图

$$E_{a2} = \left(\gamma_1 H_1 H_2 + \frac{\gamma_2}{2} H_2^2 \right) K_{a2} \tag{1-24}$$

式中　K_{a2}——第二层土层的主动土压力系数。

土压力的作用点高度为：

$$Z_{2x} = \frac{H_2}{3} \left(1 + \frac{\gamma_1 H_1}{2\gamma_1 H_1 + \gamma_2 H_2} \right) \tag{1-25}$$

多层土时，计算方法同上。

1.5.3　有限范围填土的土压力

库仑理论和朗肯理论的假设条件，均要求破裂面不受阻，能在填土中形成，当墙后存在着已知坡面或潜在的滑动面（如修筑在陡山坡上的半路堤或山坡土体内有倾向路基的层面等），而且其倾角比破裂角陡，或者墙后开挖面为岩石或坚硬土质时，为减小开挖和回填工程量，开挖边坡较陡，其倾角也较破裂角小。这种情况下，墙后填土不是沿着计算破裂面滑动，而是沿着这些已知滑动面滑动。这属于有限范围填土土压力计算问题。

有限范围填土土压力计算图如图1-15所示。根据棱体极限平衡条件，作用于墙背上

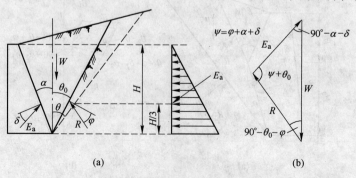

图1-15　有限范围填土的土压力计算图

的主动土压力为：

$$E_a = W \frac{\cos(\varphi + \theta_0)}{\sin(\psi + \theta_0)} \tag{1-26}$$

式中　W——滑动土体的自重（包括土体上的荷载），kN；

　　　φ——填土与滑动面间的摩擦角，(°)；

　　　θ_0——滑动面与竖直方向的夹角，(°)。

1.5.4　地震作用下的土压力

地震对挡土墙的破坏主要是由水平地震力引起的，因此，在分析地震作用下的土压力时，只考虑水平方向地震力的影响。

求地震土压力通常采用静力法，又称惯性力法。这种方法与计算一般土压力的区别在于多考虑一个由破裂棱体自重 W 所引起的水平地震力 P_h。P_h 作用于棱体重心，其方向水平，并朝向墙后土体滑动方向，它的大小为：

$$P_h = C_z K_h W \tag{1-27}$$

式中　C_z——综合影响系数，$C_z = 0.25$；

　　　K_h——水平地震力系数，如表 1-2 所示。

地震力 P_h 与破裂棱体自重 W 的合力 W_s（如图 1-16c 所示）为：

$$W_s = \frac{W}{\cos\theta_s} \tag{1-28}$$

式中　θ_s——地震角，按下式计算（实际应用可按表 1-2 取值）：

$$\theta_s = \arctan(C_z K_h) \tag{1-29}$$

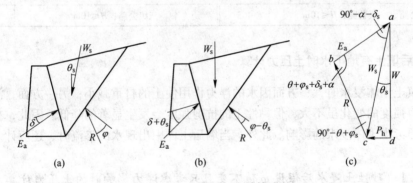

图 1-16　地震土压力计算图

表 1-2　水平地震力系数与地震角

基本烈度		7	8	9
K_h		0.1	0.2	0.4
θ_s	非浸水	1°30′	3°	6°
	浸水	2°30′	5°	10°

已知地震力与破裂棱体自重的合力 W_s 的大小与方向，并且假定在地震条件下土的内摩擦角 φ 与墙背摩擦角 δ 不变，则墙后破裂棱体上的平衡力系如图 1-16a 所示。

若保持挡土墙和墙后棱体位置不变，将整个平衡力系转动 θ_s 角，使 W_s 位于竖直方向，如图 1-16b 所示。由于没有改变平衡力系中三力间的相互关系，即没有改变图 1-16c 中的力三角形 abc，则这种改变并不影响对 E_a 的求算。由图 1-16b 可以看出，只要用下列各值：

$$\left.\begin{array}{l} \gamma_s = \gamma/\cos\theta_s \\ \delta_s = \delta + \theta_s \\ \varphi_s = \varphi - \theta_s \end{array}\right\} \qquad (1\text{-}30)$$

取代 γ、δ、φ 值时，地震作用下的力三角形 abc 与一般情况下的力三角形 abc 完全相似，可直接采用一般库仑土压力公式来计算地震土压力。

按上述方法计算时，必须满足下列条件：

$$\left.\begin{array}{l} \alpha + \delta + \theta_s < 90° \\ \varphi \geqslant \beta + \theta_s \end{array}\right\} \qquad (1\text{-}31)$$

用静力法求得地震土压力 E_a 后，在计算 E_x 和 E_y 时，仍应采用实际墙背摩擦角 δ，而不应用 δ_s。

对于路肩墙还可以按下式计算地震土压力 E_a，作用于距墙踵以上 $0.4H$ 处：

$$E_a = \frac{1}{2}\gamma H^2 K_a (1 + 3C_i C_z K_h \tan\varphi) \qquad (1\text{-}32)$$

式中 C_i——重要性修正系数，如表 1-3 所示。

表 1-3   重要性修正系数

公路等级及墙高 H	C_i	公路等级及墙高 H	C_i
高速公路、一级公路，$H > 10m$	1.7	二级、三级公路，$H > 10m$	1.0
高速公路、一级公路，$H \leqslant 10m$	1.3	三级公路，$H \leqslant 10m$	0.6

1.5.5   墙后填土有地下水时土压力计算

墙后填土土体浸水时，一方面因水的浮力作用使土的自重减小；另一方面，浸水时砂性土的抗剪强度的变化虽不大，但黏性土的抗剪强度会发生显著的降低。因此，在土压力计算中必须考虑土体浸水的影响。此外，当墙后土体中出现水的渗流时，还应计入动水压力的影响。

1.5.5.1   砂性土浸水后假设 φ 值不变且只考虑浮力影响时的土压力计算

现以部分浸水的路肩挡土墙为例，说明土压力计算公式的推导过程。如图 1-17 所示，

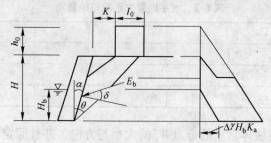

图 1-17   浸水时的土压力计算简图

这时破裂棱体的自重力为：

$$G = \gamma\left[\frac{1}{2}H(H+2h_0) - \frac{\Delta\gamma}{2\gamma}H_b^2\right] - \gamma\left[\frac{1}{2}H(H+2h_0)\tan\alpha + Kh_0 - \frac{\Delta\gamma}{2\gamma}H_b^2\tan\alpha\right]$$

$$= \gamma\left[(A_0 - \Delta A_0)\tan\theta - (B_0 - \Delta B_0)\right] \tag{1-33}$$

$$\Delta\gamma = \gamma - \gamma_u$$

$$\Delta A_0 = \frac{\Delta\gamma}{2\gamma}H_b^2$$

$$\Delta B_0 = \frac{\Delta\gamma}{2\gamma}H_b^2\tan\alpha$$

$$A_0 = 0.5H(H+2h_0)\cdots$$

$$B_0 = A_0\tan\alpha + Kh_0$$

式中　γ——填料天然重度；

　　　γ_u——填料的浮重度；

　　　H_b——计算水位以下的墙高。

按照推导库仑公式的程序可得：

$$\tan\theta = -\tan\psi \pm \sqrt{(\tan\psi + \cot\varphi)\left(\tan\psi + \frac{B_0 - \Delta B_0}{A_0 - \Delta A_0}\right)} \tag{1-34}$$

$$E_b = \gamma\left[(A_0 - \Delta A_0)\tan\theta - (B_0 - \Delta B_0)\right]\frac{\cos(\theta+\varphi)}{\sin(\theta+\psi)}$$

或

$$E_b = \gamma K_a \frac{(A_0 - \Delta A_0)\tan\theta - (B_0 - \Delta B_0)}{\tan\theta - \tan\alpha} \tag{1-35}$$

其中

$$K_a = (\tan\theta - \tan\alpha)\frac{\cos(\theta+\varphi)}{\sin(\theta+\psi)}$$

$$\psi = \varphi + \delta - \alpha$$

此外，在假设 φ 值不变的条件下，破裂角 θ 虽因浸水而略有变化，但对土压力的计算影响不大。为了简化计算，可以进一步假设浸水后 θ 角亦不变。这样，如图 1-17 所示，可以先求出不浸水条件下的土压力 E_a，然后再扣除计算水位以下因浮力影响而减小的土压力 ΔE_b，即得浸水条件下的土压力 E_b。因此 E_b 亦可按下式计算：

$$\left.\begin{array}{l} E_b = E_a - \Delta E_b \\ \Delta E_b = \dfrac{1}{2}\Delta\gamma H_b^2 K_a \end{array}\right\} \tag{1-36}$$

1.5.5.2　黏性土考虑浸水后 φ 值降低时的土压力计算

这种情况应以计算水位为界，将填土的上下两部分视为不同性质的土层，分层计算土压力。计算中，先求出计算水位以上填土的土压力；然后再将土层填土重量作为荷载，计算浸水部分的土压力，上述两部分土压力的向量和即为全墙土压力。

1.5.5.3　考虑动水压力作用时的土压力计算

在弱透水土体中，如存在水的渗流，土压力的计算应考虑动水压力的影响。这时可采用下述两种近似的方法。

（1）假设破裂角不受影响。计算中，先不考虑动水压力的影响，而按一般浸水情况

求算破裂角 θ 和土压力 E_b，然后再单独求算动水压力 D，认为它作用于破裂棱体浸水部分的形心，方向水平，并指向土体滑动的方向。其大小为：

$$D = \gamma_w I \Omega \tag{1-37}$$

式中　γ_w——水的重度；

　　　I——水力梯度，采用土体中降水曲线的平均坡度，查表1-4；

　　　Ω——破裂棱体中的浸水面积。

表1-4　渗流降落曲线平均坡度 I

土壤类别	卵石粗矿	中砂	细砂	粉砂	黏砂土	砂黏土	黏土	重黏土	泥炭
渗流降落平均坡度 I	0.0025 ~ 0.05	0.005 ~ 0.015	0.015 ~ 0.02	0.015 ~ 0.05	0.02 ~ 0.05	0.05 ~ 0.120	0.12 ~ 0.15	0.15 ~ 0.2	0.02 ~ 0.12

（2）考虑破裂角 θ 因渗流影响而发生变化。计算时，要考虑由挡土墙全部浸水骤然降低水位这一最不利情况。这时破裂棱体所受的体积力中，除自重力 G 外，还有动水压力 D，两者的合力 G' 为：

$$G' = G/\cos\varepsilon \tag{1-38}$$

从图1-18可知，ε 为合力 G' 偏离铅垂线的角度，即：

$$\varepsilon = \arctan\frac{D}{G} = \arctan\frac{\gamma_w I \Omega}{\gamma_u \Omega}$$
$$= \arctan\frac{\gamma_w I}{\gamma_u} \tag{1-39}$$

根据分析地震土压力时所采用过的办法，这时只要用 γ'_u、δ'、φ' 取代 γ_u、δ、φ，就可以按一般库仑土压力公式计算浸水条件下并考虑动水压力影响的土压力。γ'_u、δ'、φ' 的计算式为：

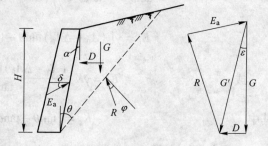

图1-18　破裂角 θ 发生变化时土压力计算

$$\left.\begin{array}{l} \gamma'_u = \gamma_u/\cos\varepsilon \\ \delta' = \delta + \varepsilon \\ \varphi' = \varphi - \varepsilon \end{array}\right\} \tag{1-40}$$

1.5.6　填土表面不规则时土压力计算

在工程中常有填土表面不是单一的水平面或倾斜平面，而是由两者组合而成，此时，前面推得的公式都不能直接应用，但可以近似地分别按平面、倾斜面计算，然后再进行组合，下面介绍几种常见情况。

（1）先水平面后倾斜面的填土。为计算土压力，可将填土表面分解为水平面或倾斜面，分别计算，最后再组合。先延长倾斜填土面交于墙背 C 点。在水平面填土的作用下，其土压力强度分布如图1-19a 中 ABe；在倾斜面填土作用下，其土压力强度分布图为 CBf。两个三角形交于 g 点，则土压力分布图 $ABfgA$ 为此填土情况下土压力分布图。

（2）先倾斜面后水平面的填土。在倾斜面填土作用下，土压力分布如图1-19b 中 ABe；在水平面填土作用下，先延长水平面与墙背延长线交于 A'，此时，土压力分布图为

$A'Bf$。两三角形相交于 g 点，则图形 $ABfgA$ 为此种填土的土压力分布图。

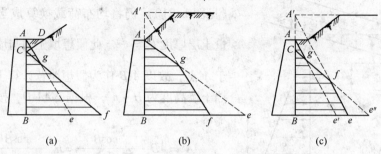

图 1-19 填土面不规则土压力计算图

（3）先水平面，再倾斜面，最后水平面填土。如图 1-19c 所示，首先画出水平面作用下的土压力三角形 ABe'；再绘出在倾斜填土作用下的土压力三角形 CBe''，此时，Ce'' 与 Ae' 交于 g 点；最后求得第二个水平面的土压力三角形 $A'Be$，$A'e$ 与 Cge'' 交于 f 点，则图形 $ABefgA$ 为此种填土的土压力分布图。

当填土面形状极不规则或为曲面时，一般多采用图解法。

1.6 地面超载作用下的土压力计算

在设计支挡结构时，一般应考虑地表面的各种可能出现的荷载，例如施工荷载、车辆重量、建筑物重量、建筑材料堆载等。这类活荷载称为地面超载，它的存在增加了作用于支挡结构上的土压力。确定地面超载的影响，一般有两种方法：弹性力学解析法和近似简化法（如超载从地面斜线向下扩散的方法）。为了便于分析，可将地面超载简化为均布的条形荷载或集中荷载。下面讨论几种地面超载作用下的土压力计算方法。

1.6.1 填土表面满布均布荷载

在设计挡土墙时，通常要考虑填土表面的均布荷载 q 作用。一般将均匀超载换算成为当量土重，即用假想土重代替均布荷载。当量土层的厚度 $h_0 = \dfrac{q}{\gamma}$。

（1）填土表面水平且有均布荷载作用（见图 1-20）。假定填土表面水平，墙背竖直且光滑。应用朗肯理论公式计算，作用于填土表面下 z 处的主动土压力强度为：

$$p = (q + \gamma z)K_a \tag{1-41}$$

式中 q——作用在填土表面的均布荷载；

K_a——朗肯理论主动土压力系数。

这时主动土压力强度分布图为梯形，主动土压力为：

$$E_a = \frac{H}{2}(2q + \gamma H)K_a = \frac{\gamma H}{2}(2h_0 + H)K_a \tag{1-42}$$

其作用线通过梯形形心，距墙踵为：

$$z_f = \frac{H}{3} \cdot \frac{3q + \gamma H}{2q + \gamma H} \tag{1-43}$$

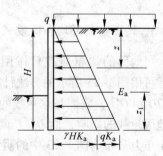

图 1-20 填土表面水平满布均布荷载

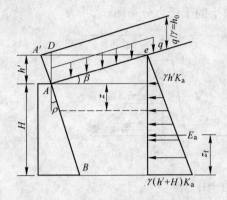

图 1-21　填土表面倾斜满布均布荷载

（2）墙背倾斜、填土表面倾斜有均布荷载作用（见图1-21）。仍将均布荷载换算成当量土重，当量土层厚度 $h_0 = \dfrac{q}{\gamma}$。此假想填土面与墙背延长线交于 A' 点，故以 $A'B$ 作为假想墙背计算土压力。假想挡土墙高度为 $H + h'$，根据 $\triangle AA'D$，按正弦定理可求得：

$$AA' = AD \cdot \frac{\cos\beta}{\cos(\beta - \rho)} = h_0 \frac{\cos\beta}{\cos(\beta - \rho)} \qquad (1\text{-}44)$$

$$h' = AA'\cos\rho = h_0 \frac{\cos\beta\cos\rho}{\cos(\beta - \rho)} \qquad (1\text{-}45)$$

主动土压力强度为：

$$p = \gamma(h' + z)K_a \qquad (1\text{-}46)$$

式中　K_a——库仑理论主动土压力系数。

主动土压力为：

$$E_a = \frac{\gamma(2h' + H)H}{2}K_a \qquad (1\text{-}47)$$

主动土压力作用线距底为：

$$z_f = \frac{(3h' + H)}{(2h' + H)} \cdot \frac{H}{3} \qquad (1\text{-}48)$$

1.6.2　距离墙顶有一段距离的均布荷载

如图 1-22 所示，当满布均布荷载的初始位置距离墙顶有一段距离时，支挡结构上的主动土压力可近似按以下方法计算：在地面超载起点 O 处作两条辅助线 OD 和 OE，与墙面交于 D、E 两点，近似认为 D 点以上的土压力不受地面超载的影响；而 E 点以下的土压力完全受地面超载的影响，D、E 两点之间的土压力按直线分布。于是挡土墙上的土压力为图中阴影部分。其中辅助线 OD 和 OE 与地表水平面的夹角分别是填土的内摩擦角 φ 和填土破裂角 θ。

1.6.3　地面有局部均布荷载

图 1-22　距墙顶有一段距离的均布荷载地面超载产生侧向土压力

当地面的均布荷载只作用在一定宽度的范围内时，通常可用图 1-23 所示的方法计算主动土压力。从均布荷载的两个端点，分别作两条辅助线 OD 和 $O'E$，它们与水平线的夹角都为 θ。近似认为 D 点以上和 E 点以下的土压力都不受地面超载的影响，而 D、E 两点间的土压力按满布的均布地面超载来计算，挡土结构上的土压力分布为图 1-23 中的阴影部分。局部均布荷载作用下的土压力计算，也可采用弹性力学的方法。如图 1-24 所示，支挡结构上各点的附加侧向土压力强度值为：

$$\Delta p_{\mathrm{H}} = \frac{2q}{\pi}(\beta - \sin\beta\cos2\alpha) \tag{1-49}$$

式中　Δp_{H}——附加侧向土压力强度；

　　　　q——地表局部均布荷载；

　　　　α，β——夹角（见图1-24），以弧度计。

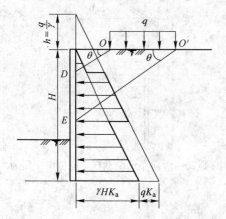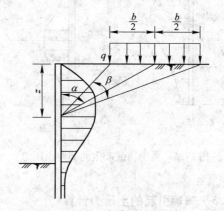

图1-23　局部均布荷载的地面超载
产生的侧向土压力

图1-24　局部均布荷载引起的
附加侧向土压力

1.6.4　集中荷载和纵向条形荷载引起的土压力

集中荷载引起的侧向土压力，可用弹性理论计算，计算图如图1-25所示。由此荷载引起的沿支挡结构竖向分布的主动土压力 σ_{h} 为（图1-25a）：

当 $m\leqslant0.4$ 时　　　　　　　$\sigma_{\mathrm{h}} = \dfrac{0.28Qn^2}{H^2(0.16+n^2)^3} \tag{1-50}$

当 $m>0.4$ 时　　　　　　　$\sigma_{\mathrm{h}} = \dfrac{1.77Qm^2n^2}{H^2(m^2+n^2)^3} \tag{1-51}$

深度为 z，沿支挡结构纵向 y 方向分布的主动土压力 σ_{h}' 为可按式(1-52)计算（图1-25b）：

$$\sigma_{\mathrm{h}}' = \sigma_{\mathrm{h}}\cos^2(1.1\alpha) \tag{1-52}$$

当地面超载为平行于墙体的纵向条形荷载（图1-26）时，作用于墙背的主动土压力可用式(1-53)和式(1-54)来计算，即：

当 $m\leqslant0.4$ 时　　　　　　　$\sigma_{\mathrm{h}} = \dfrac{0.203qn}{H(0.16+n^2)^2} \tag{1-53}$

当 $m>0.4$ 时　　　　　　　$\sigma_{\mathrm{h}} = \dfrac{4}{\pi}\cdot\dfrac{qm^2n^2}{H(m^2+n^2)^2} \tag{1-54}$

上述式中，m 为荷载作用点的相对距离，$m=x/H$；n 为压力计算点的相对深度，$n=z/H$；其余符号意义如相应图所示。

式(1-53)和式(1-54)可推广应用于相邻条形荷载引起的附加侧向土压力计算（图1-27），但应注意式(1-53)和式(1-54)中墙高 H 应该为 H_{s}。H_{s} 为基础底面以下的支挡结构的高度。

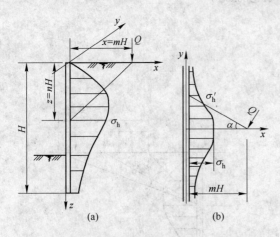

图 1-25 集中荷载产生的侧向土压力

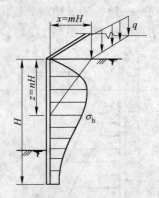

图 1-26 纵向条形荷载产生的侧向土压力

1.6.5 车辆引起的土压力计算

在公路桥台、挡土墙设计时，应当考虑车辆荷载引起的土压力。在《公路桥涵设计通用规范》（JTJ 021—85）中对车辆荷载（包括汽车、履带车和挂车）引起的土压力计算方法作出了具体规定。其计算原理是把填土破裂体范围内车辆荷载用一个均布荷载来代替，即根据墙后破裂体上的车辆荷载换算为与墙后填土有相同重度的均布土层，求出此土层厚度 h_0 后，再用库仑理论进行计算（见图 1-28）。h_0 的计算公式为：

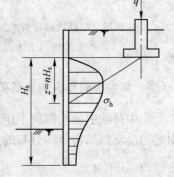

图 1-27 条形基础产生
的侧向土压力

$$h_0 = \frac{\sum Q}{\gamma B_0 L} \tag{1-55}$$

式中 $\sum Q$——布置在 $B_0 \times L$ 范围内的车轮总轴载，kN；

      γ——墙后填土的重度，kN/m³；

      L——挡土墙的计算长度，m；

      B_0——不计车辆荷载作用时破裂土体的宽度，m，对于路堤墙，为破裂土体范围内的路基宽度（即不计边坡部分的宽度 b），其按下式计算：

$$B_0 = (H + h)\tan\theta - H\tan\rho - b \tag{1-56}$$

挡土墙的计算长度 L 按下述四种情况取值：

（1）汽车—10 级或汽车—15 级作用时，取挡土墙分段长度，但不大于 15m。

（2）汽车—20 级作用时，取重车的扩散长度。当挡土墙分段长度不大于 10m 时，扩散长度不超过 10m；当挡土墙分段长度在 10m 以上时，扩散长度不超过 15m。

（3）汽车超—20 级作用时，取重车的扩散长度，但不超过 20m。

（4）平板挂车或履带车作用时，取挡土墙分段长度和车辆扩散长度二者较大者，但不超过 15m。

汽车重车、平板挂车及履带车的扩散长度 L 按下式计算：

$$L = L_0 + (H + 2h)\tan30° \qquad (1-57)$$

式中　L_0——汽车重车、平板挂车的前后轴轴距加轮胎着地长度或履带车着地长度，m。

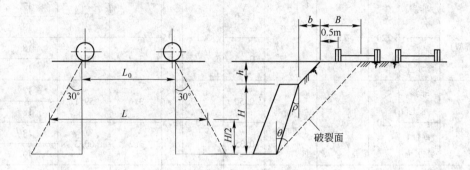

图 1-28　车辆荷载换算成均布土层的示意图

车辆荷载总轴载 $\sum Q$ 按下述规定计算：

（1）汽车荷载的分布宽度。

纵向：当取用挡土墙的分段长度时，为分段长度内可能布置的车轮；当取一辆重车的扩散长度时为一辆重车。

横向：破裂土体宽度 B_0 范围内可能布置的车轮，车辆外侧车轮中线距路面（或硬路肩）、安全带边缘的距离为 0.5m。

（2）平板挂车或履带车荷载在纵向只考虑一辆，横向为破裂土体宽度 B_0 范围内可能布置的车轮或履带。车辆外侧车轮或履带中线距路面（或硬路肩）、安全带边缘的距离为 1m。

1.6.6　铁路荷载下土压力计算

路基面承受轨道静载和列车的竖向活载两种主要荷载。轨道静载根据轨道类型及其道床的标准形式尺寸进行计算；列车竖向活载采用中华人民共和国铁路标准荷载，其计算图如图 1-29 所示，简称"中—活载"。活载分布于路基面上的宽度，自轨枕底两端向下向外按45°扩散角计算。根据《铁路路基支挡结构设计规范》规定，在进行挡土墙力学计算时，将路基面上轨道静载和列车的竖向活载一起换算成为与路基土重度相同的矩形土体。换算土柱作用于路基面上的分布宽度和高度按表 1-5 的规定采用。

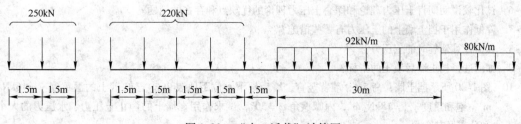

图 1-29　"中—活载"计算图

表 1-5 铁路列车和轨道静载换算土柱高度及分布宽度

铁路等级（轨道类型）	路堤填料	设计轴荷载/kN	轨道条件					换算土柱			
			钢轨/kg·m⁻¹	轨枕/根·km⁻¹	道床厚宽/m	道床顶宽/m	道床坡度	分布宽度/m	计算强度/kPa	重度/kN·m⁻³	计算高度/m
I级（特重型）	非渗水土	220	75	1720（Ⅲ型）	0.50	3.1	1.75	3.6	59.2	17	3.5
										18	3.3
	岩石、渗水土				0.35			3.2	60.4	18	3.4
										19	3.2
I级（重型）	非渗水土	220	60	1680（Ⅲ型）	0.50	3.0	1.75	3.6	59.1	17	3.5
										18	3.3
	岩石、渗水土				0.35			3.2	60.3	18	3.4
										19	3.2
I、Ⅱ级（次重型）	非渗水土	220	50	1760（Ⅱ型）	0.45	3.0	1.75	3.5	57.6	17	3.4
										18	3.2
	岩石、渗水土				0.30			3.1	59.2	18	3.2
										19	3.1
Ⅱ、Ⅲ级（中级）	非渗水土	220	50	1680（Ⅱ型）	0.35	3.0	1.75	3.4	57.7	17	3.4
										18	3.2
	岩石、渗水土				0.25			3.1	59.2	18	3.3
										19	3.1
Ⅲ级（轻级）	非渗水土	220	50	1640（Ⅱ型）	0.35	2.9	1.50	3.3	56.9	17	3.4
										18	3.2
	岩石、渗水土				0.25			3.0	59.1	18	3.3
										19	3.1

习 题

1-1 何谓主动土压力、静止土压力和被动土压力？试举实际工程例子。

1-2 试述三种典型土压力发生的条件。

1-3 为什么主动土压力是主动极限平衡时的最大值，而被动土压力是被动极限平衡时的最小值？

1-4 朗肯土压力理论和库仑土压力理论各采用了什么假定，分别会带来什么样的误差？

1-5 朗肯土压力理论和库仑土压力理论是如何建立土压力计算公式的，它们在什么样的条件下具有相同的计算结果？

1-6 试比较说明朗肯土压力理论和库仑土压力理论的优缺点和存在的问题。

1-7 降低作用于挡土墙上的土压力有哪些措施？

1-8 如何计算地震时的土压力？

1-9 如何选择挡土墙后填土的指标？

1-10 图 1-30 所示挡土墙，高 5m，墙背竖直，墙后地下水位距地表 2m。已知砂土的湿重度 $\gamma = 16$ kN/m³，饱和重度 $\gamma_{sat} = 18$ kN/m³，内摩擦角 $\varphi = 30°$，试求作用在墙上的静止土压力、水压力的大小和分布及其合力。

1-11　图 1-31 所示为一挡土墙，墙背垂立而且光滑，墙高 10m，墙后填土表面水平，其上作用着连续均布的超载 $q = 20$kPa，填土由两层无黏性土所组成，土的性质指标和地下水位如图中所示，试求：

(1) 主动土压力和水压力分布；

(2) 总压力（土压力和水压力之和）的大小；

(3) 总压力的作用点。

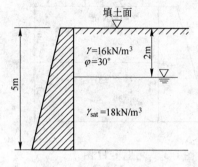

图 1-30　习题 1-10 图

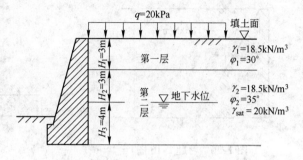

图 1-31　习题 1-11 图

1-12　用朗肯理论计算图 1-32 所示挡土墙的主动土压力和被动土压力，并绘出压力分布图。

1-13　计算图 1-33 所示挡土墙的主动土压力和被动土压力，并绘出压力分布图。设墙背竖直光滑。

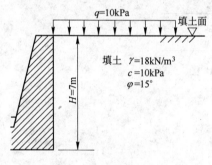

图 1-32　习题 1-12 图

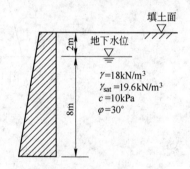

图 1-33　习题 1-13 图

1-14　用库仑公式和库尔曼图解法，分别求图 1-34 所示挡土墙上的主动土压力的大小。

1-15　图 1-35 所示为一重力式挡土墙，填土表面作用有局部堆载，如何考虑局部堆载对土压力的影响，当这些堆载离开墙背多远时，这种影响就可以忽略不计？

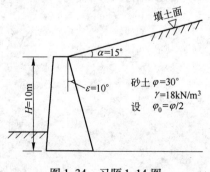

图 1-34　习题 1-14 图

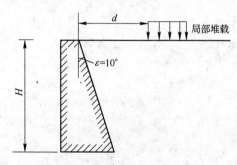

图 1-35　习题 1-15 图

1-16　图 1-36 所示挡土墙，分别采用朗肯理论和库仑土压力理论计算主动土压力的大小、方向和作用点。设墙背光滑。

1-17　如图1-37所示的挡土墙，填土情况及其性质指标示于图中，试用朗肯理论计算 A、B、C 各点土压力（压强）的大小及土压力为零时的位置。

1-18　某一挡土墙高5m（见图1-38），墙后填砂土，$\varphi = 30°$，$\gamma = 18\text{kN/m}^3$，饱和重度 $\gamma_{sat} = 20\text{kN/m}^3$，问：墙后水位从填土面下3m深处上升到填土表面时，墙上所受总的水平力如何变化？

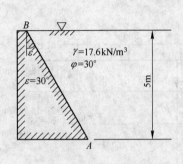

图1-36　习题1-16图

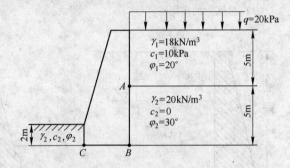

图1-37　习题1-17图

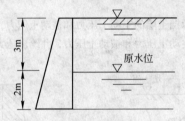

图1-38　习题1-18图

2 重力式挡土墙

2.1 概　述

重力式挡土墙是以墙身自重来维持挡土墙在土压力作用下的稳定,它是我国目前最常用的一种挡土墙形式。重力式挡土墙用浆砌片(块)石砌筑,缺乏石料地区有时可用混凝土预制块作为砌体,也可直接用混凝土浇筑,一般不配钢筋或只在局部范围配置少量钢筋。这种挡土墙形式简单、施工方便,可就地取材、适应性强,因而应用广泛。

由于重力式挡土墙依靠自身重力来维持平衡稳定,因此墙身断面大,圬工数量也大,在软弱地基上修建往往受到承载力的限制。如果墙过高,材料耗费多,因而亦不经济。当地基较好,墙高不大,且当地又有石料时,一般优先选用重力式挡土墙。

重力式挡土墙的墙背可做成俯斜、仰斜、垂直、凸形折线和衡重式五种,如图2-1所示。由图2-1可清楚地看出:挡土墙犹如一个人站立在填土处背靠填土,趾部和胸部在填土的另一侧,因而墙背向外侧倾斜称俯斜,如图2-1a所示;墙背向填土一侧倾斜称仰斜,如图2-1b所示;墙背竖直时称垂直,如图2-1c所示。墙背只有单一坡度,称为直线形墙背;若多于一个坡度,如图2-1d、e所示,则称为折线形墙背,其中,图2-1d所示为凸形折线形墙背,图2-1e带有衡重台,则称为衡重式墙背。

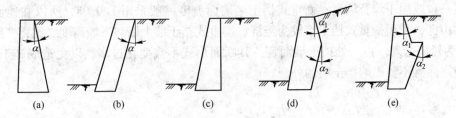

图2-1　重力式挡土墙墙背形式
(a) 俯斜;(b) 仰斜;(c) 垂直;(d) 凸形折线;(e) 衡重式

仰斜墙背所受的土压力较小,用于路堑墙时,墙背与开挖面边坡较贴合,因而开挖量和回填量均较小,但墙后填土不易压实,不便施工。当墙趾处地面横坡较陡时,采用仰斜墙背将使墙身增高,断面增大,如图2-2所示,所以仰斜墙背适用于路堑墙及墙趾处地面平坦的路肩墙或路堤墙。

俯斜墙背所受土压力较大,其墙身断面较仰斜墙背的大,通常在地面横坡陡峻时,借陡直的墙面,以减小墙高。俯斜墙背可做成台阶形,以增加墙背与填

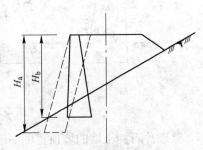

图2-2　地面横坡对墙高的影响

土间的摩擦力。

垂直墙背的特点介于仰斜和俯斜墙背之间。

凸形折线墙背系由仰斜墙背演变而来，上部俯斜、下部仰斜，以减小上部断面尺寸，多用于路堑墙，也可用于路肩墙。

衡重式墙背在上下墙间设有衡重台，利用衡重台上填土的重力使全墙重心后移，增加了墙身的稳定。因为采用陡直的墙面，且下墙采用仰斜墙背，所以可以减小墙身高度，减少开挖工作量。其适用于山区地形陡峻处的路肩墙和路堤墙，也可用于路堑墙。

2.2　挡土墙的构造和布置

2.2.1　挡土墙的构造

挡土墙的构造必须满足强度与稳定性的要求，同时应考虑就地取材、经济合理、施工养护的方便与安全。

2.2.1.1　墙身构造

重力式挡土墙的墙背坡度一般采用 1:0.25 仰斜，仰斜墙背坡度不宜缓于 1:0.3；俯斜墙背坡度一般为 1:0.25～1:0.4，衡重式或凸折式挡土墙下墙墙背坡度多采用 1:0.25～1:0.30 仰斜，上墙墙背坡度受墙身强度控制，根据上墙高度，采用 1:0.25～1:0.45 俯斜，如图 2-3 所示。墙面一般为直线形，其坡度应与墙背坡度相协调。同时还应考虑墙趾处的地面横坡，在地面横向倾斜时，墙面坡度影响挡土墙的高度，横向坡度愈大影响愈大。因此，地面横坡较陡时，墙面坡度一般为 1:0.05～1:0.20，矮墙时也可采用直立；地面横坡平缓时，墙面可适当放缓，但一般不缓于 1:0.35。仰斜式挡土墙墙面一般与墙背坡度一致或缓于墙背坡度；衡重式挡土墙墙面坡度一般采用 1:0.05，所以在地面横坡较大的山区，采用衡重式挡土墙较为经济。衡重式挡土墙上墙与下墙高度之比，一般采用 4:6 较为经济合理。以一处挡土墙而言，其断面形式不宜变化过多，以免造成施工困难，并且应当注意不要影响挡土墙的外观。

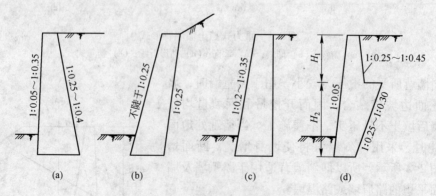

图 2-3　挡土墙墙背和墙面坡度

浆砌片石挡土墙的墙顶宽度一般不应小于 0.5m，路肩挡土墙墙顶应以粗料石或 C15 混凝土做帽石，其厚度通常为 0.4m。宽度不小于 0.6m，突出墙顶外的帽檐宽为 0.1m。

如不做帽石或为路堤墙和路堑墙，应选用大块片石置于墙顶并用砂浆抹平。干砌挡土墙墙顶宽度不应小于0.6m，墙顶0.5m高度范围内应用M2.5砂浆砌筑，以增加墙身稳定。干砌挡土墙的高度一般不超过6m，高速公路、一级公路不宜采用干砌挡土墙。

在有石料的地区，重力式挡土墙应尽可能采用浆砌片石，片石的极限抗压强度不得低于30MPa。在一般地区及寒冷地区，采用M5（四级公路可用M2.5）水泥砂浆；在浸水地区及严寒地区，采用M7.5水泥砂浆。在缺乏石料的地区，重力式挡土墙可用C15混凝土或片石混凝土建造；在严寒地区采用C20混凝土或片石混凝土。此时墙顶宽度不应小于0.4m。

为保证交通安全，在非封闭性公路上，挡土墙高于6m且挡土墙连续长度大于20m；挡土墙外为悬崖，或地面横坡陡于1:0.75且挡土墙连续长度大于20m；靠近居民点，或行人较多的路段且挡土墙高于3m时的路肩挡土墙，墙顶应设置人行防护栏杆。为保持路肩最小宽度，护栏内侧边缘距路面边缘的距离，二、三级公路不应小于0.75m；四级公路一般不应小于0.5m，外侧距墙顶边缘不应小于0.1m。高速公路、一级公路防撞护栏设在土路肩宽度内。

为避免因地基不均匀沉陷而引起墙身开裂，根据地基地质条件的变化和墙高、墙身断面的变化情况需设置沉降缝。在平曲线地段，挡土墙可按折线形布置，并在转折处以沉降缝断开。为防止圬工砌体因收缩硬化和温度变化而产生裂缝，应设置伸缩缝。设计中一般将沉降缝和伸缩缝合并设置，沿路线方向每隔10~15m设置一道，岩石地基亦不宜超过25m。缝宽为20~30mm，自墙顶做到基底。对于高速公路、一级公路，或在渗水量大、填料易于流失和冻害严重地区，缝内宜采用沥青麻筋或沥青木板等具有弹性的材料；对于二级及二级以下公路也可采用胶泥，沿内、外、顶三侧填塞，填塞深度不宜小于0.15m。当墙背为岩石路堑或填石路堤，且为冻害不严重的地区，也可不填塞，即设置空缝。干砌挡土墙可不设沉降缝与伸缩缝。

2.2.1.2 排水措施

挡土墙排水的作用在于疏干墙后土体和防止地表水下渗后积水，以免墙后积水致使墙身承受额外的静水压力；减少季节性冰冻地区填料的冻胀压力；消除黏性土填料浸水后的膨胀压力。

挡土墙的排水措施通常由地面排水和墙身排水两部分组成。

地面排水主要是防止地表水渗入墙后土体或地基，地面排水措施有：

（1）设置地面排水沟，截引地表水；

（2）夯实回填土顶面和地表松土，防止雨水和地面水下渗，必要时可设铺砌层；

（3）路堑挡土墙趾前的边沟应予以铺砌加固，以防边沟水渗入基础。

墙身排水主要是为了排除墙后积水，通常在墙身的适当高度处布置一排或数排泄水孔，如图2-4所示。泄水孔的尺寸可视泄水量大小分别采用0.05m×0.1m、0.1m×0.1m、0.15m×0.2m的方孔或直径为0.05~0.2m的圆孔。孔眼间距一般为2~3m，干旱地区可予增大，多雨地区则可减小。浸水挡土墙则为1.0~1.5m，孔眼应上下交错设置。最下一排泄水孔的出水口应高出地面0.3m；如为路堑挡土墙，应高出边沟水位0.3m；浸水挡土墙则应高出常水位0.3m。下排泄水孔进水口的底部，应铺设0.3m厚的黏土层，并夯实，以防水分渗入基础。泄水孔的进水口部分应设置粗粒料反滤层，以防孔道淤塞。干砌挡土墙可不设泄水孔。

若墙后填土的透水性不良或可能发生冻胀，应在最低一排泄水孔至墙顶以下0.5m的高度范围内，填筑不小于0.3m厚的砂砾石或无砂混凝土块板或土工织物等渗水性材料作排水层，以疏干墙后填土中的水，如图2-4c、d所示。

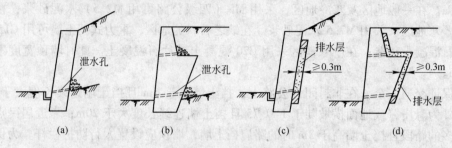

图 2-4   泄水孔及排水层

2.2.1.3 基础埋置深度

基础埋置深度应按地基的性质、承载力的要求、冻胀的影响、地形和水文地质等条件确定。

挡土墙基础置于土质地基时，其基础深度应符合下列要求：

（1）基础埋置深度不小于1m。当有冻结时，应在冻结线以下不小于0.25m；当冻结深度超过1m时，可在冻结线下0.25m内换填冻胀材料，但埋置深度不小于1.25m。不冻胀土层（例如碎石、卵石、中砂或粗砂等）中的基础，埋置深度可不受冻深的限制。

（2）受水流冲刷时，基础应埋置在冲刷线以下不小于1m。

（3）路堑挡土墙基础顶面应低于边沟底面不小于0.5m。

挡土墙基础置于硬质岩石地基上时，应置于风化层以下。当风化层较厚，难以全部清除时，可根据地基的风化程度及其相应的承载力将基底埋于风化层中。置于软质岩石地基上时，埋置深度不小于0.8m。

挡土墙基础置于斜坡地面时，其趾部埋入深度和距地面的水平距离应符合表2-1的要求。

表 2-1   墙趾埋入斜坡地面的最小尺寸

地层类别	h/m	L/m	嵌入示意图
较完整的硬质岩层	0.25	0.25 ~ 0.5	
一般硬质岩层	0.60	0.6 ~ 1.5	
软质岩层	0.70	1.0 ~ 2.0	
土 层	≥1.00	1.5 ~ 2.5	

2.2.2 挡土墙的布置

挡土墙的布置是挡土墙设计的一个重要内容，通常在路基横断面图和墙趾纵断面图上进行。布置前，应现场核对路基横断面的地质和水文等资料。

2.2.2.1 挡土墙位置的选定

路堑挡土墙大多设在边沟旁。山坡挡土墙应考虑设在基础可靠处，墙的高度应保证墙后墙顶以上边坡稳定。

　　路肩挡土墙因可充分收缩坡脚，大量减少填方和占地，当路肩墙与路堤墙的墙高或截面圬工数量相近、基础情况相似时，应优先选用路肩墙，按路基宽布置挡土墙位置。若路堤墙的高度或圬工数量比路肩墙显著降低，而且基础可靠时，宜选用路堤墙。必要时应作技术经济比较以确定墙的位置。

　　沿河路堤设置挡土墙时，应结合河流的水文、地质情况以及河道工程来布置，注意设墙后仍应保持水流顺畅，不致挤压河道而引起局部冲刷。

2.2.2.2 纵向布置

　　纵向布置在墙址纵断面图上进行，布置后绘成挡土墙正面图，如图 2-5 所示。布置的内容有：

　　（1）确定挡土墙的起讫点和墙长，选择挡土墙与路基或其他结构物的衔接方式。路肩挡土墙端部可嵌入石质路堑中，或采用锥坡与路堤衔接；与桥台连接时，为了防止墙后回填土从桥台尾端与挡土墙连接处的空隙中溜出，需在台尾与挡土墙之间设置隔墙及接头墙。

　　路堑挡土墙在隧道洞口应结合隧道洞门、翼墙的设置情况平顺衔接；与路堑边坡衔接时，一般将墙高逐渐降低至 2m 以下，使边坡坡脚不致伸入边沟内，有时也可用横向端墙连接。

　　（2）按地基、地形及墙身断面变化情况进行分段，确定伸缩缝和沉降缝的位置。

　　（3）布置各段挡土墙的基础。墙趾地面有纵坡时，挡土墙的基底宜做成不大于 5% 的纵坡。但地基为岩石时，为减少开挖，可沿纵向做成台阶。台阶尺寸应随纵坡大小而定，但其高宽比不宜大于 1:2。

　　（4）布置泄水孔的位置，包括数量、间隔和尺寸等。

　　此外，在布置图上应注明各特征断面的桩号，以及墙顶、基础顶面、基底、冲刷线、冰冻线、常水位或设计洪水位的标高等。

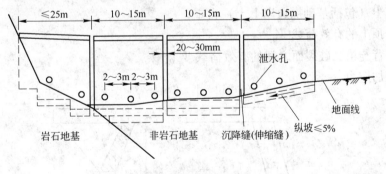

图 2-5　挡土墙正面图

2.2.2.3 横向布置

　　横向布置选择在墙高最大处、墙身断面或基础形式有变异处，以及其他必需桩号的横断面图上进行。根据墙型、墙高、地基及填土的物理力学指标等设计资料，进行挡土墙设计或套用标准图，确定墙身断面、基础形式和埋置深度，布置排水设施等，并绘制挡土墙横断面图。

2.2.2.4　平面布置

对于个别复杂的挡土墙，如高、长的沿河挡土墙和曲线挡土墙，除了纵、横向布置外，还应进行平面布置，绘制平面图，标明挡土墙与路线的平面位置及附近地貌和地物等情况，特别是与挡土墙有干扰的建筑物的情况。沿河挡土墙还应绘出河道及水流方向、其他防护与加固工程等。

在以上设计图上，还应标写简要说明。必要时可另编设计说明书，说明选用挡土墙方案的理由，选用挡土墙结构类型和设计参数的依据，对材料和施工的要求及注意事项，主要工程数量等。如采用标准图，应注明其编号。

2.3　重力式挡土墙的设计

挡土墙是用来承受土体侧压力的构造物，它应具有足够的强度和稳定性。挡土墙可能的破坏形式有：滑移、倾覆、不均匀沉陷和墙身断裂等。因此，挡土墙的设计应保证在自重和外荷载作用下不发生全墙的滑动和倾覆，并保证墙身截面有足够的强度、基底应力小于地基承载能力和偏心距不超过容许值。这就要求在拟定墙身断面形式及尺寸之后，对上述几方面进行验算。

挡土墙验算方法有两种：一是采用总安全系数的容许应力法；二是采用分项安全系数的极限状态法。

2.3.1　作用在挡土墙上的力系

作用在挡土墙上的力系，根据荷载性质分为永久荷载、可变荷载和偶然荷载。

永久荷载是长期作用在挡土墙上的，如图 2-6 所示，它包括下列一些力：

（1）由填土自重产生的土压力 E_a，可分解为水平土压力 E_x 与垂直土压力 E_y；

（2）墙身自重 G；

（3）填土（包括基础襟边以上土）自重；

（4）墙顶上的有效荷载 W_0；

（5）墙背与第二破裂面之间的有效荷载 W_r；

（6）预加应力。

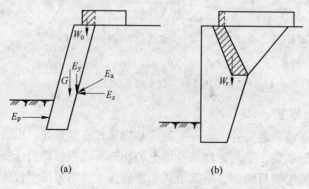

(a)　　　　　　　　　　　　(b)

图 2-6　作用于挡土墙上的永久荷载

可变荷载主要有：

（1）车辆荷载引起的土压力；

（2）常水位时的浮力及静水压力；

（3）设计水位时的静水压力和浮力；

（4）水位退落时的动水压力；

（5）波浪冲击力；

（6）冻胀压力和冰压力；

（7）温度变化的影响力。

可变荷载按其对挡土墙的影响程度，又分为主要可变荷载和附加可变荷载，其中前四项为主要可变荷载，后三项为附加可变荷载。

偶然荷载是指暂时的或属于灾害性的，其发生概率极小，包括地震力、施工荷载和临时荷载、水流漂浮物的撞击力等。

至于墙前被动土压力 E_p 一般不予考虑，如图 2-6 所示。当基础埋置较深（如大于 1.5m 时），且地层稳定，不受水流冲刷或扰动破坏时才予考虑。

挡土墙设计时，应根据可能同时出现的作用荷载，选择荷载组合，常用的荷载组合如表 2-2 所示。

表 2-2 常用荷载组合

组 合	荷 载 名 称
I	挡土墙结构自重、土重和土压力相组合
II	挡土墙结构自重、土重和土压力与汽车荷载引起的土压力相组合
III	组合 I 与设计水位的静水压力及浮力相组合
IV	组合 II 与设计水位的静水压力与浮力相组合
V	组合 I 与地震力相组合

根据荷载性质，荷载组合又可分为主要组合、附加组合和偶然组合。

主要组合：永久荷载与可能发生的主要可变荷载组合；

附加组合：永久荷载与主要可变荷载和附加可变荷载组合；

偶然组合：永久荷载、主要可变荷载与一种偶然荷载组合。

2.3.2 稳定性验算

对于重力式挡土墙，墙的稳定性往往是设计中的控制因素。挡土墙的稳定性包括抗滑稳定性与抗倾覆稳定性两个方面。设置在软土地基及斜坡上的挡土墙，还应对包括挡土墙、地基及填土在内的整体稳定性进行验算，稳定系数不应小于 1.25。表土层下伏倾斜基岩上设置挡土墙，则应验算包括挡土墙、填土及山坡覆盖层沿基岩面下滑的稳定性。

2.3.2.1 抗滑稳定性验算

挡土墙的抗滑稳定性是指在土压力和其他外荷载的作用下，基底摩阻力抵抗挡土墙滑移的能力，用抗滑稳定系数 K_c 表示，即作用于挡土墙的抗滑力与实际下滑力之比，如图 2-7 所示。一般情况下，有：

$$K_c = \frac{\mu \sum N + E_p}{E_x} \qquad (2\text{-}1)$$

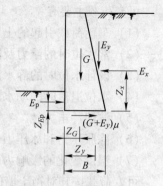

式中　$\sum N$——作用于基底的竖向力的代数和，kN，即挡土
墙自重 G（包括墙顶的有效荷载 W_0 及墙背与
第二破裂面之间的有效荷载 W_r）和墙背主动
土压力的竖直分力 E_y（包括车辆荷载引起的
土压力），即：

$$\sum N = G + E_y \qquad (2\text{-}2)$$

图 2-7　稳定性验算图

　　　E_x——墙背主动土压力（包括车辆荷载引起的土压
力）的水平分力，kN；

　　　E_p——墙前被动土压，kN；

　　　μ——基底摩擦系数。

　　主要组合时，抗滑稳定系数 K_c 不应小于 1.3；附加组合时，K_c 不小于 1.2。考虑偶
然组合时，K_c 不小于 1.1。但设计墙高大于 12m 时，应注意加大 K_c 值，以保证挡土墙的
抗滑稳定性。

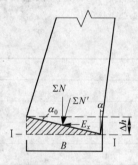

图 2-8　倾斜基底

　　当挡土墙抗倾覆稳定性已满足而受抗滑稳定性控制时，可
采用向内倾斜基底以增加抗滑稳定性。基底倾斜度，一般地基
不大于 1:5；浸水地基，当 $\mu < 0.5$ 时，不宜设置倾斜基底；当
$0.5 \leqslant \mu < 0.6$ 时，倾斜基底不大于 1:10；当 $\mu \geqslant 0.6$ 时，倾斜基
底不大于 1:5；岩质地基不大于 1:3。

　　如图 2-8 所示，设置倾斜基底就是保持墙面高度不变，而
使墙踵下降 Δh，从而使基底具有向内倾斜的逆坡。与水平基底
相比，可减小滑动力，增大抗滑力，从而增强了抗滑稳定性。
需要注意的是，由于墙踵下降了 Δh，也就使墙背的计算高度增
大 Δh，计算土压力的墙高应增加 Δh，即计算墙高 $H' = H + \Delta h$。由图 2-8 可知：

$$\Delta h = \frac{B \tan\alpha_0}{1 + \tan\alpha_0 \tan\alpha} \qquad (2\text{-}3)$$

　　若将竖直方向的力 $\sum N$ 和水平方向的力 E_x 分别按倾斜基底的法线方向和切线方向分
解，则倾斜基底法向力和切向力为：

$$\left. \begin{aligned} \sum N' = \sum N\cos\alpha_0 + E_x\sin\alpha_0 \\ \sum T' = E_x\cos\alpha_0 + \sum N\sin\alpha_0 \end{aligned} \right\} \qquad (2\text{-}4)$$

式中　α_0——基底倾角，即基底与水产面的夹角。

　　依据式（2-1）可知，挡土墙在设置倾斜基底后的抗滑稳定系数应为：

$$K_c = \frac{\mu \sum N' + E_p\sin\alpha_0}{\sum T'} = \frac{\mu(\sum N + E_x\sin\alpha_0) + E_p\tan\alpha_0}{E_x - \sum N\tan\alpha_0} \qquad (2\text{-}5)$$

　　由式（2-5）可以看出，由于设置倾斜基底，明显地增大了抗滑稳定系数，而且基底
倾角 α_0 越大，越有利于抗滑稳定性。应当指出，除验算沿基底的抗滑稳定性外，尚应验
算沿墙踵水平面（图 2-8 中的 I—I 面）上的抗滑稳定性，以免挡土墙连同地基土体一起

滑动。正因为这个原因，基底的倾斜度不宜过大。

沿墙踵水平面的抗滑稳定系数为：

$$K_c' = \frac{(\sum N + \Delta G)f_n}{E_x} \qquad (2\text{-}6)$$

式中　ΔG——基底与通过墙踵的地基水平面（Ⅰ—Ⅰ面）间的土楔重，kN；

　　　f_n——地基土的内摩擦系数。

增加抗滑稳定性的另一种办法是采用凸榫基础，如图 2-9 所示，就是在基础底面设置一个与基础连成整体的榫状凸块。利用榫前土体所产生的被动土压力以增加挡土墙抗滑稳定性。

凸榫的深度 h 根据抗滑的要求确定，凸榫的宽度 b_2 按截面强度（如图 2-9 中的 EF 面上的弯矩和剪力）的要求确定。

增加抗滑稳定性的措施还有：改善地基，例如在黏性土地基夯嵌碎石，以增加基底摩擦系数；改变墙身断面形式等。但单纯的扩大断面尺寸收效不大，而且也不经济。

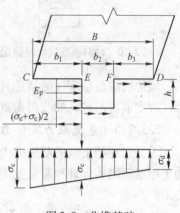

图 2-9　凸榫基础

2.3.2.2　抗倾覆稳定性验算

挡土墙的抗倾覆稳定性是指它抵抗墙身绕墙趾向外转动倾覆的能力，用抗倾覆稳定系数 K_0 表示，即对墙趾的稳定力矩之和 $\sum M_y$ 与倾覆力矩之和 $\sum M_0$ 的比值，如图 2-7 和图 2-10 所示：

$$K_0 = \frac{\sum M_y}{\sum M_0} \qquad (2\text{-}7)$$

式中　　　$\sum M_y$——各力系对墙趾的稳定力矩之和，kN·m，即：

$$\sum M_y = GZ_G + E_y Z_y + E_p Z_{E_p} \qquad (2\text{-}8)$$

　　　　　$\sum M_0$——各力系对墙趾的倾覆力矩之和，kN·m，即：

$$\sum M_0 = E_x Z_x \qquad (2\text{-}9)$$

Z_G，Z_x，Z_y，Z_{E_p}——相应各力对墙趾的力臂，m。

抗倾覆稳定系数不应小于 1.5，考虑附加组合时不应小于 1.3，考虑偶然组合时，不应小于 1.1。当墙高大于 12m 时，应注意加大 K_0 值，以保证挡土墙的倾覆稳定性。

当抗滑稳定性满足要求，挡土墙受抗倾覆稳定性控制时，可展宽墙趾，如图 2-11 所示。在墙趾处展宽基础可增大稳定力矩的力臂，是增强抗倾覆稳定性的常用方法。但在地面横坡较陡处，会由此引起墙高的增加。展宽部分一般用与墙身相同的材料砌筑，不宜过宽，展宽度 Δb，重力式挡土墙不宜大于墙高的 10%；衡重式挡土墙不宜大于墙高的 5%。基础展宽可分级设置成台阶基础，每级的宽度和高度关系应符合刚性角的要求（即基础台阶的斜向连线与竖直方向的夹角），对于石砌圬工不大于 35°；对于混凝土圬工不大于 45°。如超过时，则应采用钢筋混凝土基础板。

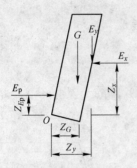

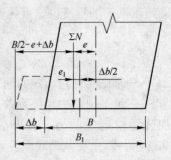

图 2-10　倾斜基底抗倾覆稳定性验算　　　　图 2-11　展宽墙趾

增加抗倾覆稳定性的措施还有：改变墙背或墙面的坡度以减少土压力或增加稳定力臂；改变墙身形式，如改用衡重式、墙后增设卸荷板等。

2.3.2.3　基底应力及合力偏心距验算

为了保证挡土墙的基底应力不超过地基的容许承载力，应进行基底应力验算。为了使挡土墙墙型结构合理和避免发生显著的不均匀沉陷，还应控制作用于挡土墙基底的合力偏心距。

如图 2-12 所示，若作用于基底合力的法向分力为 $\sum N$，它对墙趾的力臂为 $Z_N(\mathrm{m})$，即：

$$Z_N = \frac{\sum M_y - \sum M_0}{\sum N} \qquad (2\text{-}10)$$

合力偏心距 $e(\mathrm{m})$ 为：

$$e = \frac{B}{2} - Z_N \qquad (2\text{-}11)$$

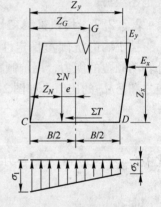

图 2-12　基底应力及合力
偏心距验算图

基底的合力偏心距，要求在土质地基上，$e \le B/6$；软弱岩石地基上，$e \le B/5$；在不易风化的岩石地基上，$e \le B/4$。

基底两边缘点，即趾部和踵部的法向压应力 σ_1、σ_2（kPa）为：

$$\begin{matrix} \sigma_1 \\ \sigma_2 \end{matrix} = \frac{\sum N}{A} \pm \frac{\sum M}{W} = \frac{G + E_y}{B}\left(1 \pm \frac{6e}{B}\right) \qquad (2\text{-}12)$$

式中　$\sum M$——各力对中性轴的力矩之和，$\mathrm{kN \cdot m}$，$\sum M = \sum N \cdot e$；

　　　W——基底截面模量，m^3，对 1m 长的挡土墙，$W = B^2/6$；

　　　A——基底面积，m^2，对 1m 长的挡土墙而言，$A = B$。

基底压应力不得大于地基的容许承载力 $[\sigma]$，当附加组合时，地基容许承载力可提高 25%。

当 $|e| > B/6$ 时，基底的一侧将出现拉应力，考虑到一般情况下地基与基础间不能承受拉力，故不计拉力而按应力重分布计算基底最大压应力，如图 2-13 所示，基底应力图形将由虚线图形变为实线图形。根据力的平衡条件，总压应力等于 $\sum N$，实线三角形的形心必在 $\sum N$ 的作用线上，故基底压应力三角形的底边长度等于 $3Z_N$。于是有：

$$\sum N = \frac{1}{2}\sigma_{max} \cdot 3Z_N$$

故最大压应力为：

$$\sigma_{max} = \frac{2\sum N}{3Z_N} \tag{2-13}$$

如图 2-14 所示，设置倾斜基底时，倾斜基底的宽度 B' 为：

$$B' = \frac{B\cos\alpha}{\cos(\alpha_0 - \alpha)} \tag{2-14}$$

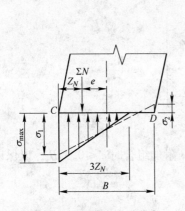

图 2-13 基底应力重分布

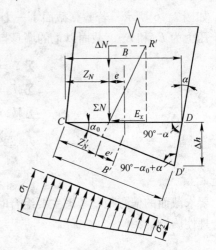

图 2-14 倾斜基底应力计算

倾斜基底法向力 $\sum N'$（式(2-4)）对墙趾的力臂 Z'_N 为：

$$Z'_N = \frac{\sum M_y - \sum M_0}{\sum N'} \tag{2-15}$$

倾斜基底的合力偏心距 e' 为：

$$e' = \frac{B'}{2} - Z'_N \tag{2-16}$$

这时，基底的法向应力为：

$$\left.\begin{array}{l} \sigma_1 \\ \sigma_2 \end{array}\right\} = \frac{\sum N'}{B'}\left(1 \pm \frac{6e'}{B'}\right) \qquad (\,|e'| \leqslant B'/6) \tag{2-17}$$

$$\sigma_{max} = \frac{2\sum N'}{3Z'_N} \qquad (\,|e'| > B'/6) \tag{2-18}$$

基底压力或偏心距过大时，可采取加宽墙趾或扩大基础的办法予以调整，也可采用换填地基土以提高其承载力；调整墙背坡度或断面形式以减少合力偏心距等措施。

2.3.2.4 墙身截面验算

通常，选取一或两个墙身截面进行验算，验算截面可选在基础顶面、1/2 墙高处、上下墙（凸形折线形墙及衡重式墙）交界处等，如图 2-15 所示。

墙身截面强度验算包括法向应力和剪应力验算。

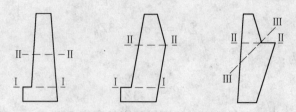

图 2-15　墙身验算截面的选择

A　法向应力及偏心距 e 验算

如图 2-16 所示，若验算截面 Ⅰ—Ⅰ 的强度，从土压力分布图可得到 Ⅰ—Ⅰ 截面以上的土压力为 E_{xi} 和 E_{yi}，截面以上的墙身自重为 G_i，截面宽度为 B_i，则：

$$\left.\begin{array}{l}\sum N_i = G_i + E_{yi} \\[4pt] \sum M_{yi} = G_i Z_{Gi} + E_{yi} Z_{yi} \\[4pt] \sum M_{0i} = E_{xi} Z_{xi} \\[4pt] Z_{Ni} = \dfrac{\sum M_{yi} - \sum M_{0i}}{\sum N_i}\end{array}\right\} \qquad (2\text{-}19)$$

$$e_i = B_i/2 - Z_{Ni} \qquad\qquad (2\text{-}20)$$

要求截面的偏心距，考虑主要组合时 $e_i \leqslant 0.3 B_i$；附加组合时 $e_i \leqslant 0.35 B_i$，以保证墙型的合理性。

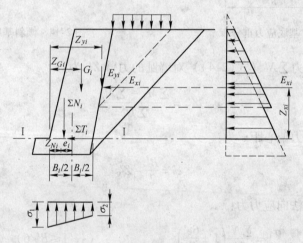

图 2-16　容许应力法墙身截面验算图

截面两端边缘的法向应力为：

$$\left.\begin{array}{c}\sigma_1 \\ \sigma_2\end{array}\right\} = \frac{\sum N}{B_i}\left(1 \pm \frac{6 e_i}{B_i}\right) \qquad (2\text{-}21)$$

考虑主要组合时，应使最大压应力和最大拉应力不超过圬工的容许应力。当考虑附加组合时，容许应力可提高 30%。干砌挡土墙不能承受拉应力。

B　剪应力验算

剪应力有水平剪应力和斜剪应力两种。重力式挡土墙只验算水平剪应力，而衡重式挡土墙还需进行斜截面剪应力验算，如图 2-15 中的Ⅲ—Ⅲ截面。

a 水平方向剪切验算

如对图 2-16 中的Ⅰ—Ⅰ截面验算水平剪应力，剪切面上水平剪力 $\sum T_i$ 等于Ⅰ—Ⅰ截面以上墙身所受水平土压力 $\sum T_{xi}$，则：

$$\tau_i = \frac{\sum T_i}{B_i} = \frac{\sum E_{xi}}{B_i} \leqslant [\tau] \tag{2-22}$$

式中 $[\tau]$——圬工的容许剪应力，kPa。

当墙身受拉力出现裂缝时，应折减裂缝区的面积。

b 斜截面剪应力验算

如图 2-17 所示，设衡重式挡土墙上墙底面沿倾斜方向 AB 被剪裂，剪裂面与水平面成 ε 角，剪裂面上的作用力是竖直力 $\sum T$，则：

$$\left.\begin{array}{l} \sum N = E'_{1y} + G_1 + G_2 \\ \sum T = E'_{1x} \end{array}\right\} \tag{2-23}$$

式中 E'_{1x}——上墙土压力的水平分力，kN，如式（2-29）所示；

E'_{1y}——上墙土压力的竖直分力，kN，如式（2-30）所示；

G_1——上墙圬工重力，kN；

G_2——$\triangle ABC$ 的圬工重力，kN。

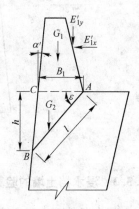

图 2-17 斜截面剪应力验算

当 ε 角不同时，AB 面上的剪应力 τ 也不同，故 τ 是 ε 的函数，即：

$$\tau = \frac{P}{l} \tag{2-24}$$

式中 P——剪裂面 AB 方向的切向分力，kN，

$$P = \sum T\cos\varepsilon + \sum N\sin\varepsilon = E'_{1x}\cos\varepsilon + (E'_{1y} + G_1)\sin\varepsilon + \frac{1}{2}\gamma_h B_1^2 \frac{\tan\varepsilon\sin\varepsilon}{(1 - \tan\alpha'\tan\varepsilon)} \tag{2-25}$$

γ_h——圬工的重度，kN/m³；

l——剪裂面的长度，m，

$$l = \frac{B_1\tan\varepsilon}{\sin\varepsilon(1 - \tan\alpha'\tan\varepsilon)} \tag{2-26}$$

将式（2-25）、式（2-26）代入式（2-24），并令 $\tau_x = \dfrac{E'_{1x}}{B_1}$，$\tau_w = \dfrac{E'_{1y} + G_1}{B_1}$，$\tau_r = \dfrac{1}{2}\gamma_h B_1$，整理得：

$$\tau = \cos^2\varepsilon[\tau_x(1 - \tan\alpha'\tan\varepsilon) + \tau_w\tan\varepsilon(1 - \tan\alpha'\tan\varepsilon) + \tau_r\tan^2\varepsilon] \tag{2-27}$$

对式（2-27）微分，令 $\dfrac{d\tau}{d\varepsilon} = 0$，整理得：

$$\tan\varepsilon = -\eta \pm \sqrt{\eta^2 + 1} \tag{2-28}$$

其中

$$\eta = \frac{\tau_r - \tau_x - \tau_w\tan\alpha'}{\tau_x\tan\alpha' - \tau_w}$$

由式(2-28)解出 ε，代入式(2-27)即可求得 AB 斜截面的最大剪应力 $\tau_{\max}$。如 $\tau_{\max} \leqslant [\tau]$，说明斜截面抗剪强度满足要求。

C 衡重式挡土墙上墙实际墙背的土压力

衡重式挡土墙上墙墙身截面验算时，应按上墙实际墙背所承受的土压力进行计算。

上墙实际墙背的土压力 E_1' 是由第二破裂面上的土压力 E_1 传递而来，一般可根据实际墙背及衡重台与土体间无相对移动（即无摩擦力）的条件，利用力多边形法推求，如图 2-18 所示。

$$E_{1x}' = E_{1x} = E_1 \cos(\alpha_i + \varphi) \tag{2-29}$$

$$E_{1y}' = E_{1x} \tan\alpha = E_1 \cos(\alpha_i + \varphi) \tan\alpha \tag{2-30}$$

假设此土压力沿墙背呈线性分布，作用于上墙的下三分点处。

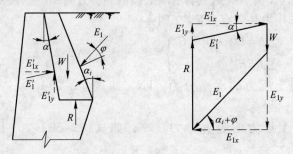

图 2-18 上墙实际墙背土压力计算图

2.3.3 浸水挡土墙的验算

浸水条件下土压力按第 1 章的方法计算。作用在浸水挡土墙上的力系，除一般重力式挡土墙的力系外，尚应考虑浸水时的附加力。

2.3.3.1 作用于浸水挡土墙的附加力

A 墙内外侧的静水压力

如图 2-19 所示，墙面的水位高度为 H_{b1}，墙背的水位高度为 H_{b2}，设水的重度为 γ_w，则作用于墙面和墙背法向的静水压力分别为 J_1 及 J_2，其值为：

$$J_1 = \frac{1}{2}\gamma_w H_{b1}^2 \frac{1}{\cos\alpha'} \tag{2-31}$$

$$J_2 = \frac{1}{2}\gamma_w H_{b2}^2 \frac{1}{\cos\alpha} \tag{2-32}$$

作用于墙背及墙面的竖直静水压力之和为：

$$J_y = J_2 \sin\alpha + J_1 \sin\alpha' = \frac{1}{2}\gamma_w (H_{b2}^2 \tan\alpha + H_{b1}^2 \tan\alpha') \tag{2-33}$$

考虑到 $H_{b2} - H_{b1}$ 段已计算动水压力（式(2-36)），计算水平静水压力差时不应计入，则作用于墙背及墙面的水平静水压力差为：

$$J_x = \left[J_2 \cos\alpha - \frac{1}{2}\gamma_w (H_{b2} - H_{b1})^2 \frac{1}{\cos\alpha} \cos\alpha \right] - J_1 \cos\alpha'$$

$$= \frac{1}{2}\gamma_w (2H_{b1}H_{b2} - H_{b1}^2) - \frac{1}{2}\gamma_w H_{b1}^2$$

即：
$$J_x = \gamma_w H_{b1}(H_{b2} - H_{b1})$$ (2-34)

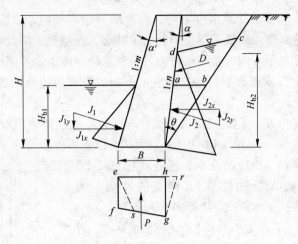

图 2-19 作用于浸水挡土墙上的附加力

B 作用于基底的上浮力

作用于基底的上浮力 P 与墙身所排开水的体积及地基的透水性有关，按下式计算：

$$P = \frac{1}{2}\gamma_w(H_{b1} + H_{b2})B\lambda$$ (2-35)

式中　λ——上浮力折减系数，对于透水的或不能肯定透水与否的地基：$\lambda = 1.0$；对于岩石地基或基底与岩石间灌注混凝土，认为是相对不透水时：$\lambda = 0.5$。

C 动水压力

当墙后填土中出现渗透水流时，墙背上作用着动水压力 D，其值按下式计算：

$$D = I\gamma_w\Omega$$ (2-36)

式中　Ω——破裂棱体内产生动水压力的浸水面积，即图 2-19 中的 *abcd*，可近似地按下式计算：

$$\Omega = \frac{1}{2}(H_{b2}^2 - H_{b1}^2)(\tan\theta + \tan\alpha)$$ (2-37)

θ——计算土压力时的破裂角。

动水压力 D 作用于 Ω 面积的形心，其方向平行于 I（水力坡降）。

2.3.3.2 浸水挡土墙验算

验算抗滑稳定性和抗倾覆稳定性时，应计入上述浸水时的附加力，分别代入有关的公式，对于容许应力法代入式(2-1)或式(2-5)及式(2-7)中，求 K_c、K_0。

由于计入了附加力，要求的 K_c、K_0 可适当降低，即 K_c 不小于 1.2，K_0 不小于 1.3。

当填料为透水性材料，$H_{b1} = H_{b2}$ 时，其静水压力和动水压力可忽略不计。

浸水地区因墙基受水浸泡，当地基软弱（$\mu < 0.5$）时，不易挖成倾斜基底，故不宜设置倾斜基底。但当地基为密实的卵石、块石土或较软的岩层（$0.5 \leqslant \mu < 0.6$）时，可设置 1:10 的倾斜基底。当基底为较好的岩石地基（$\mu \geqslant 0.6$）时，可设置 1:5 的倾斜基底。

验算基底合力偏心距和基底法向应力时，也应计入浸水时的附加力，代入相应的公式中进行计算。由于附加力是暂时的，地基承载力可提高 25%。

2.3.3.3　最不利水位的确定

浸水挡土墙验算，由于计算水位不同，验算结果也不相同，故应考虑水位的涨落情况，确定最不利水位高度，以便求得最不利稳定状态，控制挡土墙设计。通常最不利水位不是最高水位，而且对于不同的验算项目，最不利水位高度也是不同的。为减少试算工作量，可采用"优选法"求得最不利水位高度，下面以容许应力法的抗滑稳定性和抗倾覆稳定性加以说明。

设最高水位高度为 H_b，用优选法选点试算时，第一次计算 $0.618H_b$ 处（即图 2-20 的 C 点）的稳定系数 K_C。一般在 $0.618H_b$ 处，即 D 点以下不控制设计，可舍去 AD 段。

第二次计算余下的 BD 段的 0.618 倍处（即图 2-20 的 E 点）的稳定系数 K_E。比较 C、E 两点的 K 值，如 $K_E > K_C$ 则舍去 BE 段，如 $K_C > K_E$ 则舍去 CD 段。

第三次再计算余下段 DE 的 0.382 倍处（或 BC 的 0.618 倍处）即图中的 F 点的稳定系数，并比较 K_F 值，舍去 K 值大的一段，如此进行 3～5 次，即可求得最不利水位的高度。

当最高水位不能确定时，可按墙高减 0.5m 为 H_b 进行验算。

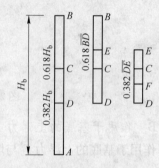

图 2-20　优选法求算最不利水位

对于基底应力，一般情况下随着水位的降低而增大，即在枯水位时为最大值，故验算时，通常以枯水位作为最水利水位。

2.3.4　地震条件下挡土墙的验算

A　挡土墙抗震验算范围

对地震地区挡土墙，应先按一般条件进行设计，然后再考虑地震力的作用，进行抗震验算。挡土墙抗震验算的范围列于表 2-3。

表 2-3　挡土墙抗震验算范围

公路等级		高速公路及一、二级公路			二级以下公路
基本烈度		7	8	9	9
岩石、非软土、非液化土地基	非浸水	不验算	$H > 5m$ 验算	验算	验算
	浸水	不验算	验算	验算	验算
液化土及软土地基		验算	验算	验算	验算

B　地震条件下作用于挡土墙的特殊力

地震作用下的土压力已在第 1 章作了介绍，地震条件下的特殊力是指墙身自重产生的水平地震惯性力 Q_h，它作用在验算截面以上的墙身重心处，按下式计算：

$$Q_h = C_i C_z K_h \psi_i G_i \tag{2-38}$$

式中　C_z——综合影响系数，$C_z = 0.25$；

　　　C_i——重要性修正系数，如表 1-3 所示；

　　　K_h——水平地震力系数，如表 1-2 所示；

G_i——验算截面以上的墙身圬工重力，kN；

ψ_i——水平地震作用沿墙高的分布系数。

地震力对建筑物的影响，顶部较底部为大，有时超过一倍。从因地震而产生破坏的高挡土墙看，破坏位置多出现在中部以上接近顶部。因此，当墙高不大于12m时，地震作用沿墙高影响不显著，计算时取：

$$\psi_i = 1 + \frac{H_i}{H} \tag{2-39}$$

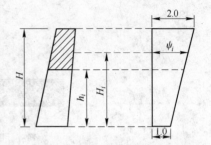

式中　H_i——验算截面 h_i 以上墙身圬工的重心至墙底
　　　　的高度，如图 2-21 所示。

对于三、四级公路，不考虑地震作用沿墙高的影响，分布系数 $\psi_i = 1$。

C　挡土墙的抗震验算

验算时要考虑墙身承受的地震力作用，并采用地震作用下的土压力，将地震荷载和恒载组合，并考虑常水位的浮力。不考虑季节性浸水的影响，其他外力包括车辆荷载的作用均不考虑。

图 2-21　水平地震作用沿墙高的分布

由于地震力系特殊力，要求可适当放宽，抗滑稳定系数 K_c 不应小于 1.1；抗倾覆稳定系数 K_0 亦不应小于 1.2。

习　题

2-1　挡土墙的作用、设置情况和设计内容有哪些？

2-2　试述各类挡土墙的结构特点及其适用条件。

2-3　挡土墙的类型有哪些？

2-4　重力式挡土墙在墙背、墙面、墙顶、基础、排水和沉降缝方面的主要特点是什么？

2-5　挡土墙的布置包括哪几个方面，修建挡土墙的条件是什么？

2-6　重力式路堤挡土墙墙背破裂面有哪几种形式？

2-7　主动、被动和静止土压力对应的土压力系数表达式是什么，其数值有何规律？

2-8　请计算路堤挡土墙顶上分布有某均布荷载情况下的主动土压力，用图解法完成，并给出各关键力的字母表达式。

2-9　路基挡土墙稳定性验算的内容、受力图和计算表达式是什么？

2-10　挡土墙抗滑稳定性、抗倾覆稳定性或地基承载力不足时，可采取哪些改进措施？

2-11　挡土墙为何经常在下暴雨期间破坏，挡土墙的排水设施是如何设计的，墙后积水对挡土墙有何危险？

2-12　对于浸水挡土墙，写出求算最不利水位高度的步骤。

2-13　挡土墙的防震措施有哪些？

2-14　关于水泥墙式挡土结构的嵌固深度设计值 H_d 的确定方法有多种，下列哪种方法是最正确的？（　　　）

　　A. 依据稳定条件确定即可

　　B. 按管涌构造要求确定

　　C. 近似按支挡结构构造确定

　　D. 按稳定条件计算，构造和抗渗核算

2-15　某挡土墙高 H 为 6m，墙背直立（$\alpha = 0$），填土面水平（$\beta = 0$），墙背光滑（$\delta = 0$），用毛石和

M2.5 水泥砂浆砌筑；砌体重度 $\gamma_k = 22kN/m^3$，填土内摩擦角 $\varphi = 40°$，$c = 0$，$\gamma = 19kN/m^3$，基底摩擦系数 $\mu = 0.5$，地基承载力标准值 $f_k = 180kPa$，试设计此挡土墙。

2-16 计算作用在如图 2-22 所示挡土墙上的被动土压力分布图及其合力（墙背垂直、光滑，墙后填土面水平）。（答案：被动土压力 $E_p = 1281.8kN/m$，合力作用点 $d = 2.3m$）

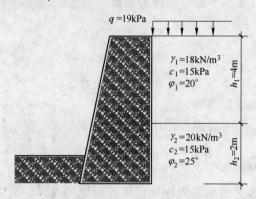

图 2-22   习题 2-16 图

2-17 某挡土墙如图 2-23 所示，已实测到挡土墙墙后的土压力合力值为 64kN/m。试用朗肯土压力公式说明此时墙后土体是否已达到极限平衡状态，为什么？（答案：因 $E_0 = 132kN/m$，$E_a = 56.9kN/m$，且 $E_a < 64kN/m$，故未达到极限平衡状态）

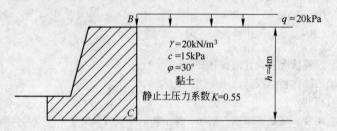

图 2-23   习题 2-17 图

3 抗滑挡土墙

3.1 概　述

山坡上的土体或岩体在各种自然因素或人为因素的影响下失去稳定性，沿着某一贯通的破坏面（或软弱面）整体向下滑动的现象，称为滑坡。滑坡是山区常见的一种不良物理地质现象，在山区公路中，经常会遇到滑坡的危险。滑坡防治主要采用排水、减重、支挡及护坡等综合措施。

恢复和保持山坡土体（或岩体）的平衡是治理滑坡的根本措施。如果滑坡的形成是由于下部支撑部分的切割或上部挤压部分过荷，可以采用抗滑支挡措施，即在滑坡舌部或中前部修建各种形式的支挡构造物，恢复或增强下部支撑力，阻挡滑坡体的滑动，这是一种对稳定滑坡有长久作用的有效措施。用来支撑滑坡体的抗滑支挡构造物有：抗滑挡土墙、抗滑桩、抗滑片石垛、抗滑明洞、抗滑拱涵等。

抗滑挡土墙是目前整治滑坡中应用最广且较为有效的措施之一，采用抗滑挡土墙整治滑坡，其优点是山体破坏少，稳定滑坡收效快。对于大型滑坡，抗滑挡土墙常作为排水、减重等综合措施的一部分；对于中、小型滑坡，可单独使用，也可与支撑渗沟联合使用；以抗滑桩为主要整治措施的工点，也可用抗滑挡土墙作为辅助措施，分担一部分滑坡推力。

抗滑挡土墙尤其适用于以挖去山坡坡脚失去支撑而引起滑动为主要原因的牵引式滑坡，特别是当滑动面较陡、含水量较小、整体性较强、滑动较急剧的滑坡，修建抗滑挡土墙后即能起到抑制滑动的作用。但应用时必须弄清滑坡的性质、滑体结构、滑动面层位和层数、滑体的推力及基础的地质情况，否则，易使墙体变形而失效。如果开挖基坑太深，则施工困难，又易加剧滑坡滑动，因此，深层滑坡和正在滑动的滑坡不宜采用。

抗滑挡土墙因其受力条件、材料和结构不同而有多种类型，如重力式抗滑挡土墙、锚杆式抗滑挡土墙、加筋土抗滑挡土墙、桩板式抗滑挡土墙、竖向预应力锚杆抗滑挡土墙等。一般多采用重力式抗滑挡土墙，利用墙身重力来抗衡滑坡体。本章仅介绍重力式抗滑挡土墙的设计方法。

3.2　滑坡推力计算

抗滑挡土墙设计必须了解滑坡推力的特点和性质，确定滑坡推力的大小。在确定滑坡推力时，除需知道滑动面的位置外，还必须知道滑坡体的重度 γ，滑动面土的抗剪强度指标 c、φ 值，以及设计所要求的安全系数 K。

滑体重度确定比较容易，通常采用试验的方法或凭经验确定。而抗剪强度指标确定比较困难，而且它与安全系数对滑坡稳定性分析和滑坡推力计算影响很大，因此，应给予足够的重视。

3.2.1 滑坡推力的特征

作用在抗滑挡土墙上的侧压力为滑坡推力，它不同于普通挡土墙上的土压力，主要表现在力的大小、方向、分布和合力作用点等方面。

（1）大小。作用在普通挡土墙上的土压力，是按库仑理论或朗肯理论来计算的，其破裂面与土压力的大小均随墙高和墙背形状的变化而变化。作用在抗滑挡土墙上的滑坡推力则在已知滑动面（如直线、折线或圆弧滑动面等）的情况下按剩余下滑力法来计算。一般情况下，滑坡推力远大于作用在普通挡土墙上的土压力。

（2）方向。普通土压力的方向与墙背法线成 δ 角（墙背摩擦角），它与墙背的形状及粗糙程度有关，对于朗肯土压力来说，则与墙顶填土（或土体）表面平行，而滑坡推力的方向与墙后滑动面（带）有关，并认为与紧挨墙背的一段较长滑动面平行。

（3）分布及合力作用点。普通土压力一般为三角形分布，其合力作用点在墙踵以上 1/3 墙高处（如有车辆荷载作用或路堤墙，土压力为梯形分布）。滑坡推力分布和作用点则与滑坡的类型、部位、地层性质、变形情况等因素有关。

1）当滑坡体为黏聚力较大的土层时，滑坡推力分布近似为矩形；

2）当滑坡体为以内摩擦角为主要抗剪特性的堆积体时，滑坡推力分布近似为三角形；

3）介于以上两种情况之间，滑坡推力分布可近似假定为梯形。

由于抗滑挡土墙滑坡推力具有以上分布特征，因此其合力作用点比普通土压力的合力作用点高。

3.2.2 抗剪强度指标的确定

滑动面土的抗剪强度指标值 c、φ 值的确定是抗滑挡土墙设计成败的关键，一般可用土的剪切试验、根据滑坡过去或现在的状态进行反算以及选用经验数据三方面来获得。

3.2.2.1 用剪切试验方法确定滑动面土的抗剪强度指标

根据滑坡的滑动性质用剪切试验方法确定滑动面土的抗剪强度指标，关键在于尽可能地模拟它的实际状态，只有这样才可能获得符合实际情况的数值。

土样在剪切试验过程中，随着剪切变形的增加，剪切应力逐渐增加。当剪切破裂面完全形成时，剪切应力达到峰值（τ_F），然后随变形的增加，剪切应力逐渐下降，最终趋近于一稳定值（τ_W）。其中，τ_F 为峰值抗剪强度；τ_W 则为残余抗剪强度，如图 3-1 所示。

对于各种类型的滑坡，就其滑动面上的剪切状况来说，大致可分为三种情况：

（1）新生滑坡，现在尚未滑动而即将发生

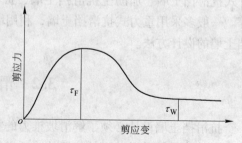

图 3-1 剪应力与剪应变的关系

滑坡者，显然这时潜在滑动面上并未发生剪切破坏，待发生剪切破坏时滑坡就滑动了。

（2）滑坡已滑动，而且持续不断发生剪切位移，滑动面土已剪坏。

（3）介于上述两者之间，历史上曾发生过滑动，而目前并非经常滑动的滑坡。

A　新生滑坡

对于新生的即将滑动的滑坡，由于滑动面尚未完全形成，采用滑动面原状土根据滑动面土的充水情况（持续充水或季节充水）做固结快剪或快剪试验，取其峰值（如图 3-1 所示的 τ_F）作为抗剪强度指标。

B　多次滑动的滑坡

对于多次滑动并仍在活动的滑坡，由于滑动面已经完全形成，滑动面土原状结构已遭受破坏，所以应取残余值（如图 3-1 所示的 τ_W）作为抗剪强度指标。

残余抗剪强度指标可用以下试验方法测定：

（1）滑动面重合剪切试验。从试坑或钻孔中取含有滑动面的原状土试样，用直剪仪保持沿原有滑动方向剪切，试验方法同一般快剪试验。由于滑动面已多次滑动，取样及试验保持原有含水量，则得到的值为残余强度。当试样含水量太大，剪切时土易从剪切盒间挤出，此法将不适用。

（2）重塑土多次直剪试验。由于多次滑动后，滑动面土原状结构已遭破坏，在原状土不易取得时，用重塑土做剪切试验得到的残余强度，与用原状土试验得到的大致相同。试验时用一般应变式直剪仪按常规快剪方法，进行一次剪切后，在已有剪切面上再重复做多次剪切，直至土的抗剪强度不再降低为止。

（3）环状剪力仪大变形剪切试验（简称环剪试验）。试样可用重塑土或原状土，剪切时试样因上下限制环的相对旋转而产生环形剪切面。环剪试验的主要特点是试样在剪切时剪切面积保持不变，相应的正应力也是恒定的，适合于进行大变形的残余强度试验。

在室内试验中，也可以用三轴剪切试验来较快地测得黏性土的残余强度。试样为含有滑动面的原状土，或为人工制备剪切面的土，使剪切时剪切强度达到残余值时的剪切位移可以缩小。

残余强度指标除用上述各种室内试验方法确定外，还可以做现场原位剪切试验，即在选定的土结构遭到破坏的滑动面上，沿滑动方向进行直接剪切，这样可以克服室内试验的一些限制，反映实际情况。现场试验多在滑坡前缘出口处挖试坑或探井进行。

C　古滑坡

对于古滑坡或滑动量不大的滑坡，滑动面土的抗剪强度介于峰值强度与残余强度之间，故较难确定。一般可在现场实际滑动面上做原位剪切试验测定，但是这种方法往往受条件限制，只能在滑坡体四周进行，而主滑地段滑动面太深，不易做到，用边缘部位的指标来代替则有一定出入。抗剪强度指标也可做滑动面处原状土样的重合剪切试验来求得；另外还可以根据滑坡体当前所处的状态，用滑动面土的重塑土做多次剪切试验，选用其中某几次剪切试验结果作为抗剪强度指标。

滑动面土的抗剪强度指标不仅与滑坡体的滑动过程和当前所处状态有关，而且与季节含水情况有关。即使是同一滑动面，所取试样的位置不同，抗剪强度指标也会不同。因此，确定滑动面土的抗剪强度指标时应按最不利情况考虑，同时滑动面上各段指标应分别确定。

3.2.2.2　用反算法确定滑动面土的抗剪强度指标

滑坡的每一次滑动都可以看成是一次大型的模型试验，只要弄清滑动瞬间的条件，就可以求出该条件下滑动面土的抗剪强度指标。通常假定滑坡体行将滑动的瞬间处于极限平衡状态，令其剩余下滑力为零，按安全系数 $K=1$ 的极限平衡条件反算滑动面土的抗剪强度指标。反算法所求出 c、φ 值的可靠性取决于反算条件是否完备与可靠。实践证明，只要反算条件可靠，所得指标将能较好地反映土的力学性质。因此，反算法得到较广泛的应用。

根据滑动面土的性质不同，滑坡极限平衡状态抗剪强度指标的推算可分为综合 c 法、综合 φ 法及兼有 c、φ 法。

A　综合 c 法

当滑动面土的抗剪强度主要受黏聚力控制，且内摩擦角很小时，将摩擦力的实际作用纳入 c 的指标内（即认为 $\varphi \approx 0$），反算综合黏聚力 c。此种简化只适用于滑动面饱水且滑动中排水困难，滑动面为饱和黏性土或虽含有少量粗颗粒但被黏土所包裹而滑动时粗颗粒不能相互接触的情况。

对于均质土，滑动面可假定为圆弧形，如图 3-2 所示。滑动面抗剪强度综合 c 值可按下式推算：

$$K = \frac{W_2 d_2 + cLR}{W_1 d_1} = 1 \qquad (3-1)$$

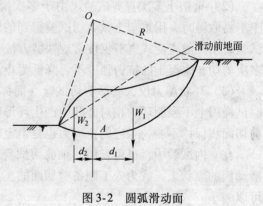

图 3-2　圆弧滑动面

式中　c——极限平衡条件下滑动面（带）土的综合黏聚力，kPa；

$\quad\quad R$——滑动圆弧的半径，m；

W_1，W_2——滑动圆心铅垂线（OA）两侧的滑坡体重力，即滑坡体下滑部分和抗滑部分的重力，kN；

$\quad\quad L$——滑动面（带）土的长度，m；

$\quad\quad d_1$——重心至滑动圆心铅垂线（OA）的水平距离，m；

$\quad\quad d_2$——圆心铅垂线（OA）的水平距离，m。

对于折线形滑动面（如图 3-3 所示），根据主轴断面上折线的变坡点将滑坡体分为若干条块，将各条块的抗滑力与下滑力投影到水平面上，那么，综合黏聚力 c 可按下式推算：

$$K = \frac{\sum T_R + \sum C_R}{\sum T_C} = \frac{\sum W_{Ri}\sin\alpha_{Ri}\cos\alpha_{Ri} + c\sum (L_{Ri}\cos\alpha_{Ri} + L_{Cj}\cos\alpha_{Cj})}{\sum W_{Cj}\sin\alpha_{Cj}\cos\alpha_{Cj}} = 1 \quad (3-2)$$

式中　$\sum T_R$，$\sum T_C$——滑坡体抗滑段抗滑力及下滑段下滑力的水平投影；

$\quad\quad \sum C_R$——滑动面黏聚力水平投影；

$\quad W_{Ri}$，W_{Cj}——抗滑、下滑段滑体重力，kN；

$\quad \alpha_{Ri}$，α_{Cj}——抗滑、下滑段滑动面倾角；

$\quad L_{Ri}$，L_{Cj}——抗滑、下滑段滑动面的长度，m。

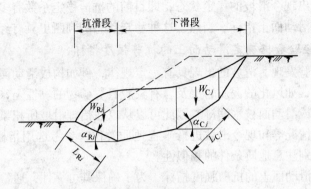

图 3-3 折线形滑动面

B 综合 φ 法

当滑动面土的抗剪强度主要为摩擦力而黏聚力很小时，可假定 $c \approx 0$，反算土的综合内摩擦角 φ。所谓综合是指包含了少量黏聚力的因素。这种简化方法适用于滑动面土由断层错动带或错落带等风化破碎岩屑组成，或为硬质岩的风化残积土的情况。因为这种情况下滑动土中粗颗粒含量很大，抗剪强度主要受摩擦力控制。

对于折线形滑动面，其抗剪强度综合 φ 值可按下式推算：

$$K = \frac{\sum W_{Ri}\sin\alpha_{Ri}\cos_{Ri} + \tan\varphi\left(\sum W_{Ri}\cos^2\alpha_{Ri} + \sum W_{Cj}\cos^2\alpha_{Cj}\right)}{\sum W_{Cj}\sin\alpha_{Cj}\cos\alpha_{Cj}} = 1 \qquad (3\text{-}3)$$

式中 φ——滑动面（带）土的综合内摩擦角。

C c、φ 法

当滑动面土由粗细颗粒混合组成时，必须同时考虑黏聚力和内摩擦力，此时有如下几种方法反算 c、φ 值：

(1) 在同一次滑动中，找出两邻近的瞬间滑动计算断面，建立两个反算式联立求解；

(2) 根据同一断面位置，不同时间但条件相似的两次滑动瞬间计算断面，建立两个反算式联立解出；

(3) 根据滑动面土的条件和滑动瞬间的含水情况，参照类似土质情况的有关资料定出其中的一个指标值，反算另一个指标值。

其计算公式为：

$$K = \frac{\sum W_{Ri}\sin\alpha_{Ri}\cos\alpha_{Ri} + \tan\varphi\left(\sum W_{Ri}\cos^2\alpha_{Ri} + \sum W_{Cj}\cos^2\alpha_{Cj}\right) + c\sum\left(L_{Ri}\cos\alpha_{Ri} + L_{Cj}\cos\alpha_{Cj}\right)}{\sum W_{Cj}\sin\alpha_{Cj}\cos\alpha_{Cj}} = 1$$

$$(3\text{-}4)$$

用反算法只能求出一组 c、φ 值，它只能代表整个滑动面上的平均指标。对大多数滑坡来说，由于滑动面各段的性质有差别，从上到下使用同一组 c、φ 值将带来一定误差。为了消除这种影响，反算时可先用试验方法或经验数据确定上下两段（即所谓牵引段、抗滑段）的指标，只反算埋深较大的主滑段指标。

按上述方法反算的指标只能代表过去的情况，以后滑动指标可能要低一些。对于过去滑动次数较少的滑坡来说，这种降低将比较明显；对于多次滑动过的滑坡则不甚明显。因此，应用反算指标时应考虑这一情况，加适当的安全系数后再使用。

　　如果能够估计出现今滑坡的稳定状态，即目前的抗滑稳定系数有多大，也可按上述原则反算获得现今的滑动面土指标。当然，这种稳定状态的判断更具有经验性质。

3.2.2.3　用经验数据确定滑动面土的抗剪强度指标

　　根据过去的经验发现，滑坡的出现具有一定规律，例如构成滑动面的土往往是某些性质特别软弱的土层，如风化的泥质岩层及含有蒙脱石等矿物的黏性土，滑动时滑动面土的含水量也比较高，或滑动面被水润湿。因此可以从以往治理滑坡所积累的资料，根据滑动面土的组成、含水情况等和现今滑坡进行工程地质类比，参考选用指标。需要指出的是，使用经验数据要特别注意地质条件的相似性。

　　对每一个滑坡滑动面土的抗剪强度指标，为了确保其可靠性，通常都同时从上述三个方面来获得数据，然后经过分析整理确定使用值。

3.2.3　安全系数的确定

　　安全系数 K 是指要求滑坡必须具有的安全储备。安全系数应根据对滑坡的认识程度和经济合理的原则来确定，因此它不是一个定值，而是根据具体情况有所不同。

　　确定安全系数时要考虑的因素主要有：

　　（1）计算方法和计算指标的可靠性；

　　（2）对滑坡性质、形成原因的认识程度；

　　（3）结构物的重要程度；

　　（4）滑坡可能造成的危害程度；

　　（5）工程破坏后修复的难易程度。

　　安全系数的选取与整治滑坡的工程规模及整治效果有着密切的关系，安全系数越大，工程规模越大，整治效果越好。

　　一般情况下，推力计算中 K 值可取用 1.05～1.50。对凡是计算中已考虑了一切不利因素，即不但考虑了主力，而且也考虑了附加力的滑坡；规模不大，形态和滑动性质、形成原因等容易判断，今后动向易于控制的滑坡；整治滑坡为附属或临时工程；危害性较小的滑坡以及掌握资料可靠的滑坡，安全系数可取小值。反之，对计算中仅考虑主力的滑坡；规模较大、一时不易摸清全部性质的滑坡等，安全系数应取大一些。总之为了工程建设的安全和人力物力的合理使用，安全系数的取用应尽可能做到基本符合实际，并稍留余地。按工程的重要性可以选用如下的 K 值：

临时性工程　$K=1.05\sim1.10$

一般性工程　$K=1.10\sim1.25$

重要性工程　$K=1.25\sim1.50$

3.2.4　滑坡推力的计算

　　滑坡推力的计算是在已知滑动面形状、位置和滑动面土的抗剪强度指标的基础上进行的，计算方法一般采用剩余下滑力法。计算滑坡推力时作了如下假定：

　　（1）坡体是不可压缩的介质，不考虑滑坡体的局部挤压变形；

　　（2）块间只传递推力不传递拉力；

　　（3）块间作用力（即推力）以集中力表示，其方向平行于前一块滑动面；

（4）垂直于主滑动方向取1m宽的土条作为计算单元，忽略土条两侧的摩阻力；

（5）滑坡体的每一计算块体的滑动面为平面，并沿滑动面整体滑动。

根据滑动面的变坡点和抗剪强度指标变化点，将滑坡体分成若干条块，如图3-4所示，从上到下逐块计算其剩余下滑力，最后一块的剩余下滑力即为滑坡推力。

如果滑动面为单一平面（如图3-5所示）时，滑坡推力为：

$$E = KW\sin\alpha - (W\cos\alpha\tan\varphi + cL) \tag{3-5}$$

式中　E——滑坡体下滑力，kN；

　　　W——滑坡体总重，kN；

　　　α——滑动面与水平面间的倾角；

　　　L——滑动面长度，m；

　　　c——滑动面土的黏聚力，kPa；

　　　φ——滑动面土的内摩擦角；

　　　K——安全系数。

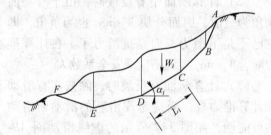

图3-4　折线形滑动面

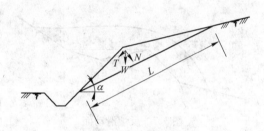

图3-5　直线形滑动面

如果滑动面为折面（如图3-4所示），根据第 i 条块的受力情况（如图3-6所示），其剩余下滑力为：

$$E_i = KT_i + E_{i-1}\cos(\alpha_{i-1} - \alpha_i) - [N_i + E_{i-1}\sin(\alpha_{i-1} - \alpha_i)]\tan\varphi_i - c_iL_i \tag{3-6}$$

式中　E_i——第 i 条块的剩余下滑力，kN；

　　　T_i——第 i 条块自重 W_i 的切向分力，kN，T_i

　　　　　$= W_i\sin\alpha_i$；

　　　N_i——第 i 条块自重 W_i 的法向分力，kN，N_i

　　　　　$= W_i\cos\alpha_i$；

　　　α_i——第 i 条块所在滑动面的倾角；

　　　φ_i——第 i 条块滑动面土的内摩擦角；

　　　c_i——第 i 条块滑动面土的黏聚力，kPa；

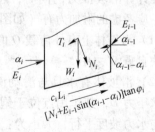

图3-6　剩余下滑力计算图

　　　L_i——第 i 条块滑动面的长度，m。

上式亦可表示为：

$$E_i = KT_i - (N_i\tan\varphi_i + c_iL_i) + E_{i-1}\psi_i \tag{3-7}$$

式中，$\psi_i = \cos(\alpha_{i-1} - \alpha_i) - \sin(\alpha_{i-1} - \alpha_i)\tan\varphi_i$，称为传递系数，即上一条块的剩余下滑力 E_{i-1} 通过该系数转换变成下一条块剩余下滑力 E_i 的一部分。

对于第一条块，其剩余下滑力 E_1 的计算与单一滑动面相同，即：

$$E_1 = KT_1 - (N_1\tan\varphi_1 + c_1 L_1) = KW_1\sin\alpha_1 - (W_1\cos\alpha_1\tan\varphi_1 + c_1 L_1) \tag{3-8}$$

如果是圆弧滑动面，其滑坡推力可采用条分法进行计算。

当 E_i 为正值时，说明滑坡体有下滑推力，是不稳定的，应传给下一条块；E_i 为负值时，表示第 i 条块以上滑坡体处于稳定状态，不能传递；E_i 为零时，第 i 条块以上滑坡体也是稳定的。

在滑坡推力计算中，关于安全系数 K 的使用目前认识上尚不一致，有的建议采用 $c_i' = \dfrac{c_i}{K}$、$\tan\varphi_i' = \dfrac{\tan\varphi_i}{K}$ 来计算推力；而有的则采用扩大自重下滑力，即采用 $KW_i\sin\alpha_i$ 来计算推力。式 (3-5)~式 (3-8)，是用后者来计算滑坡推力的。

用式 (3-6) 或式 (3-7) 计算推力时应注意：

(1) 计算所得的 E_i 为负值时，说明以上各条块在满足安全情况下已能自身稳定。根据假定，负值 E_i（即拉力）不再往下传递，因此，下一条块计算时按上一条块的推力等于零考虑。

(2) 计算断面中有反坡时，由于滑动面倾角为负值，因而分块 $W_i\sin\alpha_i$ 也为负值，即它已不是下滑力，而是抗滑力了。在计算推力时，$W_i\sin\alpha_i$ 项就不应乘安全系数 K。

(3) 计算断面有反坡时，除按实有滑动面计算推力外，尚应考虑沿新的滑动面滑动的可能性，如图 3-7 所示的虚线滑动面 *AB-DEF* 或 *ABCEF*。

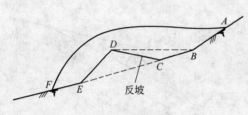

图 3-7　反坡滑动面

应该指出，剩余下滑力法只考虑了力的平衡，而没有考虑力矩平衡的问题。虽有缺陷，但因计算简便，工程上应用较广。

3.2.5　附加力的计算

在计算滑坡推力的同时，还需考虑附加力的影响。应考虑的附加力有（如图 3-8 所示）：

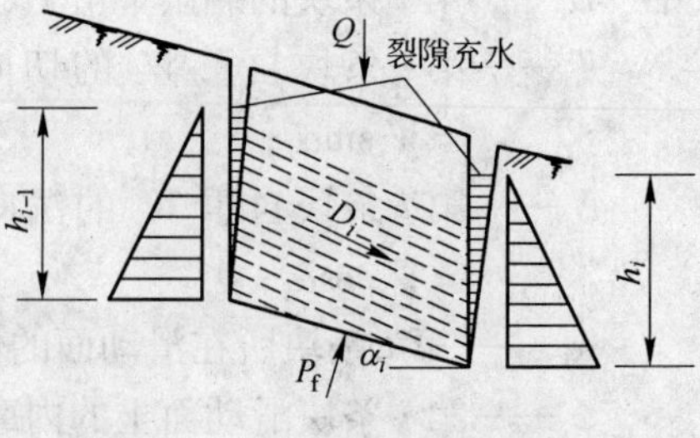

(1) 滑坡体上有外荷载 Q 时，将 Q 加在相应的滑块自重 W 之中。

(2) 滑坡体有水且与滑动面水连通时，应考虑动水压力 D，其作用点位于饱水面积的形心处，方向与水力坡度平行，大小为：

$$D = \gamma_w \Omega I \tag{3-9}$$

图 3-8　作用于滑块上的附加力

式中　γ_w——水的重度，kN/m^3；

　　　Ω——滑坡体条块饱水面积，m^2；

　　　I——水力坡降。

另外还应考虑浮力 P，其方向垂直于滑动面，大小为：

$$P = n\gamma_w \Omega \tag{3-10}$$

式中　n——滑坡体土的孔隙度。

（3）当滑动面水有承压水头 H_0 时，应考虑浮力 P_f，其方向垂直于滑动面，大小为：

$$P_f = \gamma_w H_0 \tag{3-11}$$

（4）滑坡体内有贯通至滑动面的裂隙，滑动时裂隙充水，则应考虑裂隙水对滑坡体的静水压力 J，作用于裂隙底以上 $h_i/3$ 高度处，水平指向下滑方向，大小为：

$$J = \frac{1}{2}\gamma_w h_i^2 \tag{3-12}$$

式中　h_i——裂隙水深度，m。

（5）在地震烈度不小于 7 度的地区，应考虑地震力 P_h 的作用，P_h 作用于滑坡体条块重心处，水平指向下滑方向。

为便于比较、应用，将各附加力汇总于表 3-1 中。

表 3-1　附加力汇总表

附加力	大　小	方　向	作 用 点
动水压力 D	$\gamma_w \Omega I$	平行于水力坡度	滑块饱水面积形心处
浮力 P	$n\gamma_w \Omega$	垂直于滑动面	
承压水浮力 P_f	$\gamma_w H_0$	垂直于滑动面	
静水压力 J	$\dfrac{1}{2}\gamma_w h_i^2$	水平指向下滑方向	距裂隙底 $h_i/3$ 高度处
地震力 P_h	$C_z K_h W$	水平指向下滑方向	滑块重心处

3.3　抗滑挡土墙设计

重力式抗滑挡土墙可采用浆砌片（块）石、混凝土预制块，也可采用混凝土和钢筋混凝土直接浇筑。抗滑挡土墙设计主要包括以下内容：

（1）断面形式的选择；

（2）挡土墙平面位置的布设；

（3）设计推力的确定；

（4）合理墙高的确定；

（5）墙基埋深的确定；

（6）稳定性和强度的验算。

3.3.1　抗滑挡土墙的结构特征与断面形式

抗滑挡土墙承受的是滑坡推力，不同于普通重力式挡土墙。由于滑坡推力大，合力作用点高，因此抗滑挡土墙具有墙面坡度缓、外形矮胖的特点，这有利于挡土墙自身的稳定。抗滑挡土墙面坡度常采用 1:0.3 ~ 1:0.5，有时甚至缓至 1:0.75 ~ 1:1。基底常做成反坡或锯齿形，为了增加抗滑挡土墙的稳定性和减少墙体圬工，可在墙后设置 1~2m 宽的衡重台或卸荷平台。图 3-9 所示为抗滑挡土墙常用的几种断面形式。

抗滑挡土墙主要是用来稳定滑坡的，因滑坡形式多种多样，导致抗滑挡土墙结构断面形式也多种多样。因此，不能像普通挡土墙那样可以采用标准断面，而是需视滑坡的具体情况，进行个别设计。

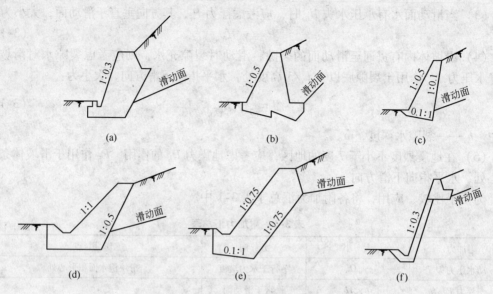

图3-9　重力式抗滑挡土墙常见断面形式

3.3.2　抗滑挡土墙的平面布置

抗滑挡土墙的平面布置应根据滑坡范围、滑坡推力大小、滑动面位置和形状以及基础地质条件等因素确定。对于中小型滑坡，一般将抗滑挡土墙布设在滑坡的前缘；当滑坡中、下部有稳定岩层锁口时，可将抗滑挡土墙设在锁口处，如图3-10所示，锁口以下部分可另作处理。当滑动面出口在路基附近，滑坡前缘距路线有一定距离时，应尽可能将抗滑挡土墙靠近路线，墙后余地填土加载，以增强抗滑力，减少下滑力。当滑动面出口在路堑边坡上时，可按滑床地基情况决定布设抗滑挡土墙的位置，若滑床为完整岩层可采用上挡下护的办法；若滑床为不宜设置基础的破碎岩层时，可将基础置于坡脚以下的稳定地层内。对于多级滑坡或滑坡推力较大时，可以分级支挡，如图3-11所示。

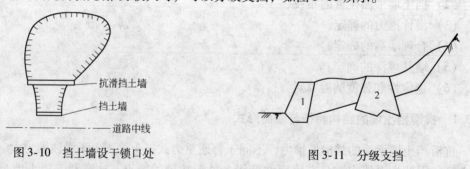

图3-10　挡土墙设于锁口处　　　　　　图3-11　分级支挡

3.3.3　设计推力的确定

抗滑挡土墙上所受的推力是滑坡推力，一般按剩余下滑力求得，其方向与紧挨墙背的一段较长滑动面平行。当滑坡推力小于主动土压力时，应把主动土压力作为设计推力控制设计，但当滑坡推力的合力作用点位置较主动土压力的作用点高时，挡土墙的抗倾覆稳定性取其力矩较大者进行验算。因此，抗滑挡土墙设计既要满足抗滑挡土墙的要求，又要满足普通挡土墙的要求。

3.3.4 合理墙高的确定

抗滑挡土墙的高度如果不合理的话，尽管它使滑坡体原来的出口受阻，但滑坡体可能沿新的滑动面发生越过抗滑挡土墙的滑动。因此，抗滑挡土墙的合理墙高应保证不滑动。合理墙高可采用试算的方法确定（如图 3-12 所示），先假定一适当的墙高，过墙顶 A 点作与水平线成（$45° - \varphi/2$）夹角的直线，交滑动面于 a 点，以 Sa、aA 为最后滑动面，计算滑坡体的剩余下滑力。然后，再自 a 点向两侧每隔 $5°$ 作出 Ab、$Ac\cdots$ 和 Ab'、$Ac'\cdots$ 虚拟滑动面

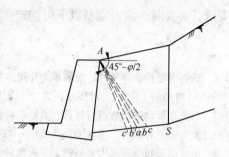

图 3-12　合理墙高计算图

进行计算，直至出现剩余下滑力的负值低峰为止。若计算结果剩余下滑力为正值时，则说明墙高不足，应予增高；当剩余下滑力为过大的负值时，则说明墙身过高，应予降低。

如此反复调整墙高，经几次试算直至剩余下滑力为不大的负值时，即可认为是安全、经济、合理的挡土墙高度。

3.3.5 基础埋置深度的确定

基础埋置深度应通过计算予以确定。一般情况下，抗滑挡土墙的基础埋入完整稳定的岩层中不小于 0.5m，或者埋入稳定坚实的土层中不小于 2m，并置于可能向下发展的滑动面以下，即应考虑设置抗滑挡土墙后由于滑坡体受阻，滑动面可能向下伸延。当基础埋置深度较大，墙前有形成被动土压力条件时（埋入密实土层 3m、中密土层 4m 以上），可酌情考虑被动土压力的作用，其值可按第 2 章的规定确定。

3.3.6 抗滑挡土墙的验算

抗滑挡土墙的稳定性验算与普通重力式挡土墙的稳定性验算相同，仅由设计推力替代主动土压力。验算内容包括：

（1）抗滑稳定性验算；

（2）抗倾覆稳定性验算；

（3）基底应力及合力偏心距验算；

（4）墙身截面强度验算。

由于滑坡推力远较主动土压力大，抗滑挡土墙往往受抗滑稳定性控制，并应加强挡土墙上部各截面强度的验算。

抗滑挡土墙设计时，还应注意：

（1）若在墙后有两层以上滑动面存在时，则应视其活动情况，将沿各层滑动面的滑坡推力绘制出综合推力图形（取各图形之包络线）进行各项验算，特别应注意上面几层滑动面处挡土墙截面的验算。

（2）如原建挡土墙不足以稳定滑坡或已被滑坡破坏而需要加固时，可经过验算另加部分圬工，使新旧墙成一整体共同抗滑。加固墙的设计计算与新墙基本相同，但应特别注意新旧墙的衔接与截面验算，必要时可另加钢筋及其他材料，以保证新旧墙联成整体共同

发挥作用。

（3）原滑坡的滑动面受挡土墙的阻止后，应防止滑动面向下延伸，致使挡土墙结构失效，必要时，应对墙基以下可能产生的新滑动面进行稳定性验算。

习　题

3-1　进行滑坡推力计算时，滑坡推力作用点宜取下列选项中的（　　　）。

　　A. 滑动面上　　　B. 滑体地表面　　　C. 滑体厚度的中点　　　D. 滑动面以上一半处

3-2　对正在滑动的滑坡进行计算，其稳定系数宜取（　　　）。

　　A. 0.95～1.05　　　B. 1.00～1.05　　　C. 1.00　　　D. 0.95～1.00

3-3　滑坡的形成受许多因素制约，下面哪种说法是错误的？（　　　）

　　A. 岩体的结构和产状对山坡的稳定、滑动面的形成、发展影响很大

　　B. 地下水位增高有利于滑坡的形成

　　C. 人类工程活动是滑坡形成的一个重要诱因

　　D. 滑坡的形成主要与自然条件如气候、流水、地形、地貌等有关

3-4　下列哪种说法是错误的？（　　　）

　　A. 对于已查明为大型滑坡的地区不能作为建筑场地

　　B. 对滑坡整治的时间宜放在旱季为好

　　C. 地表水、地下水治理是滑坡整治的关键

　　D. 抗滑工程主要包括挡土墙、抗滑桩、锚杆、挡墙等

3-5　滑坡稳定性验算时，均匀的黏性土滑坡宜采用（　　　）来分析。

　　A. 圆弧法　　　B. 斜面法　　　C. 折线滑动面法　　　D. A 和 B 两种方法，取最不利的形式

3-6　土质滑坡稳定性计算中（　　　）不考虑条块间的作用力。

　　A. 简化毕肖普法　　　B. 刚体极限平衡法　　　C. 瑞典圆弧法　　　D. 概率保证法

3-7　简述主动土压力与滑坡推力的异同。

3-8　简述抗滑挡土墙合理墙高的试算方法。

3-9　根据图 3-13 求整个路堑边坡的剩余下滑力。已知滑动土体的 $\gamma = 18.0 \mathrm{kN/m^3}$，内摩擦角 $\varphi = 10°$，$c = 2 \mathrm{kN/m^2}$ 安全系数 $K = 1.15$，滑体分块重量为：

$Q_1 = 112.4 \mathrm{kN}$，$L_1 = 5.7 \mathrm{m}$；$Q_2 = 480.9 \mathrm{kN}$，$L_2 = 8.0 \mathrm{m}$；$Q_3 = 695.3 \mathrm{kN}$，$L_3 = 9.2 \mathrm{m}$；$Q_4 = 684.5 \mathrm{kN}$，$L_4 = 9.2 \mathrm{m}$。

3-10　某一滑坡下卧稳定基岩，断面如图 3-14 所示。滑块各块重量分别为 $W_1 = 700 \mathrm{kN}$，$W_2 = 2400 \mathrm{kN}$，$W_3 = 1500 \mathrm{kN}$，$W_4 = 1800 \mathrm{kN}$。外荷载 $P_1 = 900 \mathrm{kN}$，$P_2 = 500 \mathrm{kN}$，分别作用在第一块、第二块上，其作用线通过相应块的重心。滑面角 $\alpha_1 = 40°$，$\alpha_2 = 20°$，$\alpha_3 = -5°$，$\alpha_4 = 10°$。滑面上内摩擦角均为 15°，黏聚力 c 为 5.0kPa。滑块长度 $L_1 = 15 \mathrm{m}$；$L_2 = 15 \mathrm{m}$；$L_3 = 9 \mathrm{m}$；$L_4 = 14 \mathrm{m}$。试计算滑坡推力并判断其稳定性（安全系数 K 取 1.2）能否达到 1.5。

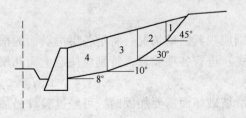
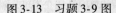
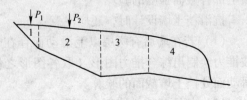

图 3-13　习题 3-9 图 　　　　　　　　　　　图 3-14　习题 3-10 图

4 锚杆挡土墙

4.1 概 述

锚杆挡土墙是利用锚杆技术形成的一种挡土结构物。锚杆是一种新的受拉杆件，它的一端与工程结构物连接，另一端通过钻孔、插入锚杆、灌浆、养护等工序锚固在稳定的地层中，以承受土压力对结构物所施加的推力，从而利用锚杆与地层间的锚固力来维持结构物的稳定。

在 20 世纪 50 年代以前，锚杆技术只是作为施工过程的一种临时措施：例如临时的螺旋地锚以及采矿工程中的临时性木锚杆或钢锚杆等。50 年代中期以后，西方国家在隧道工程中开始采用小型永久性的灌浆锚杆和喷射混凝土代替衬砌结构。60 年代以后，锚杆迅速发展并广泛应用到土木工程的许多领域中。作为轻型的支挡结构，锚杆挡土墙取代笨重的重力式圬工挡土墙，可以节省大量圬工材料，现已广泛用于公路、铁路、煤矿和水利等支挡工程中。

锚杆挡土墙由于锚固地层、施工方法、受力状态以及结构形式等的不同，有各种各样的形式。按墙面的结构形式可分为柱板式锚杆挡土墙和壁板式锚杆挡土墙，如图 4-1 所示。柱板式锚杆挡土墙由挡土板、立柱和锚杆组成如图 4-1a 所示。立柱是挡土板的支座，锚杆是肋柱的支座，墙后的侧向土压力作用于挡土板上，并通过挡土板传给肋柱，再由肋柱传给锚杆，由锚杆与周围地层之间的锚固力即锚杆抗拔力使之平衡，以维持墙身及墙后土体的稳定。壁板式锚杆挡土墙是由墙面板（壁面板）和锚杆组成，如图 4-1b 所示。墙面板直接与锚杆连接，并以锚杆为支撑，土压力通过墙面板传给锚杆，后者则依靠锚杆与周围地层之间的锚固力（即抗拔力）抵抗土压力，以维持挡土墙的平衡与稳定。目前多用柱板式锚杆挡土墙。

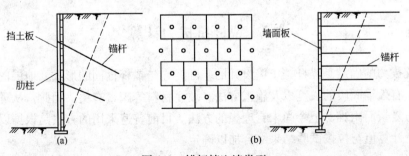

图 4-1 锚杆挡土墙类型

（a）柱板式；（b）壁板式

锚杆挡土墙可根据地形设计为单级或多级，每级墙的高度不宜大于 8m，具体高度应视地质和施工条件而定。在多级墙的上下两级墙之间应设置平台，平台宽度一般不小于 1.5m。

平台应用厚度不小于 0.15m 的 C15 混凝土封闭，并设向墙外倾斜的横坡，坡度为 2%。

锚杆挡土墙的特点是：（1）结构质量轻，使挡土墙的结构轻型化，与重力式挡土墙相比，可以节约大量的圬工和节省工程投资；（2）利于挡土墙的机械化、装配化施工，可以减轻笨重的体力劳动，提高劳动生产率；（3）不需要开挖大量基坑，能克服不良地基挖基的困难，并利于施工安全。但是锚杆挡土墙也有一些不足之处，使设计和施工受到一定的限制，如施工工艺要求较高，要有钻孔、灌浆等配套的专用机械设备，且要耗用一定的钢材。

锚杆挡土墙一般适用于岩质路堑地段，但其他具有锚固条件的路堑墙也可使用，还可应用于陡坡路堤。

另一类锚杆挡土墙为竖向预应力锚杆挡土墙。它也是利用了锚杆技术，即竖向锚杆锚固在岩层地基中，并施加预应力，以竖向预应力锚杆代替重力式挡墙的部分圬工断面，减小挡土墙的圬工数量且增加其稳定性。

4.2　土压力计算

土压力是作用于锚杆挡土墙的外荷载。由于墙后岩（土）层中有锚杆的存在，造成比较复杂的受力状态，因此土压力的计算至今没有得到很好的解决。目前设计中大多仍按库仑主动土压力理论进行近似计算。

对于多级挡土墙，应利用延长墙背法分别计算每一级的墙背土压力，如图 4-2 所示。计算上级墙时，视下级墙为稳定结构，可不考虑下级墙对上级墙的影响，计算下级墙时，则应考虑上级墙的影响。为简化计算，特别是在挡土板和肋柱设计时，可近似按图 4-2b 实线所示的土压力分布图考虑，即土压力分布简化为三角形或梯形分布。

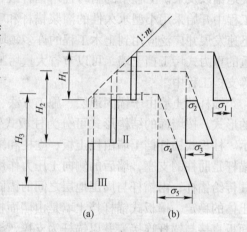

图 4-2　分级锚杆挡土墙土压力
（a）三级锚杆挡土墙；（b）土压力分布图

4.3　锚杆抗拔力计算

锚杆抗拔力的确定是锚杆挡土墙设计的基础，它与锚杆锚固的形式、地层的性质、锚孔的直径、有效锚固段的长度以及施工方法、填注材料等因素有关。因此，从理论上确定锚杆抗拔力复杂而困难，至今尚未有理想的方法。目前普遍采用的方法是根据以往的施工经验、理论计算值与拉拔试验结果综合加以确定。

4.3.1　摩擦型灌浆锚杆的抗拔力

对于利用砂浆与孔壁摩擦力起锚固作用的摩擦型灌浆锚杆，它是用水泥砂浆将一组粗钢筋锚固在地层内部的钻孔中，中心受拉部分是钢筋，而钢筋所承受的拉力首先通过锚杆周边的砂浆握裹力传递到砂浆中，然后通过锚固段周边地层的摩阻力传递到锚固区的稳定地层中，如图 4-3 所示。

因此，锚杆如受到拉力的作用，除了钢筋本身须有足够的抗拉能力外，锚杆的抗拔作用还必须同时满足以下三个条件：

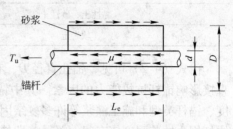

图 4-3　灌浆锚杆锚固段的受力状态

（1）锚固段的砂浆对于锚杆的握裹力须能承受极限拉力；

（2）锚固段地层对于砂浆的摩擦力须能承受极限拉力；

（3）锚固的土体在最不利的条件下仍能保持整体稳定性。

4.3.1.1　岩层锚杆的抗拔力

当锚杆锚固于较完整的岩层中时（用 M30 的水泥砂浆灌注），由于岩层的强度一般大于砂浆的强度，即岩层与孔壁砂浆的摩阻力一般人于砂浆对锚杆的握裹应力。因此，在完整硬质岩层中的锚杆抗拔力一般取决于砂浆的握裹应力，则锚杆的极限抗拔力为：

$$T_u = \pi d L_e \mu \tag{4-1}$$

式中　T_u——锚杆的极限抗拔力，kN；

　　　d——锚杆的直径，m；

　　　L_e——锚杆的有效锚固长度，m

　　　μ——砂浆对于钢筋的平均握裹应力，kPa。

砂浆对于钢筋的握裹力，取决于砂浆与钢筋之间的抗剪强度。如果采用螺纹钢筋，这种握裹力取决于螺纹凹槽内部的砂浆与周边以外砂浆之间的抗剪力，也就是砂浆本身的抗剪强度，一般可取砂浆标准抗压强度的 1/10。

4.3.1.2　土层锚杆的抗拔力

当锚杆锚固在风化岩层和土层中时，锚杆孔壁对砂浆的摩阻力一般低于砂浆对锚杆的握裹力。因此，锚杆的极限抗拔能力取决于锚固段地层对于锚固段砂浆所能产生的最大摩阻力，则锚杆的极限抗拔力为：

$$T_u = \pi D L_e \tau \tag{4-2}$$

式中　D——锚杆钻孔的直径，m；

　　　τ——锚固段周边砂浆与孔壁的平均抗剪强度，kPa。

抗剪强度，除取决于地层特性外，还与施工方法、灌浆质量等因素有关，最好进行现场拉拔试验以确定锚杆的极限抗拔力。在没有试验条件的情况下，可根据过去拉拔试验得出的统计数据（见表 4-1）参考使用。

表 4-1　孔壁对砂浆的极限抗剪强度

锚固段地层种类	抗剪强度 τ/kPa
风化砂与页岩互层、灰质页岩、泥质页岩	150~250
细砂及粉砂质泥岩	200~400
薄层灰岩夹页岩	400~600
薄层灰岩夹石灰质页岩、风化灰岩	600~800

锚固段地层种类	抗剪强度 τ/kPa
黏性土、砂性土	$60 \sim 130$
软岩土	$20 \sim 30$

由式（4-2）可见，锚孔直径 D、有效锚固长度 L_e 和砂浆与孔壁周边的抗剪强度 τ 是直接影响锚杆抗拔能力的因素。其中锚杆周边抗剪强度值又受地层性质、锚杆的埋藏深度、锚杆类型和施工灌浆等许多复杂因素的影响。不仅在不同种类的地层中和不同深处的锚杆周边抗剪强度值有很大差异，即使在相同地层和相同埋深处，τ 值也可能由于锚杆类型和施工灌浆方法的差别而有大幅度的变化。锚杆孔壁与砂浆接触面的抗剪强度与以下三种破坏形式有关，这三种破坏形式分别是：

（1）砂浆接触面外围的地层剪切破坏，这只有当地层强度低于砂浆与接触面强度时才会发生。

（2）沿着砂浆与孔壁的接触面剪切破坏，这只有当灌浆工艺不合要求以致砂浆与孔壁粘结不良时才会发生。

（3）接触面内砂浆的剪切破坏。

土层的强度一般低于砂浆强度。因此，土层锚杆孔壁对于砂浆的摩阻力应取决于沿接触面外围的土层抗剪强度。其土层抗剪强度 τ 为：

$$\tau = c + \sigma \tan\varphi \qquad (4\text{-}3)$$

式中　c——锚固区土层的黏聚力，kPa；

　　　φ——锚固区土层的内摩擦角；

　　　σ——孔壁周边法向压应力，kPa。

c、φ 值完全取决于锚固区土层的性质，而 σ 则受到地层压力和灌浆工艺两方面因素的影响。

一般灌浆锚杆在灌浆过程中未加特殊压力，其孔壁周边的法向压力主要取决于地层压力，因而式（4-3）可以表示为

$$\tau = c + K_0 \gamma h \tan\varphi \qquad (4\text{-}4)$$

式中　h——锚固段以上的地层覆盖厚度，m；

　　　γ——锚固段土层的重度，kN/m^3；

　　　K_0——锚固段孔壁的土压系数。

一般情况下，孔壁土压系数 K_0 接近于 1 或略小于 1。如采用特殊的高压灌浆工艺，则孔壁土压系数 K_0 将大于 1，其具体数值需根据地层和施工工艺的情况试验决定。但如果是在松软地层中进行高压灌浆，高压灌浆所产生的局部应力将逐渐扩散减小，因而 K_0 值的增大也是有限的。因此，在松软地层中往往采用扩孔的方法以增大锚杆的抗拔能力。

4.3.1.3　灌浆锚杆拉拔试验

在计算锚杆的锚固长度时，关键是确定锚杆抗拔力。许多资料和实际经验表明，T_u 的计算值与实测值之间或同样条件下的实测值之间有相当大的离散性。因此，计算值只能作为一种估计，具体数值应通过现场拉拔试验的验证后确定。国外有关锚杆标准中明确规定：为了避免过分依靠锚杆抗拔力的计算公式，原则上要根据原位的拉拔试验结果及材料

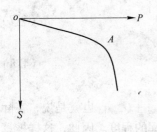

图4-4 锚杆的拉力-变形曲线

强度来确定锚杆的容许抗拔力。

锚杆的拉拔试验用于验证设计方案，应在初步设计之后和全面开工之前进行，并应在工程现场至少取得三根锚杆的拉力-变形曲线（$P\text{-}S$曲线，如图4-4所示）。以曲线上明显的转折点A对应的拉力为极限抗拔力T_u。

根据拉拔试验的极限抗拔力T_u确定锚杆容许承载力T_R时应考虑一定的安全储备，其安全系数K值为：临时性工程$K=1.5\sim2.0$；永久性工程$K=2.5\sim3.0$，如工程性质重要，或受长期重复荷载作用时，安全系数K应不小于3.0。

到目前为止，国内所进行的锚杆拉拔试验都是针对$2\sim8$m长度的锚固段，并在$1\sim2$d的时间内进行的。由于锚杆内部的应力分布是复杂而不均匀的，砂浆和地层在长期受力条件下的蠕变作用会影响锚杆的抗拔力。已有资料表明，某些黏性土的长期强度可能降低20%或更多。由于锚杆内力分布不均匀，过长的锚固段也可能由于局部的应力集中和剪裂而降低其平均受拉能力，也就是T_u值不会随着锚固段的长度成比例地增大。日本锚杆标准中曾提出，锚杆长度与抗拔力不完全成比例增长，式（4-2）只适用于10m以内的锚固段。另外，T_u值也不会单纯地随锚杆直径的增大成比例地提高。

4.3.2 扩孔型灌浆锚杆的抗拔力

4.3.2.1 压缩桩法

对于锚杆端部采用扩孔形式的锚杆，其极限抗拔力视地层性质而不同。当锚固体处在岩层中时，锚杆的极限抗拔力往往取决于砂浆的抗压强度；当锚固体处在土层中时，锚杆的极限抗拔力推算公式的基本形式为：

$$T_u = F + Q \tag{4-5}$$

式中 F——锚固体的周面摩阻力；

       Q——锚固体受压面上的抗压力。

由此可见，锚固体的抗拔力为锚固体侧面的摩阻力以及断面突出部分的抗压力之和。对于图4-5所示的典型单根锚杆，其锚固体的极限抗拔力为：

$$T_u = \pi D_1 \int_{Z_1}^{Z_1+L_1} \tau_1 \mathrm{d}Z + \pi D_2 \int_{Z_2}^{Z_2+L_2} \tau_2 \mathrm{d}Z + q_\mathrm{d}S \tag{4-6}$$

式中 D_1——锚固体直径，m；

       D_2——锚固体扩孔部分的直径，m；

       τ_1——锚固体与地基间的抗剪强度，kPa；

       τ_2——锚固体扩孔部分与地基间的
抗剪强度，kPa；

       S——锚固体扩孔受压面积，m²；

       q_d——锚固体扩大受压部分的极限
承载力，kPa。

对于设置在黏性土中的锚杆，当承压断面部分有足够的埋置深度，可按深基础

图4-5 压缩桩法

端支承力处理。捷博塔辽夫提出了极限承载力 q_d 的计算方法，即：

$$q_d = 9c \tag{4-7}$$

而门纳尔特（Menard）建议取：

$$q_d = 6Kc \tag{4-8}$$

式中 K——系数，当为软黏土时取 1.5，硬黏土时取 2。

式(4-6)中考虑了摩擦阻力与抗压力两个方面，通常 $T_u < F_{max} + Q_{max}$；也就是说，实际上锚固体的极限抗拔力不可能达到摩擦阻力与抗压力全部充分发挥的程度。因此，这样推算的结果就会偏大，而这种偏大是不安全的。为此。在考虑锚固体构造和形状的同时，应预测锚杆各部分在设计荷载作用下的变位状态，由此来判断式(4-6)中的 τ 和 q_d 的取值。

4.3.2.2 柱状剪切法

对于土层扩孔锚杆，假定锚杆在拉拔力的作用下锚固体扩大部分以上的土体沿锚杆轴线方向作柱状剪切破坏，如图4-6所示，锚固体的极限抗拔力为：

$$T_u = \pi D_2 L_1 \tau_1 + \pi D_2 L_2 \tau_2 \tag{4-9}$$

式中 τ_1——锚固体扩大部分以上滑动土体与外界土体表面间的抗剪强度，kPa。

τ_1 值也是根据统计资料凭经验选定，有时

图4-6 柱状剪切法

也可采用式（4-4）推算，然后根据现场拉拔试验数值综合加以确定。

4.4 构件设计

锚杆挡土墙构件包括挡土板、肋柱和锚杆或墙面板和锚杆。

4.4.1 挡土板设计

挡土板一般采用钢筋混凝土槽形板、矩形板和空心板，有时也采用拱形板，大多为预制构件。混凝土强度不低于 C20，挡土板厚度不得小于 0.2m，宽度视吊装设备的能力而定，但不得小于 0.3m，一般采用 0.5m。预制挡土板的长度考虑到锚杆与肋柱的连接一般较肋柱间距短 0.10～0.12m，或将锚杆处的挡土板留有缺口。挡土板与肋柱的搭接长度不小于 0.10m。

挡土板以肋柱为支点，当采用槽形板、矩形板和空心板预制构件时，挡土板可按简支板计算内力；当采用拱形板预制构件时，挡土板可按双铰拱板计算内力；在现浇结构中，挡土板常做成与肋柱连在一起的连续板，应按连续梁计算内力。

挡土板直接承受土压力，对每一块挡土板来说，承受的荷载为梯形均匀荷载，而且每一块板所承受的荷载是不同的。在设计中一般将挡土板自上而下地分为若干个区段，每一区段内的挡土板厚度是相同的，并按区段内的最大荷载进行计算，如图4-7所示，但挡土板的规格不宜过多。

4.4.1.1 视挡土板为简支板时的内力计算

计算图如图4-8所示，跨中最大弯矩 M_{max}（kN·m）和最大剪力 Q_{max}（kN）分别为：

$$M_{\max} = \frac{1}{8}ql^2 \qquad (4\text{-}10)$$

$$Q_{\max} = \frac{1}{2}ql \qquad (4\text{-}11)$$

式中　l——计算跨径，即肋柱间净距加一个搭接长度，m；

　　　q——土压应力，即挡土板宽度范围内的土压力，kN/m。

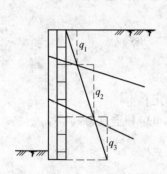

图 4-7　挡土板土压力分布及计算区段

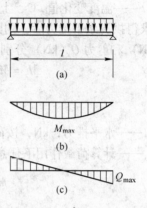

图 4-8　视挡土板为简支梁时的计算图
（a）计算图；（b）弯矩图；（c）剪力图

4.4.1.2　视挡土板为双铰拱时的内力计算

双铰拱为一次超静定结构，计算图如图 4-9 所示。在均布荷载作用下，水平推力为：

$$H_{p} = -\frac{\Delta_{2p}}{\delta_{22}} = \frac{m_1 q \dfrac{R^4}{EI} + m'_1 \dfrac{qR^2}{EA}}{\left(n_1 R^2 + K_1 \dfrac{I}{A}\right)\dfrac{R}{EI}} \qquad (4\text{-}12)$$

$$m_1 = \left(\cos^3\varphi_0 + \frac{1}{2}\cos\varphi_0\right)\varphi_0 + \frac{1}{2}\sin\varphi_0 - \frac{7}{6}\sin^3\varphi_0$$

$$m_1' = \frac{2}{3}\sin^3\varphi_0$$

$$n_1 = \varphi_0(1 + 2\cos^2\varphi_0) - 3\sin\varphi_0\cos\varphi_0$$

$$K_1 = \varphi_0 + \cos\varphi_0\cos\varphi_0$$

式中　H_{p}——均布荷载作用下的拱脚水平推力，kN；

　　　δ_{22}——当 $H_{p}=1$ 时，拱脚产生的水平位移（即常变位）；

　　　Δ_{2p}——荷载作用下拱脚产生的水平位移（即荷变位）；

　　　R——圆弧曲线半径，m；

　　　I，A——截面惯性矩（m^4）及截面积（m^2）；

　　　E——材料的弹性模量，kPa；

　　　φ_0——拱圆弧半圆心角，rad。

由温度变化产生的附加水平推力为：

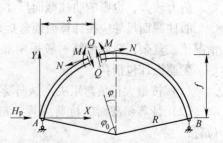

图 4-9　视挡土板为双铰拱板时的内力计算图

$$H_t = \frac{lat}{\delta_{22}} = \frac{lat}{\left(n_1 R^2 + K_1 \dfrac{I}{A}\right)\dfrac{R}{EI}} \tag{4-13}$$

式中　H_t——由温度变化引起的拱脚水平推力，kN；

　　　　l——两铰拱挡土板的计算跨径，m；

　　　　a——材料的温度膨胀系数。对于混凝土 $a \approx 1 \times 10^{-5}$；

　　　　t——温度变化值，℃，上升为正，下降为负。

当求得拱脚水平推力后，则圆弧两铰拱挡土板在任意截面处弯矩 M_x（kN·m）、轴向力 N_x（kN）和剪力 Q_x（kN）分别为：

$$M_x = M_p - H_y = M_p - HR(\cos\varphi - \cos\varphi_0) \tag{4-14}$$

$$N_x = H\cos\varphi + P_p\sin\varphi \tag{4-15}$$

$$Q_x = \pm H\sin\varphi \mp P_p\cos\varphi \tag{4-16}$$

式中　H——水平推力，kN，按荷载组合的需要计算确定；

　M_p，P_p——计算荷载作用下任意截面处的弯矩（kN·m）和垂直力（kN）。

$$M_p = \frac{1}{2}qR^2(\sin^2\varphi_0 - \sin^2\varphi) \tag{4-17}$$

$$P_p = qR\sin\varphi \tag{4-18}$$

求得各内力后便可根据内力值的大小确定挡土墙的截面尺寸。

4.4.2　肋柱设计

4.4.2.1　肋柱的截面设计与布设

肋柱一般采用矩形或 T 形截面，沿墙长方向肋柱宽度不宜小于 0.3m。肋柱的间距由工点的地形、地质、墙高以及施工条件等因素确定，考虑工地的起吊能力和锚杆的抗拔力等因素，一般可采用 2.0~3.0m。肋柱可采用整体预制，亦可分段拼装或就地灌注，肋柱采用的混凝土标号不低于 C20。

肋柱与地基的嵌固程度与基础的埋置深度有关，它取决于地基的条件及结构的受力特点。一般设计时考虑采用自由端或铰支端。当为自由端时，肋柱所受侧压力全部由锚杆承受，此时肋柱下端的基础仅做简单处理。通常当地基条件较差、挡土墙高度不大以及治理滑坡时按自由端考虑。当为铰支端时，要求肋柱基础有一定的埋深，使少部分推力由地基承受，可减少锚杆所受的拉力。若肋柱基础埋置较深，且地基为坚硬的岩石时，可以按固定端考虑，这对减少锚杆受力较为有利，但应注意地基对肋柱基础的固着作用而产生的负弯矩。固定端的使用应慎重，因为施工中往往较难保证设计条件，同时由于固定端处的弯矩、剪力较大，也影响肋柱截面尺寸。

肋柱截面尺寸应按计算截面弯矩来确定，并满足构造要求。考虑到肋柱的受力及变形情况比较复杂，截面配筋一般采用双向配筋，并在肋柱的内外侧配置通长的主要受力钢筋。配筋设计包括：

（1）按最大正负弯矩决定纵向受拉钢筋截面面积；

（2）计算斜截面的抗剪强度，确定箍筋数量、间距以及抗剪斜钢筋的截面面积与位置；

（3）抗裂性计算。

配筋设计应遵守现行《公路钢筋混凝土及预应力混凝土桥涵设计规范》的有关规定。

4.4.2.2 肋柱的内力计算

肋柱上锚杆的作用是把作用于挡土板上的荷载传递到稳定的地层中，严格地说，肋柱是支承在一系列弹性支座上的。但由于这些弹性支座的柔度系数不易确定，故在计算上一般仍视肋柱为支承于刚性支座的简支梁或连续梁。如按弹性支承连续梁进行计算，可采用结构力学中的五弯矩方程。

肋柱承受的是由挡土板传递来的土压力，由于肋柱上的锚杆层数和肋柱基础嵌固程度的不同，其内力计算图也不同。当锚杆层数为三层或三层以上时，内力计算图可近似地看成连续梁。当锚杆为二层，且基础为固定端或铰支端时，则按连续梁计算内力；基础为自由端时，应按双支点悬臂梁计算内力。

A 视肋柱为双支点悬臂梁时的内力计算

肋柱上下两端自由，承受梯形分布土压力，计算图如图 4-10 所示。

（1）肋柱支承反力。A、B 支座处的反力分别为：

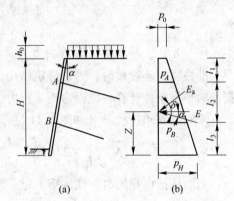

$$R_A = \frac{E(Z - l_3)}{l_2} \tag{4-19}$$

$$R_B = E - R_A$$

式中　E——作用于肋柱上的土压力，kN，

$$E = \frac{1}{2}(p_0 + p_H)H$$

图 4-10　双支点悬臂梁内力计算图

p_0，p_H——墙顶及墙底的土压应力，kN/m，

$$p_0 = \gamma h_0 K_a L \cos\delta$$

$$p_H = \gamma(h_0 + H) K_a L \cos\delta$$

δ——墙背摩擦角；

γ——填土重度，kN/m³；

Z——土压力的作用点至肋柱底端的高度，m；

L——肋柱间距，m。

应该指出，当 $Z < l_3$ 时，支承反力 $R_A < 0$，即 R_A 为推力，说明锚杆 B 的布置不当，应调整锚杆 B 在肋柱的位置。

（2）肋柱弯矩。

A、B 支座处的弯矩分别为：

$$M_A = -\frac{1}{2}p_0 l_1^2 - \frac{1}{6}(p_A - p_0)l_1^2$$

$$M_B = -\frac{1}{2}p_B l_3^2 - \frac{1}{3}(p_H - p_0)l_3^2 \tag{4-20}$$

A、B 两支座间任意截面上的弯矩为：

$$M_{AB} = R_A(x - l_1) - \frac{p_0}{2}x^2 - \frac{1}{6H}(p_H - p_0)x^3 \tag{4-21}$$

式中 x——A、B 两支座间某一截面至肋柱顶的距离，m。

根据极值原理，最大弯矩的截面位置由下式确定：

$$R_A - p_0 x - \frac{1}{2H}(p_H - p_0)x^2 = 0$$

由上式解得 x 值，代入式（4-21）中，即可得 A、B 间的最大弯矩值 M_{max}。

（3）肋柱支座剪力。支座上、下两截面处的剪力分别为：

$$Q_{A\pm} = -\frac{1}{2}l_1(p_0 + p_A)$$

$$Q_{A\mp} = R_A + Q_{A\pm}$$ （4-22）

$$Q_{B\pm} = R_A - \frac{1}{2}(l_1 + l_2)(p_0 + p_B)$$

$$Q_{B\mp} = R_B + Q_{B\pm}$$

B 视肋柱为连续梁时的内力计算

肋柱视为连续梁时，为超静定结构，超静定结构的内力计算，应先求支座弯矩，再根据静力平衡条件计算各截面弯矩、剪力以及各支座反力。

求刚性支承连续梁（如图 4-11a 所示）一般采用三弯矩方程，其基本方程为：

$$M_{i-1}\frac{l_i}{I_i} + 2M_i\left(\frac{l_i}{I_i} + \frac{l_{i+1}}{I_{i+1}}\right) + M_{i+1}\frac{l_{i+1}}{I_{i+1}} = -6\left(\frac{B_i^\phi}{I_i} + \frac{A_{i+1}^\phi}{I_{i+1}}\right)$$ （4-23）

当肋柱截面相同时，惯性矩 I 为常数，即 $I_i = I_{i+1}$，则上式可简化为：

$$M_{i-1}l_i + 2M_i(l_i + l_{i+1}) + M_{i+1}l_{i+1} = -6(B_i^\phi + A_{i+1}^\phi)$$ （4-24）

式中，A^ϕ、B^ϕ 是把连续梁分割成若干简支梁，将简支梁的弯矩图作为虚梁荷载时的反力（如图 4-11 所示）。

$$B_i^\phi = \frac{\Omega_i a_i}{l_i}; \quad A_{i+1}^\phi = \frac{\Omega_{i+1} b_{i+1}}{l_{i+1}}$$

式中 Ω——简支梁弯矩图的面积。

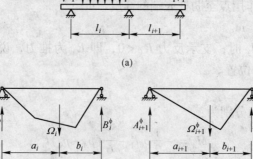

(a)

(b)

图 4-11 刚性支承连续梁内力计算图

（a）内力计算图；（b）虚梁反力 A^ϕ、B^ϕ

虚梁反力 A^ϕ、B^ϕ 可查阅有关参考文献获得，常用的几个虚梁反力 A^ϕ、B^ϕ 列于表 4-2 中。

表 4-2 虚梁反力

荷载情况	A^ϕ	B^ϕ	当 $s=1$ 时	
			A^ϕ	B^ϕ
	$\dfrac{ps^4}{24l} - \dfrac{ps^3}{6} + \dfrac{ps^2l}{6}$	$\dfrac{ps^2l}{12} - \dfrac{ps^4}{24l}$	$\dfrac{pl^3}{24}$	$\dfrac{pl^3}{24}$
	$\dfrac{ps^4}{30l} - \dfrac{ps^3}{8} + \dfrac{ps^2l}{9}$	$\dfrac{ps^2l}{18} - \dfrac{ps^4}{30l}$	$\dfrac{7pl^3}{360}$	$\dfrac{pl^3}{45}$
	$\dfrac{ps^4}{120l} - \dfrac{ps^3}{24} + \dfrac{ps^2l}{18}$	$\dfrac{ps^2l}{36} - \dfrac{ps^4}{120l}$	$\dfrac{pl^3}{45}$	$\dfrac{7pl^3}{360}$

注：l 为跨径；s 为荷载长度；p 为荷载强度。

对于连续梁的每一个中间支座，都可以列出一个如式 (4-24) 所示的补充方程，因而可求出全部中间支座的弯矩值。当支座弯矩已知，则跨中弯矩和剪力便可按单跨间支梁来计算。

下面以基础为固定端、土压力呈三角形分布（如图 4-12 所示）为例，说明三弯矩方程的应用及肋柱内力计算方法。

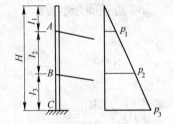

（1）支座弯矩。对于悬臂端，A 支座的弯矩为：

$$M_A = -\frac{1}{6}p_1l_1^2 \tag{4-25}$$

以 AB、BC 跨建立三弯矩方程：

$$M_Al_2 + 2M_B(l_2 + l_3) + M_Cl_3 = -6(B_B^\phi + A_C^\phi) \tag{4-26}$$

对于固定端，因在固定端处多了一个未知数 M_C，为此可假想将 C 点延伸至 D 点（如图 4-13 所示），其中 $l_0 = 0$，$I_0 = \infty$，以 BC、CD 跨建立三弯矩方程，这样就增加了一个方程，即：

图 4-12 基础为固定端、土压力呈三角形分布的立柱内力计算图

$$M_Bl_3 + 2M_Cl_3 = -6B_C^\phi \tag{4-27}$$

联立上述式 (4-25) ~ 式 (4-27)，则可求得支座弯矩：

$$\left.\begin{array}{l} M_A = -\dfrac{1}{6}p_1l_1^2 \\[3mm] M_B = \dfrac{2M_Al_2 + 12(B_B^\phi + A_C^\phi) - 6B_C^\phi}{4l_2 + 3l_3} \\[3mm] M_C = -\dfrac{1}{2l_3}(6B_C^\phi + M_Bl_3) \end{array}\right\} \tag{4-28}$$

其中
$$B_B^\phi = \frac{l_2^3}{360}(7p_1 + 8p_2)$$

$$A_C^\phi = \frac{l_3^3}{360}(8p_2 + 7p_3)$$

$$B_C^\phi = \frac{l_3^3}{360}(7p_2 + 8p_3)$$

（2）截面弯矩。AB 跨截面弯矩（如图 4-14 所示）为：

$$M_x = M_x^0 + \frac{M_B - M_A}{l_2}x + M_A \tag{4-29}$$

其中
$$M_x^0 = \frac{1}{6}(2p_1 + p_2)l_2 x - \frac{1}{2}p_1 x^2 - \frac{1}{6l_2}(p_2 - p_1)x^3$$

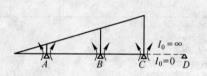

图 4-13   固定端支座弯矩的计算图

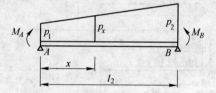

图 4-14 AB 跨截面弯矩计算图

截面最大弯矩的位置可由极值原理 $\frac{dM_x}{dx} = 0$ 确定，由下式得出：

$$3(p_2 - p_1)x^2 + 6l_2 p_1 x - l_2^2(p_2 + 2p_1) - 6(M_B - M_A) = 0 \tag{4-30}$$

将解出的 x 值代入式（4-29）中，可得 AB 跨最大弯矩 $M_{(AB)\max}$。

BC 跨截面弯矩为：

$$M_x = M_x^0 + \frac{M_C - M_B}{l_3}x + M_B \tag{4-31}$$

$$M_x^0 = \frac{1}{6}(2p_2 + p_3)l_3 x - \frac{1}{2}p_2 x^2 - \frac{1}{6l_3}(p_3 - p_2)x^3$$

同样令 $\frac{dM_x}{dx} = 0$ 可得：

$$3(p_3 - p_2)x^2 + 6l_3 p_2 x - l_3^2(p_3 + 2p_2) - 6(M_C - M_B) = 0 \tag{4-32}$$

解出 x 值，并代入式（4-31）中，可得 BC 跨最大弯矩 $M_{(BC)\max}$。

（3）肋柱支座剪力。

$$\left.\begin{aligned}
Q_{A\perp} &= -\frac{1}{2}p_1 l_1 \\
Q_{A\top} &= \frac{1}{6}(2p_1 + p_2)l_2 + \frac{1}{l_2}(M_B - M_A) \\
Q_{B\perp} &= -\frac{1}{6}(p_1 + 2p_2)l_2 + \frac{1}{l_2}(M_B - M_A) \\
Q_{B\top} &= \frac{1}{6}(2p_2 + p_3)l_3 + \frac{1}{l_3}(M_C - M_B) \\
Q_{C\perp} &= -\frac{1}{6}(p_2 + 2p_3)l_3 + \frac{1}{l_3}(M_C - M_B)
\end{aligned}\right\} \tag{4-33}$$

（4）支座反力。

$$\left.\begin{array}{l} R_A = Q_{A\text{下}} - Q_{A\text{上}} \\ R_B = Q_{B\text{下}} - Q_{B\text{上}} \\ R_C = -Q_{C\text{上}} \end{array}\right\} \tag{4-34}$$

4.4.2.3 肋柱底端支承应力验算

A　基底应力验算

肋柱底端作用于地基的压应力 σ 必须小于或等于地基的容许承载力 $[\sigma]$，即：

$$\sigma = \frac{\sum N'}{ab} \le [\sigma] \tag{4-35}$$

式中　$\sum N'$——作用于肋柱底端的轴向力，kN；

　　　　ab——肋柱底端截面积，m^2，其中 a 为沿墙长方向肋柱的宽度（m）。

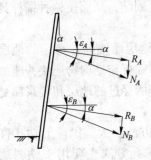

图 4-15　立柱基底应力验算图

肋柱所受的轴向力由三部分组成（如图 4-15 所示），即锚杆拉力在肋柱轴向的分力、肋柱自重和土压力在肋柱轴向的分力：

$$\sum N' = \sum R_i \tan(\varepsilon_i - \alpha) + \gamma_h abH + E_a \sin\delta \tag{4-36}$$

式中　γ_h——肋柱材料的重度，kN/m^3；

　　　　R_i——支座 i 的反力，kN；

　　　　ε_i——锚杆 i 的倾角；

　　　　α——肋柱倾角，以图示仰斜为正值。

为简化计算，土压力沿肋柱轴向分力一般可忽略不计。

B　基脚侧向应力验算

当肋柱基脚为固定端或铰支端时，还需验算肋柱基脚处侧向应力，而自由端不必验算。作用于肋柱基脚的力有支座弯矩 M_0（铰支端时 $M_0 = 0$）和反力 R_0（kN）。为简化计算，假定支座反力 R_0 作用点在基脚埋深 h_D 的中点，如图 4-16 所示。肋柱基脚侧向的最大应力为：

$$\sigma_{\max} = \frac{R_0 \cos\alpha}{ah_D} + \frac{6M_0}{ah_D^2} \le [\sigma_h] \tag{4-37}$$

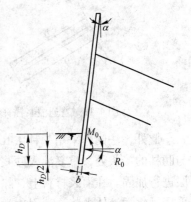

图 4-16　立柱基脚侧向应力验算图

式中　$[\sigma_h]$——地基的侧向容许应力，$[\sigma_h] = K[\sigma]$；

　　　　$[\sigma]$——基底的容许应力，kPa；

　　　　K——地基坚硬程度的系数，$K = 0.5 \sim 1.0$。

或者，由下式确定肋柱的埋置深度：

$$h_D \ge \frac{R_0 \cos\alpha + \sqrt{R_0^2 \cos^2\alpha + 24a[\sigma_h]M_0}}{2a[\sigma_h]} \tag{4-38}$$

C　肋柱基脚前边缘安全距离验算

肋柱除埋置深度 h_D 范围内需满足侧向土的支承反力要求外，还应保证有足够的前缘水平距离 l'（m），如图 4-17 所示，即：

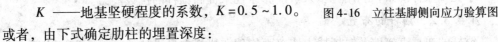

$$l' \geq \frac{R_0 \cos\alpha}{a[\tau]} \qquad (4\text{-}39)$$

式中　$[\tau]$ ——地基容许抗剪强度，kPa。

4.4.3　锚杆设计

4.4.3.1　锚杆的类型

锚杆的主要类型根据施工方法和受力状况不同可分为：

（1）普通灌浆锚杆（如图 4-18 所示）。首先由钻孔机钻孔，钻孔的深度和孔径按设计拉力和地层情况决定；然后插入锚杆，并灌注水泥砂浆（水泥砂浆标号不低于 M30），经过一定时间养护，即可承受拉力。

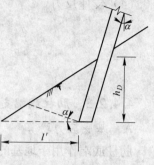

图 4-17　襟边的估算

（2）预压锚杆。预压锚杆与普通灌浆锚杆不同之处，是在灌浆时对水泥砂浆施加一定的压力。水泥砂浆由于压力而压入孔壁四周的裂隙并在压力下固结，从而使这种锚杆具有较大的抗拔力。

（3）预应力锚杆。一般锚杆往往穿过松软（或不稳定的）地层而锚固在稳定的地层中，如将稳定地层中的锚固段先用速凝的水泥砂浆灌填，然后将锚杆与结构物连接并施加张拉应力，最后再灌注锚孔其余部分的砂浆。这样的锚杆可使其所穿过的地层和砂浆都受有预应力。

（4）扩孔锚杆（如图 4-19 所示）。利用扩孔钻头或爆破等方法扩大锚固段的钻孔直径（一般可扩大 3 ~ 5 倍），从而提高锚杆的抗拔能力。这种扩孔方法主要用于软弱地层中。

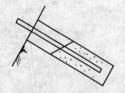

图 4-18　普通灌浆锚杆

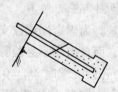

图 4-19　扩孔灌浆锚杆

此外，法国曾采用一种 I.R.P 型锚杆，杆心设有孔道，杆壁有阀门，可以通过锚杆与肋柱的接头处，重复灌入砂浆，以控制灌注的深度，从而使锚杆本身在锚固的同时对土层进行加固。在灌浆材料上，除常用的水泥砂浆外，美国、法国曾用过树脂材料，日本还采用了化学液体灌浆，利用化学浆液的膨胀性来提高锚杆的抗拔能力。

4.4.3.2　锚杆的布置

锚杆的布置直接涉及锚杆挡土墙墙面构件和锚杆本身设计的可行性和经济性。布设时要求考虑墙面构件的预制、运输、吊装和构件受力的合理性，同时要考虑锚杆施工条件、受力特点等。每级肋柱上视柱高度可设计为两层或多层锚杆，一般布置 2 ~ 3 层。若锚杆布置太疏，则肋柱截面尺寸大，锚杆粗面长，但若布置过密，锚杆之间受力的相互影响使锚杆抗拔力受到影响，此时锚杆拉力就变得比单根锚杆设计拉力低。根据已建工程的经验，锚杆的位置应尽可能使肋柱所受弯矩均匀分布。

4.4.3.3 锚杆截面设计

锚杆截面设计主要是确定锚杆所用材料的规格和截面积，并根据锚杆的布置和灌浆管的尺寸确定钻孔的直径。

锚杆可采用Ⅰ级或Ⅱ级钢筋或钢丝索，还可采用高强钢绞线或高强粗钢筋。钢筋锚杆宜采用螺纹钢，直径一般应为 18~32mm。锚孔直径应与锚杆直径相配合，一般为锚杆直径的 3 倍。锚杆应尽量采用单根钢筋，如果单根不能满足拉力需要，也可采用两根钢筋共同组成 1 根锚杆，但每孔钢筋数不宜多于 3 根。

作用于肋柱上的侧压力由锚杆承受。锚杆为轴心受拉构件，其每层锚杆所受拉力 N_p(kN)（如图 4-20 所示）为：

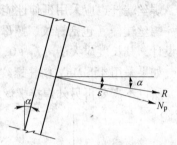

$$N_p = \frac{R}{\cos(\varepsilon - \alpha)} \qquad (4-40)$$

式中 R——由肋柱计算求得的支座反力，kN。

锚杆的有效截面积 A_g(mm^2) 为：

$$A_g = \frac{KN_p \times 10^3}{R_g} \qquad (4-41)$$

图 4-20 锚杆拉力计算图

式中 R_g——钢筋的设计强度，MPa；

K——考虑超载和工作条件的安全系数，一般可取 $K = 1.7~2.5$。

锚杆钢筋直径除满足强度需要外，尚需增加 2mm 防锈安全储备。为防止钢筋锈蚀，还需验算水泥砂浆（或混凝土）的裂缝，其值不应超过容许宽度（0.2mm）。

4.4.3.4 锚杆的长度设计

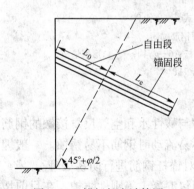

图 4-21 锚杆长度计算图

锚杆由非锚固段（即自由段）和有效锚固段组成。非锚固段不提供抗拔力，其长度 L_0 应根据肋柱与主动破裂面或滑动面（有限填土）的实际距离确定（如图 4-21 所示）。如果地质条件较好，不太可能形成主动破裂面，则非锚固段长度可以短于到理论破裂面的距离。有效锚固段提供锚固力，其长度 L_e 应按锚杆承载力的要求，根据锚固段地层性质和锚杆类型确定。

在较完整的硬质岩层中，普通摩擦型灌浆锚杆的有效锚固长度为：

$$L_e \geqslant \frac{kN_p}{\pi d\mu} \qquad (4-42)$$

式中 L_e——有效锚固长度，m。

在软质岩层、风化破碎岩层及土层中，普通摩擦型锚杆的有效锚固长度为：

$$L_e \geqslant \frac{kN_p}{\pi D\tau} \qquad (4-43)$$

锚杆有效锚固长度除满足抗拔稳定性要求外，还应控制锚杆最小长度，即岩层 $L_e \geqslant 4m$；土层 $L_e \geqslant 5m$。

4.4.3.5　锚杆与肋柱的连接

当肋柱为就地灌注时，必须将锚杆钢筋伸入肋柱内，其锚固长度应满足钢筋混凝土结构规范的要求。当采用预制的肋柱时，锚杆与肋柱的连接形式有三种（如图4-22所示）：（1）螺母锚固；（2）弯钩锚固；（3）焊短钢筋锚固。外露金属部分用砂浆包裹加以保护。

图4-22a所示的螺栓连接是由螺丝端杆、螺母、钢垫板以及砂浆包头组成。在锚杆钢筋端部焊接螺丝端杆，穿过肋柱的预留孔道，然后加钢垫板及螺帽固定。与锚杆钢筋一样，螺丝端杆也应采用延伸性能和可焊性能良好的钢材。

螺丝端杆（包括螺纹、螺母、钢垫板及焊接）按照与锚杆钢筋截面等强度的条件进行设计，其长度应大于（$L_g + 0.1\text{m}$），L_g 为肋柱厚度、螺母与钢垫板厚度以及焊接长度之和。如果采用45SiMnV精轧螺纹钢筋作锚杆，钢筋本身的螺旋即可作为丝扣并可安装螺帽，所以不需要再另外焊接螺丝端杆。

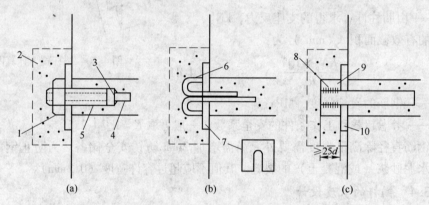

图4-22　锚杆与立柱的连接形式
（a）螺母锚固；（b）弯钩锚固；（c）焊短钢筋锚固
1—螺母；2—砂浆包头；3—对焊或贴焊；4—锚杆；5—螺丝端杆；6—弯钩；7—∩形钢垫板；
8—短钢筋；9—条贴角焊缝；10—钢垫板

4.4.3.6　锚杆防锈措施

钢筋的锈蚀作用受许多因素影响。暴露在湿空气中并与酸性水和空气反复接触的钢筋锈蚀速度最快，埋在碱性土中而且其周围孔隙水和空气不易流动时钢筋不易锈蚀。一般埋在土中的钢筋锈蚀速度平均约为每年0.01mm，因此必须对锚杆钢筋进行防锈处理。

钢筋锚杆的防锈蚀措施应选用柔性材料，而不宜采用包混凝土等刚性防护。在目前情况下，锚杆钢筋采用沥青浸制麻布包裹的防锈蚀方法，不仅施工简便，造价低廉，而且经过几十年的实际考验，是一种比较好的防锈蚀措施。一般在钢筋表面涂两层防锈漆（如沥青船底漆），并缠裹用热沥青浸透的玻璃纤维布两层，以完全隔绝钢筋与土中水及空气的接触。锚杆也可采用镀锌的方法进行防锈处理。

锚杆螺栓与肋柱连接部位无法包裹，是防锈的薄弱环节，应压注水泥砂浆或用沥青水泥砂浆充填其周围并用沥青麻筋塞缝。此处应慎重处理。

4.4.3.7　锚杆的倾斜度

锚杆在地层中一般都沿水平向下倾斜一定的角度，通常在10°～45°之间。具体倾斜度应根据施工机具、岩层稳定的情况、肋柱受力条件以及挡土墙要求而定。锚杆的倾斜度是为保证灌浆的密实，有时也为了避开邻近的地下管道或浅层不良土质等。从受力的角度看，水平方向为好，但这种水平锚杆由于上述种种原因而往往不能实现。当倾斜度为45°时，抗拔力仅为水平方向的1/2，而且锚杆倾斜度的增加会使结构位移加大，因此锚杆倾斜度不宜太大。根据英国谢菲尔德（Sheffield）大学土木建筑工程系试验结果，多层锚杆挡土墙为了减少墙的位移量，应使中层和低层锚杆缓于上层锚杆的倾斜度，如图4-23所示。

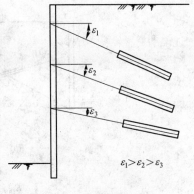

图4-23 锚杆的倾斜度

4.4.4 壁板式锚杆挡土墙

壁板式锚杆挡土墙根据施工方法不同，可分为就地浇筑和预制拼装两种类型。对于就地浇筑的壁板式锚杆挡土墙，其锚杆端头直接插入混凝土面板中，与壁面板一起浇筑，不存在锚头单独施工问题，而预制拼装式在预制混凝土壁面板时，应留有锚头或预留孔道。此种挡土墙的锚杆多用楔缝式锚杆，适用于岩石边坡防护。

（1）锚杆。锚杆的间距，按墙后填土的性质、壁面板受力合理及经济等综合确定。其水平间距一般为1~2m；竖向以布置2~3排锚杆为宜。采用预应力锚杆时，其间距可适当加大。

（2）墙面板。墙面板宜为整块钢筋混凝土板，采用就地浇筑或预制拼装。预制墙面板必须预留锚杆的锚定孔。为便于施工，一般采用等厚截面，其厚度不宜小于0.3m。混凝土强度等级不宜低于C20。

就地浇筑的墙面板的内力计算，可分别沿竖直方向和水平方向取单位宽度按连续梁计算。计算荷载在竖直方向取墙面板的土压应力，在水平方向取墙面板所在位置土压应力的平均值。

（3）锚杆与墙面板的连接。如墙面板就地浇筑，应将锚杆插入混凝土一起浇筑，插入长度不小于30倍的钢筋直径。对于预制墙面板，应在墙面板架设好后，立即浇筑混凝土使墙面板与锚杆连接成整体，为加强其连接牢固性，可设钢筋混凝土锚帽。

4.5 结构稳定性分析

锚杆挡土墙的稳定性分析一般采用克朗兹（Kranz）理论，下面分单层锚杆、多层锚杆、黏性土锚杆和分层土锚杆四种情况加以讨论。

4.5.1 单层锚杆的稳定性分析

克朗兹根据大量模型试验和理论分析，认为锚固体埋设在中性土压区，在经过锚固体中心可能产生的所有破裂面中，折线 BCD 为最不利破裂面，如图4-24所示。其中 B 是挡土墙假想支点，即墙面的最下端；C 是锚固体（有效锚固段）中点；CD 是通过 C 点的垂直假想墙背 VC 的主动破裂面。

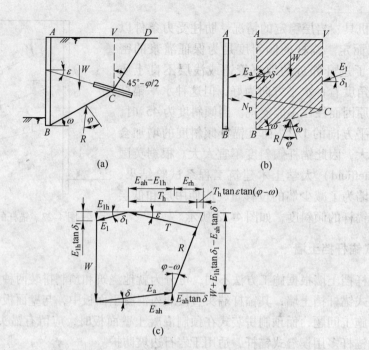

图 4-24 单层锚杆克朗兹稳定性分析图

（a）单层锚杆及滑动面；（b）隔离体及作用面；（c）力多边形

取隔离土体 $ABCV$，作用于 $ABCV$ 隔离体上的力（如图 4-24b 所示）处于极限平衡状态，其力多边形是闭合的（如图 4-24c 所示）。根据力多边形的几何关系，可求得锚固体所能提供的最大拉力，即锚杆的抗拔力 T，其水平分力为：

$$T_h = f(E_{ah} - E_{1h} + E_{rh}) \tag{4-44}$$

$$f = \frac{1}{1 + \tan\varepsilon\tan(\varphi - \omega)} \tag{4-45}$$

$$E_{rh} = (W + E_{1h}\tan\delta_1 - E_{ah}\tan\delta)\tan(\varphi - \omega) \tag{4-46}$$

式中　W——滑面 BC 上的土块 $ABCV$ 的重力，kN；

E_{ah}，E_{1h}——E_a、E_1 的水平分力，kN，E_a 为作用于从挡土墙上端 A 点到底部假想支点 B 的整个挡土墙高度上（即 AB 墙背）的库仑主动土压力，单位为 kN；E_1 为作用于通过锚固体中心的垂直假想墙背 VC 上的库仑主动土压力，单位为 kN；

　　φ——土的内摩擦角；

　　δ——挡土墙与填土之间的墙背摩擦角；

　　δ_1——VC 假想墙背摩擦角，$\delta_1 = \varphi$；

　　ω——滑面 BC 的倾角；

　　ε——锚杆的倾角。

锚杆挡土墙的稳定性取决于锚杆的抗拔力 T 与锚杆的拉力 N_p（即锚杆所受的轴向力），并用稳定系数 K_a 表示，即：

$$K_a = T_h/N_h \tag{4-47}$$

式中　N_h——锚杆拉力 N_p 的水平分力，kN。

一般情况下，稳定系数 $1.5 \leqslant K \leqslant 2.0$，当稳定性不能满足要求时，则应加长锚杆。

稳定性验算时活载布置的位置视验算滑面的倾角 ω 而定。当倾角 ω 小于土的内摩擦角 φ 时，活载通常布置在验算破裂面之外（如图 4-25a 所示），也就是不计活载的作用；当 $\omega > \varphi$ 时，活载布置在破裂面范围之内（如图 4-25b 所示）。总之，应按稳定性最不利时的组合考虑。

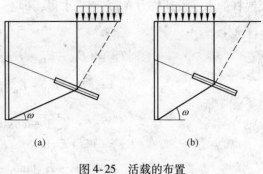

图 4-25 活载的布置
(a) $\omega < \varphi$；(b) $\omega > \varphi$

4.5.2 多层锚杆的稳定性分析

当采用两层或两层以上锚杆时，应作各种组合的稳定性验算，即不但应分别验算各单层锚杆的稳定性，而且还应分别验算两层、三层直至多层锚杆组合情况下的稳定性。下面以两层锚杆为例加以说明。

蓝克（Ranke）和达斯托梅耶（Dstermayer）在克朗兹理论的基面上，根据结构特点，提出了两层锚杆四种配置情况的稳定性验算方法。

（1）上层锚杆短，下层锚杆长，且上层锚固体中心在下层锚固体中心的假想墙背切割体 $ABFV_1$ 内，如图 4-26 所示。

上层锚杆的稳定性，由滑面 BC 的锚杆拉力的稳定系数 K_{BC} 来反映。K_{BC} 可根据破裂体 $ABCV$ 上力的平衡（如图 4-26a 所示）得到土体沿 BC 面滑动时的水平抗拔力 $T_{BC,h}$，与土

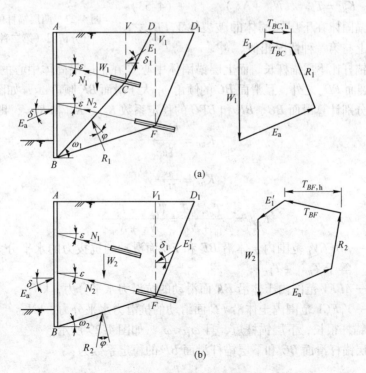

图 4-26 两层锚杆的克朗兹法分析图（第一种情况）

层锚杆的水平设计拉力 N_{1h} 之比来求得，即：

$$K_{BC} = T_{BC,h}/N_{1h} \qquad (4\text{-}48)$$

$$T_{BC} = (E_{ah} - E_{1h} - E_{rh}) \frac{1}{1 - \tan\varepsilon\tan(\omega_1 - \varphi)}$$

$$= (E_h - E_{1h} - E_{rh})f \qquad (4\text{-}49)$$

$$f = \frac{1}{1 + \tan\varepsilon\tan(\varphi - \omega)}$$

$$E_{rh} = (W_1 + E_{1h}\tan\delta_1 - E_{ah}\tan\delta)\tan(\omega_1 - \varphi)$$

$$= -(W_1 + E_{1h}\tan\delta_1 - E_{ah}\tan\delta)\tan(\varphi - \omega_1) \qquad (4\text{-}50)$$

对于下层锚杆的滑面 BF 来说，根据图 4-26b 中割离体 $ABFV_1$ 上力的平衡可得 $T_{BF,h}$，此时挡土墙作用荷载杆所分担的水平拉力 $(N_{1h} + N_{2h})$，稳定系数 K_{BF} 为 $T_{BF,h}$ 与 $(N_{1h} + N_{2h})$ 的比值，即：

$$K_{BF} = T_{BF,h}/(N_{1h} + N_{2h}) \qquad (4\text{-}51)$$

式中　N_{2h}——下层锚杆设计拉力的水平分力，kN。

（2）上层锚杆比下层锚杆稍长，而上层锚固体中心 C 在下层锚固体中心 F 的假想墙背 FV_1 形成的主动破裂体 V_1FD_1 范围之内，如图 4-27 所示。

上层锚杆滑面 BC 的稳定系数为：

$$K_{BC} = T_{BC,h}/N_{1h} \qquad (4\text{-}52)$$

下层锚杆滑面 BF 的稳定系数为：

$$K_{BF} = T_{BF,h}/(N_{1h} + N_{2h}) \qquad (4\text{-}53)$$

由于上层锚固体在下层锚固体的破裂体 V_1FD_1 之内，因此实质上与第一种情况相似。

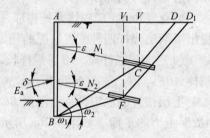

图 4-27　两层锚杆的克朗兹法分析图（第二种情况）

（3）上层锚杆比下层锚杆长，而上层锚固体中心 C 在下层锚固体中心的假想墙背 FV_1 形成的主动破裂面 FD_1 之外，且滑面 BC 的倾角 ω_1 大于滑面 BF 倾角 ω_2，如图 4-28 所示。

此时，需分别计算滑面 BC、BF 和 BFC 的稳定系数 K_{BC}、K_{BF} 和 K_{BFC}，即：

$$K_{BC} = \frac{T_{BC,h}}{N_{1h}} \qquad (4\text{-}54)$$

$$K_{BF} = \frac{T_{BF,h}}{N_{2h}} \qquad (4\text{-}55)$$

$$K_{BFC} = \frac{T_{BFC,h}}{N_{1h} + N_{2h}} = \frac{T_{BF,h} + T_{FC,h}}{N_{1h} + N_{2h}} \qquad (4\text{-}56)$$

式中　$T_{BFC,h}$——$ABFCV_1$ 范围内土体沿 BF 和 FC 面滑动的抗拔力的水平分力，kN，其值等于 $T_{BF,h} + T_{FC,h}$；

　　　　$T_{BF,h}$——$ABFV$ 范围内土体沿 BF 面滑动的抗滑力水平分力，kN；

　　　　$T_{FC,h}$——V_1FCV 范围内土体沿 FC 面滑动的抗滑力水平分力，kN。

（4）上层锚杆很长，下层锚杆短，且 $\omega_1 < \omega_2$，如图 4-29 所示。

此时，上层锚杆滑面 BC 和下层锚杆滑面 BF 的稳定系数为：

$$K_{BC} = \frac{T_{BC,h}}{N_{1h} + N_{2h}} \qquad (4\text{-}57)$$

$$K_{BF} = \frac{T_{BF,h}}{N_{2h}} \qquad (4\text{-}58)$$

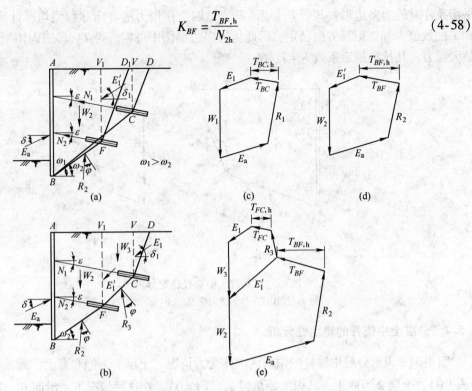

图4-28 两层锚杆的克朗兹法分析图（第三种情况）

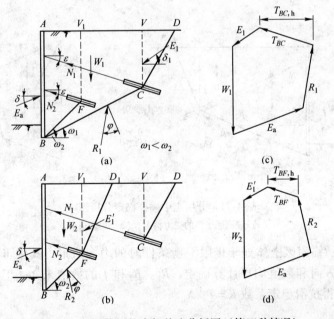

图4-29 两层锚杆的克朗兹法分析图（第四种情况）

4.5.3 黏性土中锚杆的稳定性分析

图4-30a 表示均质黏性土中锚固区土体受力情况，图4-30b 表示锚固区土体处于极限

平衡条件时的力多边形。其中 E_a、W、C、E_1 四个作用力的方向和数值均可计算确定，R 和 T 的数值未知，但其方向已定。因此从力多边形图中可以求得 T，即锚固体所能提供的最大拉力。其抗滑稳定系数 $K = T_h/N_h$。

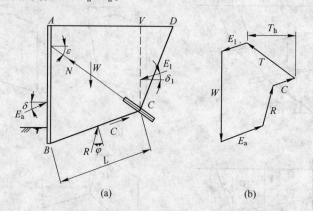

图 4-30   黏性土中锚杆稳定分析图

（a）锚固区土体的受力情况；（b）力多边形

4.5.4   分层土中锚杆的稳定性分析

图 4-31a 表示分层中锚杆的锚固区土体受力情况。土层 1 为饱和黏土，其黏聚力为 c_1（$\varphi_1 = 0$）。土层 2 为砂土，其内摩擦角为 φ_2（$c_2 = 0$）。在这种情况下，滑面 BC 应分为 BF 和 FC 两段。FC 面上的反力为 R_1，黏聚力为 $C_1 = c_1 L_1$；BF 面上的反力为 R_2，黏聚力为 $C_2 = 0$。

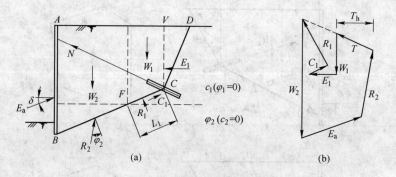

图 4-31   分层土中锚杆稳定分析图

（a）锚固区土体的受力情况；（b）力多边形

图 4-31b 表示锚固区土体处于极限平衡条件时的力多边形。其中 W_1、E_1、C_1、W_2、E_a 五个作用力的方向和数值均可计算确定，R_1、R_2 和 T 的数值未知，但方向均已知。由此可得 T_h 并可求得抗滑稳定系数 $K = T_h/N_h$。

习   题

4-1   柱板式锚杆挡墙主要由_____、_____和_____几部分组成；而竖向预应力锚杆挡墙则是由_____和_____构成。

4-2   锚杆挡墙中的立柱承受的是由挡土板传来的土压力，由于立柱上的锚杆层数和立柱基础嵌固程度的不同，其内力计算图也不同。当锚杆层数为三层或三层以上时，内力计算图可近似地看成_____。当锚杆为两层，且基础为固定端或铰支端时，则按_____计算内力；基础为自由端时，应按_____计算。

4-3　根据施工方法和受力状况的不同，锚杆可分为：（列举出至少四种类型）_____、_____、_____、_____。

4-4　竖向预应力锚杆挡墙中锚杆的有效锚固深度自_____处算起。

4-5　竖向预应力锚杆挡墙中的预应力损失是由_____、_____、_____三方面引起的，其中_____是引起预应力损失的主要原因。

4-6　肋柱式锚杆挡土墙可根据地形采用单级或多级，每级墙高度不宜大于8m，具体高度可视地质和施工条件而定，总高度不宜大于（　　　）。

　　　A. 10m　　　　B. 15m　　　　C. 18m　　　　D. 22m

4-7　土层锚杆试验和监测是检验土层锚杆质量的主要手段，其中土层锚杆试验的主要内容是确定（　　　）。

　　　A. 锚固体的强度　　B. 锚固段浆体强度　　C. 锚杆钢筋强度　　D. 锚固体的锚固能力

4-8　土层锚杆施工时，其上下层垂直间距和水平间距分别不宜小于（　　　）。

　　　A. 2m，1.5m　　　B. 1.5m，2m　　　C. 2m，2m　　　D. 1.5m，1.5m

4-9　土层锚杆布置时，一般锚杆锚固体上覆土厚度不宜小于（　　　）。

　　　A. 2m　　　　B. 3m　　　　C. 4m　　　　D. 5m

4-10　土层锚杆布置内容包括确定（　　　）。

　　　A. 锚杆层数　B. 锚杆水平间距　C. 锚杆上面覆土厚度　D. 锚杆垂直间距　E. 锚杆倾角

4-11　挡土（围护）结构，支撑及锚杆的应力应变观测点和轴力观测点，应布置于（　　　）。

　　　A. 受力较大的且有代表性的部位

　　　B. 受力较大，施工方便的部位

　　　C. 受力较小的且有代表性的部位

　　　D. 受剪力较大，施工方便的部位

4-12　在较完整的硬质岩中，下列（　　　）是影响锚杆极限抗拔力的主要因素。

　　　A. 灌注砂浆对钢拉杆的粘结力

　　　B. 锚孔壁对砂浆的抗剪强度

　　　C. 锚杆钢筋数量

　　　D. 锚杆钢筋直径

4-13　挡土（围护）结构，支撑及锚杆的应力应变观测点和轴力观测点，应布置于（　　　）。

　　　A. 受力较大的且有代表性的部位　　　　B. 受力较大，施工方便的部位

　　　C. 受力较小的且有代表性的部位　　　　D. 受剪力较大，施工方便的部位

4-14　锚杆技术是如何应用的？分析单根锚杆破坏的形式及原因。

4-15　简述锚杆支护作用原理。

4-16　某二级建筑边坡高8m，侧向土压力合力水平分力标准值为200kN/m，挡墙侧压力分布情况是：自0～2m为三角形分布，2～8m为矩形分布，在2m、4.5m、7.0m处分别设置一层锚杆，第二层锚杆的间距为2.0m，采用永久性锚杆挡墙支护，锚杆钢筋抗拉强度设计值为$f_y = 300N/mm^2$，锚杆倾角为25°，锚杆钢筋与砂浆间连接强度设计值为$f_h = 2.1MPa$，锚固体与土体间黏结强度特征值为35kPa，按《建筑边坡工程技术规范》计算，（对第二层锚杆）。

　　（1）侧向岩土压力水平分力标准值e_{hk}为（　　　）。

　　　　A. 20kPa　　B. 27.8kPa　　　C. 28.6kPa　　　D. 30kPa

　　（2）如取$e_{hk} = 30kPa$，锚杆轴向拉力设计值N_a为（　　　）。

　　A. 156kN　　B. 215kN　　C. 230kN　　D. 240kN

（3）如取锚杆轴向拉力设计值 $N_a = 200$kN，钢筋截面积 A，宜为（　　）。

　　A. 966mm^2　　B. 1063mm^2　　C. 1086mm^2　　D. 1100mm^2

（4）如取锚杆轴向拉力设计值 $N_a = 200$kN，锚杆直径取 30mm，锚杆与锚固砂浆间的锚固段长度 l_a 应为（　　）。

　　A. 1.0m　　B. 1.7m　　C. 4.0m　　D. 6.0m

（5）如锚杆轴向拉力标准值 $N_a = 170$kN，锚固体直径 $D = 18$cm，锚杆锚固体与地层间的锚固长度 l_a 为（　　）。

　　A. 4.0m　　B. 8.8m　　C. 10.0m　　D. 12.0m

（6）如外锚段长度取 0.5m，自由段长度取 5.0m，锚固段长度取 9.0m，锚杆总长度为（　　）。

　　A. 9.0m　　B. 14.0m　　C. 14.5m　　D. 15m

5 加筋土挡墙

5.1 概 述

加筋土（reinforced earth）是在土中加入拉筋（或称为筋带）的一种复合土。在土中加入拉筋可以提高土体的强度，增加土体的稳定性。因此，凡在土中加入加筋材料而使整个土工系统的力学性能得到改善和提高的土工加固方法均称为土工加筋技术，形成的结构亦称为加筋土结构。目前在工程中应用较多的加筋土结构是加筋土挡墙、加筋土边坡和加筋土地基，以及加筋路面等。

加筋土技术是由法国工程师 Henri Vidal 发明的，在 20 世纪 60 年代发展起来的新技术。我国从 70 年代开始对加筋土挡墙这种新型支挡结构进行试验研究和应用。目前已经广泛应用于公路、铁路、城建等领域。

加筋土挡墙一般由基础、面板、加筋材料、土体填料、帽石等主要部分组成，见图5-1。

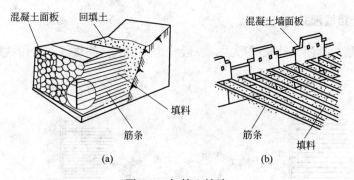

混凝土面板　回填土　　　　混凝土墙面板

填料　　筋条　　筋条　　填料

(a)　　　　　　　　(b)

图 5-1　加筋土挡墙

与传统支挡结构相比，加筋土挡墙具有以下特点：

（1）结构新颖、造型美观。加筋土挡墙结构新颖，巧妙地利用了面板、填料和加筋带组成。面板可根据环境和需要构思出各种图案，与景观、环境、相邻建构筑物等配套协调，富于艺术感染力。

（2）技术简单、施工方便。加筋土挡墙虽然机理复杂，但结构简单，技术容易掌握，需要的施工机械较少，不需专门的施工机具；再加之加筋体逐层回填压实形成，是柔性结构，墙体形成的加载而引起的地基变形对加筋土结构本身的影响很小，因而需要的地基处理也比较简单，施工十分方便。

（3）要求较低、节省材料。加筋土挡墙各组成部分对材料的要求不高，大宗材料为加筋土挡墙的填料（一般填土），其来源广泛，易于获得；对地基承载能力的要求相对来说较低，比较容易满足；基础小、面板薄，所用材料少。与其他支挡结构相比，能较显著地节省材料用量。

（4）施工速度快、工期短。加筋土挡墙由于技术简单、施工容易方便，而且材料用量少，现场土石方量减少，圬工量大大减少。面板可现场预制，也可进行工厂化生产，再运至现场安装。施工作业简单，可组织流水作业，也可进行大面积施工。另一方面，加筋土挡墙的工程施工组织简单，施工工序少，现场比较好管理和指挥。因此，加筋土挡墙工程施工速度很快，工期都比较短。

（5）造价低廉、效益明显。加筋土挡墙的造价与同等条件下的其他支挡结构相比，节约造价幅度一般为 10% ~ 50% 。加筋土挡墙的墙面板可以垂直砌筑，因此，工程占地较少。另外，施工时对环境的影响小，施工快，工期短，其综合效益十分显著。

（6）适应性强、应用广泛。加筋土技术的应用经过几十年的发展，已从公路路堤、路肩发展到应用于其他各种支挡结构和边坡防护。目前已用于处理铁道、公路路基边坡、市政建设、护岸工程工民建配套的支挡及边坡工程、防洪堤、林区工程、工业尾矿坝、渣场、料场、货场等，甚至还用于危险品（如石油、氨等）或危险建筑（核电站）的围堤设施等。

5.2　加筋土挡墙的形式与构造

5.2.1　加筋土挡墙形式

加筋土挡墙按其断面外轮廓形式，一般分为路肩式、路堤式、台阶式和复合式，见图5-2。

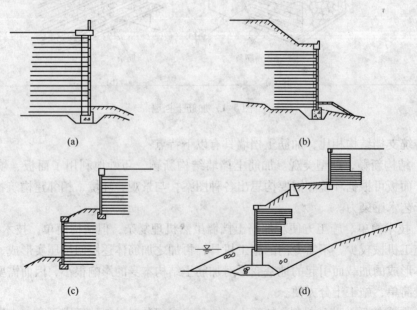

图 5-2　加筋土挡墙的形式

（a）路肩式；（b）路堤式；（c）台阶式；（d）复合式

加筋土挡墙按结构断面分又有矩形、正梯形、倒梯形和锯齿形，见图5-3。

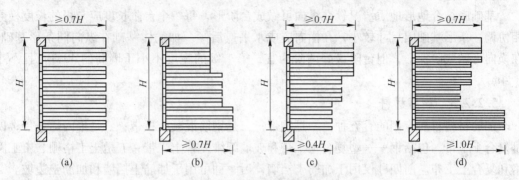

图 5-3 加筋土挡墙的结构断面形式
(a) 矩形；(b) 正梯形；(c) 倒梯形；(d) 锯齿形

5.2.2 加筋土挡墙构造

5.2.2.1 断面形式

断面形式根据地形和地质条件、结构稳定要求拟定。常用的有矩形、倒梯形、正梯形和锯齿形。

加筋体墙高6m以下者，一般选用矩形断面。墙后边坡较陡，地基基础条件较好，宜选用倒梯形断面。加筋体地基条件较差，后方边坡平缓，宜选用正梯形断面。墙体较高或墙基础本身较高，为满足整体稳定要求和地基承载力要求时，可选用锯齿形断面。

断面形式应考虑地形、地质条件，满足结构稳定要求（外部稳定和内部稳定），方便施工，尽量节约材料和造价，经稳定计算和多方案技术经济比较后确定。

5.2.2.2 基础

基础分为面板下的条形基础和加筋体下的基础。

条形基础的作用主要是便于安砌墙面板，起支托、定位的作用。其尺寸大小视地基、地形条件而定，宽度不宜小于30cm，厚度也不宜小于30cm。可采用C15素混凝土或浆砌条石。

基础的埋深在无浸水地区，一般可取60~100cm；浸水工程应根据水流的冲刷和淘刷作用大小而定，一般不少于150cm。如开挖基槽困难或不经济，可考虑人工抛填或浆砌块石护脚。在季节性冰冻地区，基底应在冻结线下，若不满足，则应在基础底至冻结线间换填非冻涨性材料，如中粗砂、砾石等。

斜坡上的加筋体应设不小于1m宽的护脚，埋深由护脚顶起算。

面板下的基础及加筋体下的基础都应满足地基承载力要求。若承载力不满足，应进行地基处理，处理方法与其他地基处理方法一样，如换填、挤密、抛石、桩基和加筋地基处理等。

条形基础沿纵向可根据地形、地质、墙高等条件设置沉降缝，其间距一般取10~30m，岩石地基可取大值。在新旧建筑物衔接处、在地形或地质条件突变处都应设沉降缝。沉降缝间距设置时还应考虑面板的长度模数。基础的沉降缝、加筋体墙面的变形缝、帽石或压顶（包括檐板）的伸缩缝应统一考虑，一般做成垂直通缝，缝宽2~4cm，用沥青木板等填塞。

基础底结合地形地质情况，在纵向可做成台阶形，每一个台阶长度应与板的长度模数相协调。条形基础因尺寸较小，在横向应成水平或后倾。加筋体基础在纵向同条形基础，在横向可做成阶梯形，但台阶最好两阶为宜，第1级的宽度不小于墙高的40%，且不小于4m。

5.2.2.3 加筋材料

加筋材料目前应用的有五种：一是钢带；二是钢筋混凝土板带；三是聚丙烯条带；四是复合土工带，包括钢——塑复合土工带和玻璃纤维复合土工带；五是土工格栅、土工网格和复合土工布。前四种仅用于加筋土挡墙，后一种可用于加筋土挡墙和加筋土边坡。

加筋材料应具有较高的强度，受力后变形小，表面粗糙，能与填料产生足够的摩擦力，抗腐蚀性好，加工、接长方便，与面板的连接简单、可靠。

筋带的铺设一般为平铺。国内外均有资料介绍有倒坡铺时效果更好，考虑到施工压实，倒坡坡度也比较小。加筋材料铺设时应尽量在每层中均匀铺开，除结点附近外，不能重叠。加筋材料应伸直，不宜有挠曲，不应有折皱。加筋材料在空间可以交叉，但交叉处加筋材料不宜接触。其他构筑物也不宜直接压在加筋材料上。

5.2.2.4 加筋体填料

填料的选择要求是易压实、与拉筋材料有足够的摩擦力、满足化学和电化学标准，对浸水工程，要求水稳定性好。因此，砾类土、砂类土、碎石土、黄土、中低液限黏性土及工业废渣（要满足化学和电化学标准）均可应用。从因地制宜、降低工程造价方面来看，不满足上述要求的土可通过适当的工程措施或结构上采取相应的技术措施后采用。

用钢带作加筋材料时，应控制填料中的氯离子和硫酸根离子的含量。对无水工程，其氯离子含量应小于或等于5.6m.e/100g土，硫酸根离子小于或等于21.0m.e/100g土。对淡水工程，其氯离子含量应小于或等于2.8m.e/100g土，硫酸根离子小于或等于10.5m.e/100g土。

对目前大量应用的聚丙烯土工带、土工格栅、土工织物等土工合成材料，应尽量避免金属离子（铜、锰、铁等）进入加筋体，填料中不宜含有氯化钙、碳酸钠、硫化物等化学物质。

填料的压实能否达到设计要求是加筋土工程成败的关键。加筋土力学性能的改善和稳定性的提高与填料的压实紧密相关，因此，填料除了上述要求之外，还必须要有一个土工标准。

土工标准包括力学标准和施工标准，力学标准包括填料的组成成分、物理指标、力学指标，施工标准主要以压实度来控制，一般均要求压实度大于90%，距路槽底以下80cm厚范围应达到93%~95%。

要达到规定的压实度，首先填料本身的颗粒级配应比较好，对砂砾石填料，最大粒径不得大于填料压实厚度的2/3，且不大于150cm，其总量不大于15%；其次，填料的含水量应接近于最佳含水量；此外，填料必须分层碾压，分层厚度一般在30cm左右，碾压机械也必须达到一定的标准。

5.2.2.5 面板

面板的作用是装饰整洁墙面、约束土体、传递下滑土体的推力,与加筋材料、填料共同形成加筋体。

面板的选择原则是与环境协调、造型优美、便于施工(预制脱模方便、便于安装、与筋带连接方便、规格品种少)、造价经济。

面板的形式常用的有矩形板、十字板、槽形板、六角形板、L形板等,见图5-4。

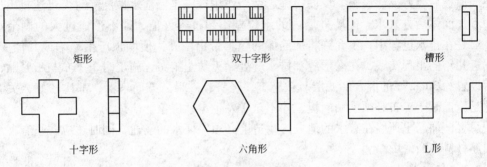

图 5-4 面板形式图

面板的厚度由拉筋拉力对面板的作用计算而确定,长和宽要与筋带的铺设、施工方法相一致,厚度一般在 12~20cm 左右,长以 150cm 左右为宜,高 50~120cm。每块标准板上应有四个结点。上、下两面形状和尺寸要考虑到安砌和整体性要求。

面板上的筋带结点,可采用预埋钢拉环、钢板锚头或预留穿筋孔等形式(图5-5)。采用钢带加筋材料时用预埋钢板锚头,用聚丙烯条带加筋材料时多采用预埋钢拉环或在板上预留穿筋孔。钢锚板厚度不小于5mm,钢拉环用Ⅰ级钢筋,钢筋直径不小于12mm。钢锚板和钢拉环露于混凝土外部分应作防腐蚀处理,聚丙烯加筋带应与钢筋面隔开,预留穿筋孔与加筋带接触部分宜做成圆弧形。

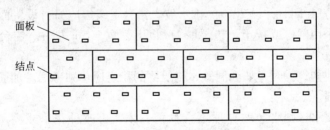

图 5-5 墙面板背面结点分布图

工程中常用的面板是钢筋混凝土面板,混凝土标号不低于 C20。为了施工安装方便,同时也增强墙面的整体性,可在面板中预留插孔,用钢筋作连接插销。板安装就位后用钢筋插入插销孔,再灌入水泥浆或水泥砂浆。这种处理可省去板安装施工时的支架,施工非常方便、简单、快速。插销孔直径3cm,插筋 10~12mm。

在墙顶、转角处、沉降缝处、与其他构筑物相接处可采用部分异形面板或角隅板。异形板或角隅板既要考虑到结构上的需要,也要考虑到整个墙面的美观、整洁、顺畅、自然。

5.2.2.6　排水设施

加筋土挡墙需做好排水设施。在基础上，可结合地基处理或基槽回填做片石盲沟，在条形基础上设排水孔，孔径不小于 10cm，间距 3～5m。当加筋土挡墙的填料要求不容许浸水时，排水设施必须保证不被淤塞。这时应在片石盲沟顶层加入碎石，再覆盖 1～2 层滤水土工布。

位于河岸上的加筋土挡墙，其填料必须保证水稳定性好，一般宜采用砂砾填料。同时应在墙面板后做好反滤设施。反滤设施起两个作用，一是墙前水位陡降时，迅速排出加筋体中和加筋体后方来水，使墙外墙内的水位差不超过容许值，即不形成过大的剩余水压力。二是在排水过程中，不允许将加筋体的填料带出墙外，使墙顶产生塌陷或其他变形。根据近几年的工程实践，在变形缝和排水缝处贴无纺土工布，施工时土工布与板紧贴，在板后设置约 30cm 厚的混合倒滤层。从施工、经济、效果三方面来看，都比较好，关键的问题是施工时土工布必须紧贴面板，才不至于发生走砂现象。

总之，加筋土挡墙在有水的地方，构造上必须保证水的畅通，同时还应防止有害水体对加筋材料寿命的影响。

5.2.2.7　其他

加筋土挡墙顶部根据道路线路或工程在纵向的布置要求，用现浇混凝土或浆砌混凝土预制块体、浆砌条石作压顶或帽石，帽石外沿宜伸出墙面外 5～10cm。当墙顶设置纵坡时，可按纵坡要求设置异形板，使帽石尺寸在纵向一致，也可不设异形板，墙顶异形板的缺口用浆砌条石或现浇混凝土补齐，帽石在纵向成阶梯状，或者用现浇混凝土做帽石，将顶层板部分伸入帽石，使帽石尺寸在纵向一致。

墙顶栏杆可根据需要情况设置，现浇混凝土帽石时预留栏杆柱插口。

加筋体基底和后方边坡，在填筑时不管是土质或岩石，原则上都应开挖成台阶形，使新回填土与原边坡不形成明显的界面。

当挡墙高度较大时，在墙的中部宜设置错台。错台处下级墙顶宜设置帽石，错台宽不少于 1m，错台顶宜封闭，并设 20% 的排水坡。错台上级墙应另行设置面板基础，基础下设垫层，垫层可采用砂砾或灰土，垫层厚 1m 以上，宽 1.5m 左右。错台可设 1 个，也可根据需要和墙高设多个。

当墙上有其他构筑物时，如涵洞等，构筑物的稳定应单独考虑。加筋土结构与构筑物交接处应适当加强。

如填料不宜浸水，则墙（坡）顶不宜种植乔木，可改种花草或灌木，或在墙（坡）顶附近采取特别措施，如改换填料，使墙顶部分加筋体填料既满足结构上的需要，也能满足绿化要求。

5.3　加筋土挡墙设计计算

加筋土挡墙设计一般包括四方面的内容：一是构造设计；二是结构计算；三是施工图绘制和明确施工技术要求；四是工程概算或预算。

构造设计应根据工程的使用要求、工作条件和环境条件、使用的加筋材料、采用的加筋土填料的特性等，参考类似工程和有关规范规定确定。

结构计算包括内部和外部稳定计算。内部稳定计算主要是确定加筋材料的数量（截面积或筋带根数）和加筋材料的布置。外部稳定计算包括加筋土体整体抗滑动验算、加筋土体基底及变截面处的抗滑移验算、加筋土体抗倾覆验算、加筋土体地基承载力验算和沉降计算等。

施工图和施工技术要求是设计成果的具体体现，也是工程施工的依据，除了要遵守相应的行业规范要求之外，还应对加筋土的结构和特殊构造表述清楚和明白。加筋土工程与其他相比，有一个显著特点，由于加筋材料种类繁多、规格品种复杂、性能指标差异较大，填料的种类和物理力学指标不尽相同，各工程项目间可参考性较差。因此，对加筋土工程的施工技术要求，除了一般要求之外，尚应针对所设计的具体工程的加筋材料和填料，提出具体而又明确的技术要求，以用于指导工程施工。

5.3.1　加筋土挡墙设计计算内容

加筋土挡墙和加筋土边坡设计计算内容一般包括：（1）内部稳定计算，即加筋材料抗拉强度计算和抗拔稳定计算；（2）外部稳定计算，即加筋体倾覆稳定、滑移稳定、整体稳定、基底应力和地基承载能力验算等（包括加筋体中变截面处的倾覆稳定、滑移稳定和整体稳定验算）；（3）构件强度和配筋计算，即面板强度计算、钢筋混凝土加筋带强度计算、桥台垫梁强度计算和地基基础梁强度计算等；（4）其他计算，如水流对基础的冲刷与防护计算，特殊结构形式需要的计算，沉降变形计算等。

设计计算时应考虑各种可能的荷载组合，即各种可能的工况。

5.3.1.1　加筋土挡墙内部稳定计算

A　条带式直立加筋土挡墙

对高度小于 12m 的一般直立式加筋土挡墙，按局部平衡法计算。设结点的水平向间距为 S_x，竖向间距为 S_y，则加筋体中第 i 层 1 个结点加筋带的拉力为：

$$T_i = K_i W_i S_x S_y \tag{5-1}$$

K_i 可按规范计算，即：

$$\left.\begin{array}{ll} K_i = K_0(1 - K_i/6) + K_a z_i/6 & z_i < 6\text{m} \\ K_i = K_a & z_i > 6\text{m} \end{array}\right\} \tag{5-2}$$

$$K_0 = 1 - \sin\varphi, K_a = \tan^2(45° - \varphi/2) \tag{5-3}$$

式中　z_i——第 i 层加筋材料至墙顶的距离；

W_i——计算截面上的垂直压应力，kPa；

φ——加筋体填料内摩擦角，(°)。

加筋体中第 i 层 1 个结点所需加筋带的根数为：

$$n_{ik} = \frac{T_i}{T_d} \tag{5-4}$$

式中　n_{ik}——由强度计算所得的第 i 层 1 个结点加筋带的根数；

T_d——加筋带的设计拉力，取单根加筋带在伸长率为 1.5% ~ 2% 的抗拉力，且不大于加筋带的极限抗拉强度的 1/4 ~ 1/5，kN。

第 i 层加筋带的锚固长度按下式计算：

$$L_{2i} = \frac{K_f T_i}{2 n_i b W_i f} \tag{5-5}$$

式中　n_i——1 个结点加筋带根数的设计实际采用值，$n_i \geqslant n_{ik}$ 且不小于 2，一般取偶数；

　　　b——单根加筋带的宽度，m；

　　　其余符号意义同前。

加筋带的下料长度为：

$$L_{xi} = 2(L_{1i} + L_{2i}) L_0 + (0.5 \sim 0.6) m \tag{5-6}$$

加筋带与面板在结点处采用钢筋拉环连接，拉环设计同吊环设计，拉力为 T_i。

B　包裹式加筋土挡墙

包裹式加筋土挡墙（见图 5-6）加筋材料采用高强土工布或土工格栅，在纵向方向一般连续铺设，加筋材料拉力和抗拔稳定计算同前，包裹回折长度 L_0 按下式计算：

$$L_0 = \frac{K_f T_i}{4 \gamma z_i \tan \varphi_{sg}} \tag{5-7}$$

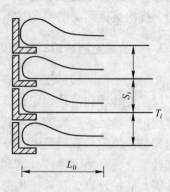

式中　L_0——回折长度，m；

　　　K_f——抗拔安全系数；

　　　T_i——加筋材料拉力，kN/m，$T_i = K_i W_i S_i$；

　　　K_i——侧压力系数；

　　　W_i——计算截面上的垂直压应力，kPa；

　　　S_i——第 i 层加筋材料的层间距，m；

图 5-6　包裹式挡墙回折长度计算

　　　φ_{sg}——加筋材料与填土的摩擦角，(°)，由试验测得；

　　　其余符号意义同前。

加筋带的下料长度为：

$$L_{xi} = L_0 + L_1 + L_2 + S \tag{5-8}$$

由于加筋材料在纵向连续铺设，为了达到经济的目的，可调整加筋材料的层间距 S_i，S_i 按下式计算：

$$S_i = \frac{T_d}{K_i W_i} \tag{5-9}$$

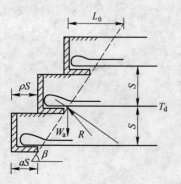

式中　T_d——加筋材料的设计拉伸强度，kN/m，取极限抗拉强度的 $1/4 \sim 1/5$。

C　L 形面板阶梯型挡墙

如图 5-7 所示的 L 形面板阶梯型墙，稳定坡面（或破裂面）的倾角为 β。破裂面以外为滑动体，每层滑动体的平均宽度为 $aS + 0.5 \rho S$，每层滑动体的重量为：

$$W_a = (a + 0.5 \rho) \gamma S^2 \tag{5-10}$$

防止面板滑动所需要的加筋材料拉力为：

图 5-7　阶梯型墙 L 形面板的稳定

$$T_d = W_a \tan(\beta - \varphi) \tag{5-11}$$

加筋材料与面板由拉环锚固时，按式（5-4）和式（5-5）确定筋带数量。加筋材料在 L 形板处采用回折包裹时，加筋材料与面板的摩擦力 F_b 为：

$$F_b \approx 2a\gamma S^2 \tan\varphi_b \tag{5-12}$$

回折加筋材料的摩擦力 F_0 为：

$$F_0 = 2\gamma SL_0 \tan\varphi_{sg} \tag{5-13}$$

$$K_f T_i = F_b + F_0 \tag{5-14}$$

式中　W_a——每层滑动体的重量，kN/m；

　　　S——加筋材料层间距，m；

　　　a——L 面板底宽系数，$a = B/S$；

　　　ρ——梯形墙坡度比；

　　　β——破裂面倾角，(°)；

　　　φ_b——加筋材料与面板的摩擦角，(°)。

由式(5-12)~式(5-14)确定回折长度 L_0。

D　其他

对整体式桥台或墙高大于 12m 的挡墙，在公路基本可变荷载的一种或几种与永久荷载的一种或几种组合时，应采用总体平衡法验算，也可直接采用经验法计算。

对外墙面陡于稳定面的阶梯型挡墙，也可用总体平衡法计算加筋体的内部稳定。

5.3.1.2　加筋土挡墙外部稳定验算

首先确定加筋体结构断面的"墙背"，见图5-8。根据加筋体的填料和"墙背"后的填料及施工要求，参照有关规定或经验确定"墙背"的外摩擦角，按规定确定各种工况，分别计算作用在"墙背"上的荷载（主要为土压力）。

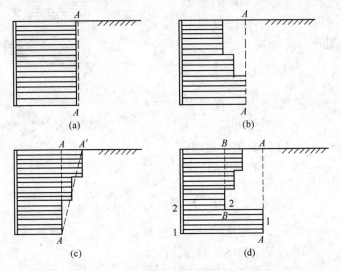

图 5-8　各种加筋土结构"墙背"确定

加筋体沿基底及各界面处的滑移稳定按下式进行验算：

$$S_d \leqslant R_d \tag{5-15}$$

加筋体的倾覆稳定（沿加筋体前趾处）按下式进行验算：

$$S_{md} \leqslant R_{md} \tag{5-16}$$

加筋体基底应力按下述公式进行验算：

$$\left.\begin{array}{l} \sigma_{\max} = \dfrac{N}{L} + \dfrac{6M}{L^2} \leqslant K[\sigma] \\[3mm] \sigma_{\min} = \dfrac{N}{L} - \dfrac{6M}{L^2} \geqslant 0 \end{array}\right\} \tag{5-17}$$

根据规范规定，加筋体后踵处的基底应力 $\sigma_{\min} \geqslant 0$，当要满足 $\sigma_{\min} = 0$ 时，相应的加筋体宽度，即底层加筋长度为最小，即

$$L_{\min} = HK_a \tag{5-18}$$

墙体前趾处不超过地基容许承载能力 $[R]$，其加筋长度为：

$$L \geqslant \sqrt{\frac{K_a \gamma_1 H}{[R] - \gamma_1 H}} \tag{5-19}$$

式中 K_a——墙后填土的主动土压力系数；

       H——计算墙背的填土高度（含等代土层高度），m；

       γ_1——墙后填土重度，kN/m^3；

       $[R]$——地基容许承载力，kPa。

由于加筋体属柔性结构，按上述方法计算的墙前趾处的最大基底应力可进行适当折减。

加筋体与地基及后方部分填土的整体稳定按土坡稳定性等方法进行验算。计算时一般不考虑圆弧穿过加筋层的情况。对于锯齿型断面，滑弧面穿过加筋体的下部加筋层时，应考虑用复合滑动面进行稳定验算（图5-9），此时

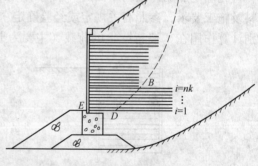

图5-9 复合滑动面计算

$$K_S = \frac{R_{AD} + R_{DE} + R_T}{F_{AD}} \tag{5-20}$$

式中 R_{AD}，R_{DE}——圆弧段 AD、直线段 DE 的阻滑力；

       F_{AD}——圆弧段 AD 的下滑力；

       R_T——BD 段拉筋产生的阻滑力，按下式计算：

$$R_T = \sum_{i=1}^{n_k} \min(T_{fi}, T_d)$$

       T_{fi}——BD 段第 i 层加筋对应该滑面的抗拔力；

       T_d——BD 段第 i 层加筋的容许拉力；

       n_k——BD 段加筋带总层数。

5.3.1.3 其他设计计算

面板承受填土压力，填土压力通过结点加筋材料向后传递。面板结点为面板的支承点，对有 4 个结点的面板，可按均布荷载 4 点支承板计算，或者简化为带悬臂的简支梁（板）计算，荷载强度为结点处的土压力强度。后者的计算比较简便，能满足工程要求。

墙高较小时，可设计一种面板，取墙最高处的底层面板为代表进行计算。墙高较大

时，可按高度设计 1 ~ 3 种面板，分别用于所代表的墙高范围。面板强度计算一般只计算抗弯和抗剪即可。

5.3.2　加筋土挡墙设计注意问题

（1）加筋体填料。加筋体填料的重度、内摩擦角、似摩擦系数等指标都应以实测值为准，小型工程可参考类似工程取值。对填料的内摩擦角，计算时可采用等代内摩擦角。目前采用三种方法进行换算：一是经验法，根据凝聚力大小将黏性土内摩擦角增大 5° ~ 10°；二是按抗剪强度相等原理计算等代内摩擦角；三是按土压力相等原理计算等代内摩擦角。

（2）后方填料及地基承载能力。后方填料在工程设计中应予充分重视，其设计取值既关系到工程的安全，同时又与工程造价紧密相关。设计中对后方回填料应明确施工标准，对填筑方式和排水设施都应充分注意。

地基承载力指的是加筋体下的地基，其承载能力应以多种方式确定，以现场实测为主。

习　　题

5-1　什么是加筋土结构，加筋土挡墙是由哪几部分组成的？

5-2　与传统支挡结构相比，加筋土挡墙具有哪些特点？

5-3　加筋土挡墙的类型有哪些？

5-4　加筋土挡墙中加筋材料的类型有哪些，筋带有什么作用，筋带长度如何确定？

5-5　在设计加筋体填料时应注意哪些问题？

5-6　加筋土挡墙的设计计算包括哪些内容？

6 抗 滑 桩

前述抗滑挡土墙破坏山体平衡少，稳定滑坡收效快，因而是使用较多的一种抗滑结构物。但是抗滑挡土墙也有它的缺点：

第一，如果滑坡较大或滑面较深，那么修建抗滑挡土墙会导致圬工体积过大。

第二，由于抗滑挡土墙施工时要开挖坡脚，这就可能引起滑坡的局部坍塌，甚至整体滑移，这对施工来讲是极为不利的。

抗滑桩的提出，可以说是对这两个缺点的改进。

6.1 概　　述

6.1.1　抗滑桩在我国的发展状况

抗滑桩的最早使用是在 20 世纪 50 年代。在修建宝成、成昆、川黔、襄渝、湘黔等铁路的过程中，曾大量使用抗滑桩来稳定滑坡。

据统计，仅西南地区铁路部门已修建抗滑桩 1000 多根，累计长度 16500m。湘黔铁路全线 37 处滑坡中共设桩 478 根，累计全长 4530m，成昆铁路全线 10 处滑坡共设桩 137 根，累计长度达 1983m，襄渝铁路全线 27 处滑坡共设抗滑桩 408 根，累计长度 7796m。

近年来，公路、水电、建筑、冶金和煤炭等部门也修建了不少抗滑桩，并在设计、计算和施工方面积累了相当丰富的经验，从而把抗滑桩的技术水平又向前推进了一大步。

6.1.2　抗滑桩的抗滑原理和设计要求

6.1.2.1　抗滑原理

我国目前常用的抗滑桩是挖孔灌注桩，它是一种大截面侧向受荷桩。桩身穿过滑体锚入滑床中一定深度，其中滑动面以上的部分称为受荷段，滑动面以下的部分称为锚固段。

由于抗滑桩是"大截面"构件，只要桩和地基不破坏，容许大位移，同时又是在地层中挖孔，再放置钢筋或者型钢，然后浇灌混凝土而形成的，因此，水泥砂浆的渗透无疑会提高桩周一定厚度的地层强度，加上孔壁粗糙，桩与地层特别是桩与滑动面以下的稳定地层粘结咬合十分紧密，在推力作用下，桩可以调动起超过桩宽范围相当大一部分地层的抗力，与之共同抗滑，这种桩土共同作用的效应，是其他许多被动承受荷载的支挡结构物，包括抗滑挡土墙在内所没有和难以媲美的。

由此可见，抗滑桩是凭借桩与周围岩（土）体的共同作用，将滑坡推力传到稳定地层，利用稳定地层的锚固作用和被动抗力来平衡滑坡推力的。

关于抗滑桩的抗滑原理，简单地归纳为以下几点：

（1）抗滑桩依靠滑面以下部分的锚固作用和被动抗力，有时还依靠滑面以上桩前滑体的被动抗力来共同平衡作用在桩上的滑坡推力。

（2）抗滑桩受荷段承受滑坡推力，计算时取一个桩距宽度的滑坡体作为计算单元，即假定每根桩所承受的滑坡推力为桩间距范围内滑体所产生的滑坡推力。

（3）抗滑桩桩距在一定范围时，可以借助桩的受荷段与桩背土体及桩两侧的摩阻力形成土拱效应，使滑体不至于从桩间滑出。

6.1.2.2 抗滑桩的设计要求

抗滑桩的设计要求包括：

（1）整个滑坡要有足够的稳定性。即设桩后应使滑坡的安全系数提高到规定的要求，保证滑坡不越过桩顶，不从桩间挤出。

（2）桩要有足够的强度和稳定性。桩的断面和配筋合理，能满足桩的应力和桩身变形的要求。

（3）桩周地基抗力和滑体的变形在容许的范围内。

（4）桩的间距、尺寸、埋深比较适当，保证安全，方便施工。

（5）在可能的条件下，尽量充分利用桩前地层的被动抗力，以期效果最佳，工程最经济。

6.1.3 抗滑桩的优点和使用条件

6.1.3.1 优点

（1）抗滑能力强，圬工体积数量小，在滑坡推力大，滑带深的情况下，能够克服抗滑挡土墙难以克服的困难。

（2）桩位灵活，可以设在滑坡体中最有利于抗滑的部位。

（3）施工方便、安全、迅速。可以间隔地同时进行，工作面多而干扰少，施工开挖量少而不易在施工过程中造成滑体稳定条件的恶化。因此能够安全、迅速地抢修全部工程，及时发挥抗滑作用。

（4）通过开挖桩孔，可以直接校核地质情况，可以根据新发现的工程地质、水文地质情况随时调整工程措施，使工程更加合理。

6.1.3.2 使用条件

由于抗滑桩是一种特殊的侧向受荷桩，在滑坡推力作用下，桩依靠埋入滑动面以下部分的锚固作用和被动抗力，以及滑面以上桩前滑体的被动抗力来维持稳定，所以，使用抗滑桩最基本的条件应该是：

（1）滑坡具有明显的滑动面。

（2）滑体为非流塑性，桩能够使之稳定，即能形成土拱效应。

（3）滑面以下为较完整的岩层或密实土层，能够提供足够的锚固力。

6.1.4 抗滑桩的类型

根据不同的分类标准，可以有不同的类型：

（1）按材料分。抗滑桩按材料可分为木桩、钢桩和钢筋混凝土桩。

（2）按施工方式分。抗滑桩按施工方式可分为打入桩、钻孔桩和挖孔桩。

（3）按截面形式分。抗滑桩按截面形式可分为圆形桩、管形桩和矩形桩。

（4）按结构形式分。抗滑桩按结构形式可分为排式单桩、承台式桩和排架桩。

1）排式单桩。所谓排式单桩，顾名思义就是若干单桩成排布置。目前我国使用的抗滑桩大都为排式单桩。

排式单桩根据其布置形式又可以分为互相连接的桩排（图6-1a）和互相间隔的桩排（图6-1b）两类。

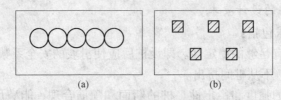

（a）　　　　　　　　　　　（b）

图 6-1　排式单桩的布置

(a) 互相连接的桩排；(b) 互相间隔的桩排

2）承台式桩。为了增强桩的抗滑力，有时把若干单桩的顶端用混凝土板或钢筋混凝土板联结成一组共同抗滑，这种桩称为承台式桩，如图6-2所示。成昆铁路下普雄滑坡的防治就采用了这种桩。

3）排架桩。排架桩由两根竖桩与两根横梁联结组成（图6-3）。这种桩刚度大，内柱受拉，外桩受压，受力条件较排式单桩有明显改善，因而可以减小桩的弯矩，锚固深度和截面，成昆铁路玉田车站就采用了这种桩来稳定滑坡。

图 6-2　承台式桩示意图　　　　　　　图 6-3　排架桩示意图

（5）按桩土的相对刚度分。抗滑桩按桩土的相对刚度可分为弹性桩和刚性桩。

（6）按桩的埋置情况分。抗滑桩按桩的埋置情况可分为悬臂式桩和全埋式桩。

1）悬臂式桩。若桩前滑体不能保持稳定而不复存在时，按悬臂式桩考虑。

2）全埋式桩。桩前滑体存在并且能对桩提供一定的抗力，这种情况下按全埋式桩考虑。对于桩前滑体的抗力，有两种处理方法：一是按已知力考虑；二是按未知力考虑。

悬臂式桩和全埋式桩的受力情况，如图6-4所示。

6.1.5　抗滑桩设计计算步骤

（1）弄清滑坡的原因、性质、范围和厚度，分析滑坡的稳定状态及发展趋势。

（2）计算滑坡推力。

（3）根据地形、地质及施工条件，确定设桩的位置及范围。

（4）拟定桩长、锚固深度、桩截面尺寸及桩间距。

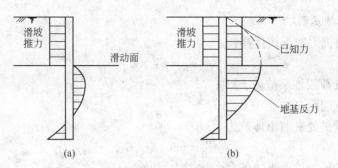

图 6-4 抗滑桩的受力图

（a）悬臂式桩；（b）全埋式桩

（5）确定桩的计算宽度 B_p，选定地基系数 K。

（6）计算桩变形系数（α 或 β）及计算深度（αh_2 或 βh_2），判别是刚性桩还是弹性桩。

（7）计算桩身各截面的变位，内力及侧壁应力等，并计算最大剪力、弯矩及其发生部位。

（8）校核地基强度。若作用于地基的弹性应力超过地基容许值或小于其容许值过多时，则应调整桩的埋深或截面尺寸或桩的间距，重新计算，直至符合要求为止。

（9）根据计算结果，绘制桩身的剪力图和弯矩图。

（10）对于钢筋混凝土桩进行配筋设计，并进行斜截面抗剪强度验算。

（11）绘制钢筋布置图。

6.2 抗滑桩设计

本节对抗滑桩设计的基本假定及要素设计做一简要介绍，抗滑桩的结构设计可参考现行的有关规范。

6.2.1 抗滑桩设计的基本假定

6.2.1.1 作用在抗滑桩上的外力

如图 6-5 所示，作用在抗滑桩上的力主要有滑坡推力，受荷段地层抗力，桩侧摩阻力和粘结力，桩底应力及锚固段地层抗力，现分述如下。

A 滑坡推力

计算作用在抗滑桩上的滑坡推力时，以桩间距宽度滑体作为一个计算单元，即假定作用在每根抗滑桩上的滑坡推力为桩间距范围内的滑体产生的，因此其计算公式为

$$E_r = E_n \times L \qquad (6-1)$$

式中 E_r——作用在每根桩上的滑坡推力，kN；

E_n——设桩处每延米滑体的滑坡推力，具体计算见"抗滑挡土墙"，kN/m；

L——桩间距（中至中），m。

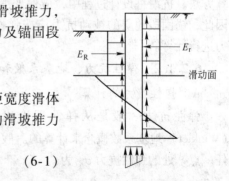

图 6-5 抗滑桩上的作用力

B 受荷段地层抗力

受荷段地层抗力按下式计算：

$$E_R = E'_R \times L \tag{6-2}$$

式中 E_R——受荷段地层抗力，kN；

　　　L——桩间距（中至中），m；

　　　E'_R——设桩处桩前土体抗力，kN/m，

$$E'_R = \min\{E'_n, E_p\} \tag{6-3}$$

　　　E'_n——设桩处桩前土体的剩余抗滑力，kN/m；

　　　E_p——滑面以上桩前土体的被动土压力，kN/m，按下式计算：

$$E_p = \frac{1}{2}\gamma_1 h_1^2 \frac{\cos^2\varphi_1}{\cos\delta\left[1 - \sqrt{\dfrac{\sin(\varphi_1+\delta)\sin(\varphi_1+i)}{\cos\delta\cos i}}\right]} \tag{6-4}$$

若设桩处地面水平或接近水平，并忽略桩土间的摩阻力时：

$$E_p = \frac{1}{2}\gamma_1 h_1^2 \tan^2\left(45° + \frac{1}{2}\varphi_1\right) \tag{6-5}$$

式中 γ_1——桩前滑体的重度，kN/m³；

　　　φ_1——桩前滑体的内摩擦角，(°)；

　　　h_1——桩的受荷段高度，m；

　　　i——设桩处的地面倾角，(°)；

　　　δ——桩背摩擦角，(°)。

为了简化计算，通常不考虑桩与地层间的摩阻力及粘结力和桩底应力。

C 锚固段地层抗力

锚固段地层受力后，可能处于弹性变形阶段，即应力应变成正比，也可能处于塑性变形阶段，即超过弹性极限状态后应力增加不多而应变骤增，如图6-6所示。

地层处于不同的变形阶段，其被动抗力有不同的计算方法。抗滑桩设计过程中，应保证滑床处于弹性阶段，因此，锚固段地层的被动抗力应按弹性阶段内的弹性抗力进行计算。

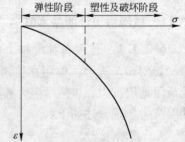

图6-6　锚固段应力-应变关系

6.2.1.2 弹性抗力、地基系数和计算宽度

A 弹性抗力的计算

弹性抗力一般是从弹性理论出发，根据文克勒（Winkler）地基系数概念来计算的。假定地层为弹性介质，桩为弹性构件，则作用于桩侧任一点 y 处的弹性抗力 σ_y 为：

$$\sigma_y = K_y B_p x_y \tag{6-6}$$

式中 K_y——距滑面 y 处的地基系数，kN/m³；

　　　B_p——桩的计算宽度，m；

　　　x_y——距滑面 y 处地层的水平位移值。

B 地基系数的变化规律及适用条件

地基系数又称为地基反力系数或地基弹性抗力系数，它的物理意义是使单位面积地层发生一单位变位时所施加的力。一般情况下认为地基系数随深度 y 按幂函数规律变化，即

$$K_y = m(y_0 + y)^n \tag{6-7}$$

式中 m——随深度变化的比例系数，kN/m；

n——随岩、土类别而变化的指数。

（1）当 $n = 0$ 时，$K_y = K$（常数），这种变化规律适用于较完整的硬质岩层，未扰动的硬黏土或性质相近的半岩质地层。采用这种变化规律的计算方法，称为"K 法"。

（2）当 $n = 1$ 时，$K_y = A + my$（A 为与岩、土类别有关的常数），这种变化规律适用于一般硬塑—半坚硬的亚黏土，碎石土或风化破碎成土块的软质岩层，以及密实度随深度增加而增加的地层。采用这种变化规律的计算方法，称为"m 法"。

地基系数与地层的物理力学性质有关，随深度变化规律变化比较复杂，幅度大，如何确定地基系数有待于进一步的研究。目前地基系数的取值可以参考一些有关的表格，如表6-1 和表6-2 所示。

表 6-1　土的地基系数

顺序	土 的 名 称	竖直方向 $m_0/kN \cdot m^{-1}$	水平方向 $m/kN \cdot m^{-1}$
1	$0.75 \leq I_L < 1.0$ 的软塑黏土及砂黏土；淤泥	$1000 \sim 2000$	$500 \sim 1400$
2	$0.5 \leq I_L < 0.75$ 的软塑黏土及砂黏土及黏土；粉砂及松砂土	$2000 \sim 4000$	$1000 \sim 2800$
3	硬塑性的砂黏土、黏砂土及黏土；细砂和中砂	$4000 \sim 6000$	$2000 \sim 4200$
4	坚硬的黏砂土、黏砂土及黏土；粗砂	$6000 \sim 10000$	$3000 \sim 7000$
5	砾砂；碎石土、卵石土	$10000 \sim 20000$	$5000 \sim 14000$
6	密实的大漂石	$80000 \sim 120000$	$40000 \sim 84000$

注：I_L 为土的液性指数，其 m_0 和 m 值的条件，相当于桩顶位移 $0.6 \sim 1.0$cm。对于土，$m = (0.5 \sim 0.7)m_0$。

表 6-2　岩石的抗压强度和地基系数

顺序	抗压强度/kPa		地基系数/$kN \cdot m^{-3}$	
	单轴间极限值 R	侧向容许值 σ	竖直方向 K_0	水平方向 K
1	10000	$1500 \sim 2000$	$100000 \sim 200000$	$60000 \sim 160000$
2	15000	$2000 \sim 3000$	250000	$150000 \sim 200000$
3	20000	$3000 \sim 4000$	300000	$180000 \sim 240000$
4	30000	$4000 \sim 6000$	400000	$240000 \sim 320000$
5	40000	$6000 \sim 8000$	600000	$360000 \sim 480000$
6	50000	$7500 \sim 10000$	800000	$480000 \sim 640000$
7	60000	$9000 \sim 12000$	1200000	$720000 \sim 960000$
8	80000	$12000 \sim 16000$	$1500000 \sim 2500000$	$900000 \sim 2000000$

注：对于岩石，$K = (0.6 \sim 0.8)K_0$。

C 桩的计算宽度

（1）引入桩的计算宽度的原因。在抗滑桩设计中，之所以引入桩的计算宽度，主要有以下两个方面的原因：

1）把不同截面换算成相当的矩形截面——通过形状换算系数 K_f 实现。

2）把受力复杂的空间问题简化成受力相当的平面问题——通过受力换算系数 K_g 实现。

（2）B_p 的计算。B_p 按下式计算：

$$B_p = K_f K_g b \ （或 \ d） \tag{6-8}$$

式中　b——矩形桩垂直于滑面方向的宽度，m；

　　　d——圆形桩的直径，m；

　　　K_f——形状换算系数；

　　　K_g——受力换算系数。

K_f 和 K_g 的取值，如表6-3所示。

表 6-3　换算系数表

换 算 系 数	矩 形 桩	圆 形 桩
K_f	1	0.9
K_g	$1 + \dfrac{1}{b}$	$1 + \dfrac{1}{d}$
B_p	$b + 1$	$0.9(d+1)$

6.2.1.3　刚性桩与弹性桩的区分

根据桩的相对刚度，可以把抗滑桩分为弹性桩和刚性桩两类，对于弹性桩和刚性桩，计算方法不同，因此在抗滑桩设计之前必须判定桩的类型，为此还需引入桩的变形系数。

在抗滑桩计算中用到的变形系数有两个，即 α 和 β。

α——适用于 m 法

$$\alpha = \left(\frac{mB_p}{EI} \right)^{\frac{1}{5}} \tag{6-9}$$

β——适用于 K 法

$$\beta = \left(\frac{KB_p}{4EI} \right)^{\frac{1}{4}} \tag{6-10}$$

式中　E——桩的弹性模量；

　　　I——桩的截面惯性矩；

　　　m、K、B_p 意义同前。

刚性桩和弹性桩的具体判定，如表6-4所示。

表 6-4　桩的性质判定

类 型	K法	m法
刚性桩	$\beta h_2 \leqslant 1.0$	$\alpha h_2 \leqslant 2.5$
弹性桩	$\beta h_2 \geqslant 1.0$	$\alpha h_2 \geqslant 2.5$

注：h_2 为桩的锚固段长度。

若 $\beta h_2 = 1.0$ 或 $\alpha h_2 = 2.5$，既可按刚性桩设计，也可按弹性桩设计。

6.2.2　抗滑桩的要素设计

采用抗滑桩整治滑坡，首先需要解决桩的平面布置及桩的埋入深度，这是抗滑桩设计的主要参数。抗滑桩的要素设计实际上就是确定这些主要设计参数。

6.2.2.1　抗滑桩的平面布置及其间距

抗滑桩的平面位置及其间距的确定，应综合考虑滑坡的地层性质、推力大小、滑动面坡度、滑坡厚度、施工条件、桩截面尺寸以及锚固深度等因素。

A　平面布置

（1）中小型滑坡宜在滑坡前缘设一排抗滑桩，且布置方向垂直或接近垂直滑动方向。

（2）对于大型滑坡，可以设置一排或多排抗滑桩来分级治理，也可与其他支挡结构物配合使用。

B　桩的间距

（1）抗滑桩的间距应保证能形成土拱效应，即保证滑体不致从桩间挤出。设计时应注意：

1）滑体完整、密实或滑坡推力较小时，桩间距上可以取大些。

2）滑坡主轴附近，桩间距宜小。

关于桩间距的具体计算，目前尚无成熟的方法，可按照桩间土体与两侧被桩所阻的土体的摩擦力大于桩所承受的滑坡推力来估算，有条件时也可通过模拟试验，考虑土拱效应，并结合实践经验来选取桩的间距。

（2）就已建成的工程来看，最小桩间距为4m，最大不超过15m，一般为6~10m。

6.2.2.2　桩的锚固深度

桩的锚固深度与锚固段地层强度，桩所承受的滑坡推力，桩的相对刚度，桩的截面、间距以及是否考虑和如何考虑桩前滑面以上滑体的抗力等因素有关。锚固深度不足，易引起桩的失效，但锚固过深又将导致工程量的增加和施工难度的增加。目前大多是由锚固段地层的强度来确定桩的锚固深度，即：

$$\sigma'_y \leqslant [\sigma'_y] \tag{6-11}$$

式中　σ'_y——锚固段地层在 y 处承受的侧向压应力；

　　　$[\sigma'_y]$——锚固段地层 y 处的侧向容许抗压强度。

$[\sigma'_y]$ 的计算如下：

（1）对于比较完整的岩层，半岩质地层，其计算式为：

$$[\sigma'_y] = \lambda_1 \cdot \lambda_2 \cdot R_b \tag{6-12}$$

式中　R_b——岩层的单轴极限抗压强度；

　　　λ_1——竖向承载力系数，取 0.3~0.5；

　　　λ_2——侧向承载力系数，取 0.5~1.0。

（2）对于土质地层，其计算式为：

$$[\sigma'_y] = \sigma_p - \sigma_a \tag{6-13}$$

式中　σ_p——桩前岩、土作用于桩身的被动土抗应力，

$$\sigma_p = \gamma y \tan^2\left(45° + \frac{1}{2}\varphi\right) + 2\cot\left(45° + \frac{1}{2}\varphi\right)$$

σ_a——桩后岩、土作用于桩的主动压应力，

$$\sigma_a = \gamma y \tan^2\left(45° - \frac{1}{2}\varphi\right) - 2\cot\left(45° - \frac{1}{2}\varphi\right)$$

故有
$$[\sigma'_y] = \frac{4}{\cos\varphi}(\gamma y \tan\varphi + c) \tag{6-14}$$

式中 γ——地层岩、土的重度；

      φ——地层岩、土的内摩擦角；

      c——地层岩、土的黏聚力；

      y——地面至计算点的深度。

一般情况下只检验桩身侧向压应力最大值 σ'_{ymax} 是否满足 $\sigma'_{ymax} \leqslant [\sigma'_y]$，如不满足则调整锚固深度、桩间距或截面尺寸，直至满足为止。

但是，σ'_{ymax} 的计算与锚固深度有关，只有已知锚固深度，才能计算 σ'_{ymax}，然后检验地层的强度，所以计算一开始就需根据实践经验选定一个锚固深度。一般情况下，对于土层或软质岩层，约为桩长的 1/4 ~ 1/2，对于完整坚硬的岩层约为桩长的 1/4。

6.2.2.3 桩底的支承条件

抗滑桩底部根据锚固程度的不同，可以分为自由支承、铰支承和固定支承。

（1）自由支承。如图 6-7a 所示，当锚固地层为土体或松散破碎岩时，可认为桩底为自由支承。此时可令 $M_B = 0$，$Q_B = 0$。

（2）铰支承。如图 6-7b 所示，桩底为坚硬完整的岩层时，若桩嵌入此层不深，可认 为 桩 底 为 铰 支 承。此 时 可 令 $M_B = 0$，$x_B = 0$。

（3）固定支承。如图 6-7c 所示，桩底为完整岩层，极坚硬且桩嵌入此层较深时，可认为桩底为固定支承，此时可令 $x_B = 0$，$\varphi_B = 0$。

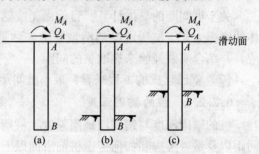

图 6-7   桩底支承条件
（a）自由支承；（b）铰支承；（c）固定支承

6.3   刚性抗滑桩计算

6.3.1   刚性抗滑桩的计算原则

刚性抗滑桩的计算原则包括：

（1）对于悬臂式桩和桩前滑体所提供的抗力作为外力来考虑的全埋式桩，仅考虑滑面以下岩（土）体的弹性抗力。

（2）计算内力时，视为悬臂受力的桩，并分为受荷段和锚固段两部分来分析。

6.3.2   受荷段桩身内力计算

这种情况下，可视受荷段为分布荷载作用下的悬臂梁，取隔离体可求得任意截面的内

力。现分两种情况，给出滑动面处的剪力和弯矩的计算公式。

（1）滑面以上桩前无抗力作用（图6-8）。滑动面处的弯矩 M_A（kN·m）和剪力 Q_A（kN）为：

$$\left.\begin{array}{l} M_A = Q_A \times h_0 \\ Q_A = E_r = E_n \times L \end{array}\right\} \tag{6-15}$$

式中 E_r——作用在每根桩上的滑坡推力，kN；

E_n——设桩处每延米滑体的滑坡推力，kN/m；

L——桩间距（中至中），m；

h_0——滑坡推力分布图形重心至滑面的距离，m。

（2）滑面以上桩前有抗力作用（图6-9）。滑动面处的弯矩 M_A（kN·m）和剪力 Q_A（kN）为：

$$\left.\begin{array}{l} M_A = E_r \times h_0 - E_R \times h_0' \\ Q_A = E_r - E_R = (E_n - E_R') \times L \end{array}\right\} \tag{6-16}$$

式中 E_R——每根桩所承受的桩前抗力，kN；

E_R'——设桩处桩前土体抗力，kN/m；

h_0'——桩前抗力分布图形重心至滑面处的距离，m。

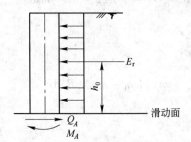

图6-8 滑面上桩前无抗力作用

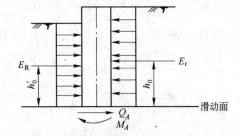

图6-9 滑面上桩前有抗力作用

6.3.3 滑动面处地基系数的确定

在一般的挡土墙设计中，作用在挡土墙上的土压力呈三角形分布，如果有车辆荷载作用，则土压力呈梯形分布，与此相类似，由于滑面上有滑体存在，相当于地基上有分布荷载作用。对于地基系数为常数的地层来说，附加荷载不会影响到地基的弹性性质，即地层的地基系数不会改变，但对于地基乘数随深度直线增加的地层来说，附加荷载的存在，必然导致滑面处的地基系数不为零，如图6-10所示。设 A_1 和 A_2 为滑动面处的地基系数，则 A_1 和 A_2 可按下式计算：

$$\left.\begin{array}{l} A_1 = mS_1 = m\dfrac{\gamma_1}{\gamma_2}h_1 \\ A_2 = mS_2 = m\dfrac{\gamma_1}{\gamma_2}h_1' \end{array}\right\} \tag{6-17}$$

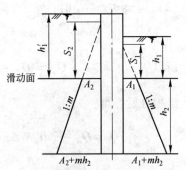

图6-10 滑动面处地基系数的确定

式中　A_1，A_2——桩前、桩后滑动面处的地基系数，$\mathrm{kN/m^3}$；

　　　h_1，h_1'——桩前、桩后滑体厚度，m；

　　　S_1，S_2——桩前、桩后滑体的换算高度，m；

　　　γ_1，γ_2——滑动面上、下岩（土）重度，$\mathrm{kN/m^3}$。

6.3.4　锚固段桩身内力计算

6.3.4.1　单一地层 m 法

当桩受到 Q_A 与 M_A 的作用后，将产生 $\Delta\varphi$ 角度的转动，其转动中心距滑面的距离为 y_0，锚固段地层地基系数随深度直线增加。计算图和基本数据，如图6-11所示。

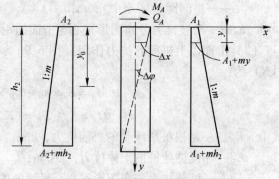

图6-11　单一地层 m 法计算图

（1）当 $0 \leqslant y \leqslant y_0$ 时：

变位：$\Delta x = (y_0 - y)\tan\Delta\varphi$

由于 $\Delta\varphi$ 很小，认为 $\tan\Delta\varphi \approx \Delta\varphi$，则：

$$\Delta x = (y_0 - y)\Delta\varphi$$

剪力

$$Q_y = Q_A - \int_0^y \sigma_y \mathrm{d}y$$

$$= Q_A - \int_0^y (A_1 + my)(y_0 - y)\Delta\varphi B_\mathrm{p}\mathrm{d}y$$

经积分整理后，得：

$$Q_y = Q_A - \frac{1}{2}B_\mathrm{p}A_1\Delta\varphi y(2y_0 - y) - \frac{1}{6}B_\mathrm{p}m\Delta\varphi y^2(3y_0 - 2y) \tag{6-18a}$$

弯矩

$$M_y = M_A + \int_0^y Q_y \mathrm{d}y$$

将式（6-18a）代入并积分整理得：

$$M_y = M_A + Q_A y - \frac{1}{6}B_\mathrm{p}A_1\Delta\varphi y^2(3y_0 - y) - \frac{1}{12}B_\mathrm{p}m\Delta\varphi y^3(2y_0 - y) \tag{6-18b}$$

（2）当 $y_0 \leqslant y \leqslant h_2$ 时：

$$\Delta x = (y_0 - y)\tan\Delta\varphi \approx (y_0 - y)\Delta\varphi$$

所以

$$Q_y = Q_A - \int_{y_0}^y (A_2 + my)(y_0 - y)\Delta\varphi B_\mathrm{p}\mathrm{d}y$$

经积分后，得：

$$Q_y = Q_A - \frac{1}{2}B_\mathrm{p}A_1\Delta\varphi y_0^2 - \frac{1}{6}B_\mathrm{p}m\Delta\varphi y_0^3 - B_\mathrm{p}\Delta\varphi \Big[A_2 y_0(y - y_0) - \frac{1}{2}A_2(y^2 - y_0^2) + \frac{1}{2}my_0(y^2 - y_0^2) - \frac{1}{3}m(y^3 - y_0^3) \Big]$$

整理后，得：

$$Q_y = Q_A - \frac{1}{6}B_p m\Delta\varphi y^2(3y_0 - 2y) - \frac{1}{2}B_p A_1\Delta\varphi y_0^2 + \frac{1}{2}B_p A_2\Delta\varphi(y - y_0)^2$$

$$(6\text{-}19a)$$

弯矩 $\qquad\qquad\qquad M_y = M_{y_0} + \int_{y_0}^{y} Q_y \mathrm{d}y$

经积分后，得：

$$M_y = M_A + Q_A y_0 - \frac{1}{3}B_p A_1\Delta\varphi y_0^3 - \frac{1}{12}B_p m\Delta\varphi y_0^4 + \int_{y_0}^{y} Q_A \mathrm{d}y - \int_{y_0}^{y}\frac{1}{6}B_p m\Delta\varphi y^2(3y_0 - 2y)\mathrm{d}y -$$

$$\int_{y_0}^{y}\frac{1}{2}B_p A_1\Delta\varphi y_0^2\mathrm{d}y - \int_{y_0}^{y}\frac{1}{2}B_p A_2\Delta\varphi(y - y_0)^2\mathrm{d}y$$

整理后，得：

$$M_y = M_A + Q_A y - \frac{1}{6}B_p A_1\Delta\varphi y_0^2(3y - y_0) + \frac{1}{6}B_p A_2\Delta\varphi(y - y_0)^3 + \frac{1}{12}B_p m\Delta\varphi y^3(y - 2y_0)$$

$$(6\text{-}19b)$$

在上式中还含有两个未知数 y_0 和 $\Delta\varphi$，首先需根据静力平衡方程式求出 y_0 和 $\Delta\varphi$，然后才可以计算不同 y 处的桩身内力。

下面由桩的静力平衡方程式求解 y_0 和 $\Delta\varphi$。

由 $\sum H = 0$，得

$$Q_A - \int_0^{y_0}(y_0 - y_1)(my_1 + A_1)B_p\Delta\varphi \mathrm{d}y_1 - \int_{y_0}^{h_2}(y_0 - y_2)(my_2 + A_2)B_p\Delta\varphi \mathrm{d}y_2 = 0$$

即：

$$Q_A - \frac{1}{2}B_p A_1\Delta\varphi y_0^2 + \frac{1}{2}B_p A_2\Delta\varphi(h_2 - y_0)^2 - \frac{1}{6}B_p m\Delta\varphi h_2^2(3y_0 - 2h_2) = 0 \quad (6\text{-}20a)$$

由 $\sum M = 0$，得：

$$M_A + Q_A h_2 - \int_0^{y_0}(y_0 - y_1)(y_1 m + A_1)(h_2 - y_1)B_p\Delta\varphi \mathrm{d}y_1 -$$

$$\int_{y_0}^{h_2}(y_0 - y_2)(y_2 m + A_2)(h_2 - y_2)B_p\Delta\varphi \mathrm{d}y_2 = 0$$

即：

$$M_A + Q_A h_2 - \frac{1}{6}B_p A_1\Delta\varphi y_0^2(3h_2 - y_0) + \frac{1}{6}B_p A_2\Delta\varphi(h_2 - y_0)^3 - \frac{1}{12}B_p m\Delta\varphi h_2^3(2y_0 - h_2) = 0$$

$$(6\text{-}20b)$$

联解上两式，得：

$$2Q_A(A_2-A_1)y_0^3+6M_A(A_2-A_1)y_0^2-2y_0h_2\times\left[3A_2(2M_A+Q_Ah_2)+mh_2(3M_A+2Q_Ah_2)\right]+$$

$$h_2^2\times\left[2A_2(3M_A+2Q_Ah_2)+mh_2(4M_A+3Q_Ah_2)\right]=0 \tag{6-21a}$$

$$\Delta\varphi=6Q_A/\left\{B_p\left[3y_0^2(A_1-A_2)+3h_2y_0(mh_2+2A_2)-h_2^2(2mh_2+3A_2)\right]\right\} \tag{6-21b}$$

由式（6-21a）求解出 y_0，代入式（6-21b），即可求出 $\Delta\varphi$。

6.3.4.2 单一地层 K 法

若令图 6-11 中 $A_1=A_2=K$，$m=0$，则变为图 6-12。图中的 Q_A 应与图 6-11 中 M_A、Q_A 产生同样的效果（将 Q_A 平移到滑动面处即为 M_A、Q_A）。

图 6-12 为单一地层 K 法计算图。可见，以 $A_1=A_2=K$，$m=0$ 代入单一地层 m 法计算公式中，则得单一地层 K 法的内力计算公式：

$$\left.\begin{aligned}Q_y&=Q_A-\frac{1}{2}KB_p\Delta\varphi y(2y_0-y)\\M_y&=Q_A(h_0+y)-\frac{1}{6}KB_p\Delta\varphi y^2(3y_0-y)\end{aligned}\right\} \tag{6-22}$$

y_0 和 $\Delta\varphi$ 可由下式计算：

$$\left.\begin{aligned}y_0&=\frac{h_2(3h_0+2h_2)}{3(h_2+2h_0)}\\\Delta\varphi&=\frac{6Q_A(2h_0+h_2)}{KB_ph_2^3}\end{aligned}\right\} \tag{6-23}$$

式中的 h_0 为：

$$h_0=\frac{M_A}{Q_A} \tag{6-24}$$

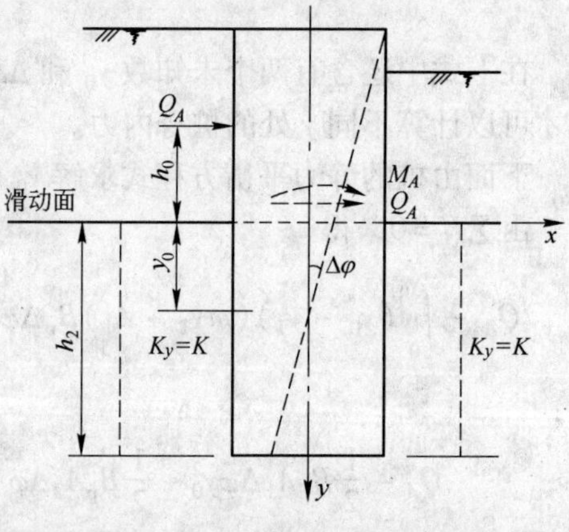

图 6-12   单一地层 K 法计算图

6.3.4.3 两种地层 m 法

两种地层 m 法的分析过程与单一地层 m 法基本相同，所不同的是两种地层 m 法的积分区间要比单一地层 m 法的多，另外，由于不能确定旋转中心在哪一层，而相对于不同的旋转中心，计算公式也不尽相同，因此，两种地层 m 法在计算时首先要假设旋转中心的位置。

两种地层 m 法的计算步骤可用框图表示，如图 6-13 所示。

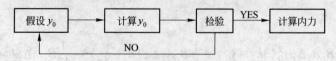

图 6-13   两种地层 m 法计算步骤

（1）旋转中心发生在第一层（$0<y_0<L$）。

计算图如图 6-14 所示。

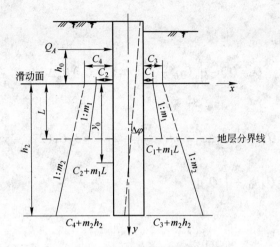

图 6-14　两种地层 m 法 $(0 < y_0 < L)$

首先根据静立平衡条件确定 y_0 和 $\Delta\varphi$。

由 $\sum H = 0$，得：

$$Q_A - \int_0^{y_0} (y_0 - y_1)(m_1 y_1 + C_1) B_p \Delta\varphi \mathrm{d}y_1 - \int_{y_0}^{L} (y_0 - y_2)(m_1 y_2 + C_2) B_p \Delta\varphi \mathrm{d}y_2 -$$

$$\int_L^{h_2} (y_0 - y_3)(m_2 y_3 + C_4) B_p \Delta\varphi \mathrm{d}y_3 = 0$$

$$(6\text{-}25\mathrm{a})$$

由 $\sum M = 0$，得：

$$Q_A(h_0 + h_2) - B_p \Delta\varphi \Big[\int_0^{y_0} (y_0 - y_1)(m_1 y_1 + C_1)(h_2 - y_1) \mathrm{d}y_1 +$$

$$\int_{y_0}^{L} (y_0 - y_2)(m_1 y_2 + C_2)(h_2 - y_2) \mathrm{d}y_2 + \int_L^{h_2} (y_0 - y_3)(m_2 y_3 + C_4)(h_2 - y_3) \mathrm{d}y_3 \Big] = 0$$

$$(6\text{-}25\mathrm{b})$$

联解式 (6-25a) 与式 (6-25b)，得：

$$\left.\begin{array}{l} Ay_0^3 + By_0^2 + Cy_0 + D = 0 \\[2mm] \Delta\varphi = \dfrac{6Q_A}{EB_p} \end{array}\right\}$$

$$(6\text{-}26)$$

其中
$$A = C_1 - C_2$$
$$B = 3h_0(C_1 - C_2)$$
$$C = L^2(2L + 3h_0)(m_1 - m_2) + 3L(L + 2h_0)(C_2 - C_4) +$$
$$\qquad h_2^2 m_2(3h_0 + 2h_2) + 3h_2 C_4(2h_0 + h_2)$$
$$D = L^3(2h_0 + 1.5L)(m_1 - m_2) + L^2(3h_0 + 2L)(C_2 - C_4) +$$
$$\qquad h_2^3 m_2(2h_0 + 1.5h_2) + h_2^2 C_4(3h_0 + 2h_2)$$
$$E = 3y_0^2(C_1 - C_2) + L^2(3y_0 - 2L)(m_1 - m_2) + 3L(2y_0 - L)(C_2 - C_4) +$$
$$\qquad h_2^2 m_2(3y_0 - 2h_2) + 3h_2 C_4(2y_0 - h_2)$$

$$h_0 = \frac{M_A}{Q_A}$$

1）当 $0 \leqslant y \leqslant y_0$ 时：

$$Q_y = Q_A - \int_0^y (y_0 - y)(m_1 y + C_1) B_p \Delta\varphi \mathrm{d}y$$

积分整理，得：

$$Q_y = Q_A - \frac{1}{6} B_p \Delta\varphi [y^2 m_1 (3y_0 - 2y) + 3y C_1 (2y_0 - y)]$$

$$M_y = Q_A h_0 + \int_0^y Q_y \mathrm{d}y \tag{6-26a}$$

代入 Q_y 积分，得：

$$M_y = Q_A (h_0 + y) - \frac{1}{12} B_p \Delta\varphi [y^3 m_1 (2y_0 - y) + 2y^2 C_1 (3y_0 - y)] \tag{6-26b}$$

2）当 $y_0 \leqslant y \leqslant L$ 时：

$$Q_y = Q_A - \int_0^{y_0} (y_0 - y_1)(m_1 y_1 + C_1) B_p \Delta\varphi \mathrm{d}y_1 - \int_{y_0}^y (y_0 - y_2)(m_1 y_2 + C_2) B_p \Delta\varphi \mathrm{d}y_2 = 0$$

积分整理得：

$$Q_y = Q_A - \frac{1}{6} B_p \Delta\varphi [y^2 m_1 (3y_0 - 2y) + 3y C_2 (2y_0 - y) + 3y_0^2 (C_1 - C_2)]$$

$$M_y = Q_A h_0 + \int_0^{y_0} Q_y \mathrm{d}y + \int_{y_0}^y Q_y \mathrm{d}y \tag{6-27a}$$

将式（6-26a）及式（6-27a）代入积分，得：

$$M_y = Q_A (h_0 + y) - \frac{1}{12} B_p \Delta\varphi [y^3 m_1 (2y_0 - y) + 2y_0^2 C_1 (3y - y_0) + 2C_2 (y_0 - y)^3]$$

$$\tag{6-27b}$$

3）当 $L \leqslant y \leqslant h_2$ 时：

$$Q_y = Q_A - \int_0^{y_0} (y_0 - y_1)(m_1 y_1 + C_1) B_p \Delta\varphi \mathrm{d}y_1 - \int_{y_0}^L (y_0 - y_2)(m_1 y_2 +$$

$$C_2) B_p \Delta\varphi \mathrm{d}y_2 - \int_L^y (y_0 - y_3)(m_2 y_3 + C_4) B_p \Delta\varphi \mathrm{d}y_3$$

积分得：

$$Q_y = Q_A - \frac{1}{6} B_p \Delta\varphi [y^2 m_2 (3y_0 - 2y) + 3y C_4 (2y_0 - y) + L^2 (3y_0 - 2L)(m_1 - m_2) +$$

$$3L(2y_0 - L) \times (C_2 - C_4) + 3y_0^2 (C_1 - C_2)] \tag{6-28a}$$

将不同情况下的 Q_y 代入下式

$$M_y = Q_A h_0 + \int_0^{y_0} Q_y \mathrm{d}y + \int_{y_0}^{L} Q_y \mathrm{d}y + \int_{L}^{y} Q_y \mathrm{d}y$$

积分得：

$$M_y = Q_A(h_0 + y) - \frac{1}{12} B_p \Delta\varphi \{ L^3 (3L - 4y_0)(m_1 - m_2) - 2y_0^3(C_1 - C_2) - $$

$$2L^2(3y_0 - 2L)(C_2 - C_4) + 2y[L^2(m_1 - m_2)(3y_0 - 2L) + 3y_0^2(C_1 - C_2) + $$

$$3L(2y_0 - L)(C_2 - C_4)] + 2y^2 y_0^2(3C_4 + m_2 y) - m_2 y^4 - 2C_4 y^3 \} \qquad (6\text{-}28\text{b})$$

（2）旋转中心发生在第二层（$L < y_0 < h_2$）。

计算图如图 6-15 所示。同理可导出 y_0、$\Delta\varphi$、M_y 和 Q_y 的计算公式。

$$\left. \begin{aligned} &Ay_0^3 + By_0^2 + Cy_0 - D = 0 \\ &\Delta\varphi = \frac{6Q_A}{EB_p} \end{aligned} \right\} \qquad (6\text{-}29)$$

其中

$$A = C_3 - C_4$$

$$B = 3h_0(C_3 - C_4)$$

$$C = L^2(m_1 - m_2)(2L + 3h_0) + 3L(L + 2h_0)(C_1 - C_3) + $$

$$\qquad h_2^2 m_2(2h_0 + 1.5h_2) + h_2^2 C_4(3h_0 + 2h_2)$$

$$D = L^3(2h_0 + 1.5L)(m_1 - m_2) + L^2(3h_0 + 2L)(C_1 - C_3) + $$

$$\qquad h_2^3 m_2(2h_0 + 1.5h_2) + h_2^2 C_4(3h_0 + 2h_2)$$

$$E = 3y_0^2(C_3 - C_4) + L^2(m_1 - m_2)(3y_0 - 2L) + 3L(2y_0 - L)(C_1 - C_3) + $$

$$\qquad h_2^2 m_2(3y_0 - 2h_2) + 3h_2 C_4(2y_0 - h_2)$$

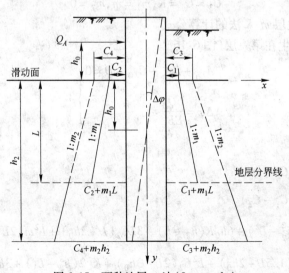

图 6-15 两种地层 m 法（$L < y_0 < h_2$）

1）当 $0 \leqslant y \leqslant L$ 时：

$$Q_y = Q_A - \frac{1}{6} B_p \Delta\varphi [y^2 m_1 (3y_0 - 2y) + 3y C_1 (2y_0 - y)] \tag{6-30a}$$

$$M_y = Q_A (h_0 + y) - \frac{1}{12} B_p \Delta\varphi [y^3 m_1 (2y_0 - y) + 2y^2 C_1 (3y_0 - y)] \tag{6-30b}$$

2）当 $L \leqslant y \leqslant y_0$ 时：

$$Q_y = Q_A - \frac{1}{6} B_p \Delta\varphi [L^2 (m_1 - m_2)(3y_0 - 2L) + 3L(2y_0 - L)$$
$$(C_1 - C_3) + y^2 m_2 (3y_0 - 2y) + 3y C_3 (2y_0 - y)] \tag{6-31a}$$

$$M_y = Q_A (h_0 + y) - \frac{1}{12} B_p \Delta\varphi \{L^2 (m_1 - m_2)[2y_0(3y - 2L) - L(4y - 3L)] +$$
$$L(C_1 - C_3)[6y_0(2y - L) - 2L(3y - 2L)] + 2y^2 C_3 (3y_0 - y) + y^3 m_2 (2y_0 - y)\} \tag{6-31b}$$

3）当 $y_0 \leqslant y \leqslant h_2$ 时：

$$Q_y = Q_A - \frac{1}{6} B_p \Delta\varphi [L^2 (m_1 - m_2)(3y_0 - 2L) + 3L(2y_0 - L)(C_1 - C_3) +$$
$$y^2 m_2 (3y_0 - 2y) + 3y_0^2 (C_3 - C_4) + 3y C_4 (2y_0 - y)] \tag{6-32a}$$

$$M_y = Q_A (h_0 + y) - \frac{1}{12} B_p \Delta\varphi \{2L(C_1 - C_3)[3y_0(2y - L) + L(2L - 3y)] +$$
$$L^2 (m_1 - m_2)[2y_0(3y - 2L) + L(3L - 4y)] +$$
$$m_2 y^3 (2y_0 - y) + 2y_0^2 C_3 (3y - y_0) + 2C_4 (y_0 - y)^3\} \tag{6-32b}$$

6.3.4.4　两种地层 m-K 法

在两种地层 m 法的计算公式中，取：

$$C_3 = C_4 = K, m_1 = m, m_2 = 0$$

则可得到两种地层 m-K 法的计算公式。

（1）旋转中心发生在第一层（图6-16）。

$$\left. \begin{array}{l} Ay_0^3 + By_0^2 + Cy_0 - D = 0 \\[2mm] \Delta\varphi = \dfrac{6Q_A}{EB_p} \end{array} \right\} \tag{6-33}$$

其中

$$A = C_1 - C_2$$

$$B = 3h_0 (C_1 - C_2)$$

$$C = 3K(h_2^2 - L^2) + 6h_0 K(h_2 - L) + 3LC_2 (L + 2h_0) + L^2 m(2L + 3h_0)$$

$$D = L^3 m(1.5L + 2h_0) + L^2 C_2 (2L + 3h_0) + K[2(h_2^3 - L^3) + 3h_0 (h_2^2 - L^2)]$$

$$E = L^2 m (3y_0 - 2L) + 3y_0^2 (C_1 - C_2) + 3LC_2 (2y_0 - L) + 6y_0 K (h_2 - L) - 3K (h_2^2 - L^2)$$

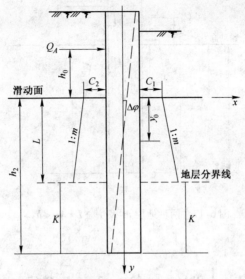

图 6-16　两种地层 $m\text{-}K$ 法 $(0 < y_0 < L)$

1）当 $0 \leqslant y \leqslant y_0$ 时：

$$Q_y = Q_A - \frac{1}{6} B_p \Delta\varphi [y^2 m (3y_0 - 2y) + 3y C_1 (2y_0 - y)] \tag{6-34a}$$

$$M_y = Q_A (h_0 + y) - \frac{1}{12} B_p \Delta\varphi [y^3 m (2y_0 - y) + 2y^2 C_1 (3y_0 - y)] \tag{6-34b}$$

2）当 $y_0 \leqslant y \leqslant L$ 时：

$$Q_y = Q_A - \frac{1}{6} B_p \Delta\varphi [y^2 m (3y_0 - 2y) + 3y_0^2 (C_1 - C_2) + 3y C_2 (2y_0 - y)] \tag{6-35a}$$

$$M_y = Q_A (h_0 + y) - \frac{1}{12} B_p \Delta\varphi [y^3 m (2y_0 - y) + 2y_0^2 (3y - y_0) C_1 - 2C_2 (y_0 - y)^3]$$
$$\tag{6-35b}$$

3）$L \leqslant y \leqslant h_2$ 时：

$$Q_y = Q_A - \frac{1}{6} B_p \Delta\varphi [L^2 m (3y_0 - 2L) + 3y_0^2 (C_1 - C_2) +$$
$$3LC_2 (2y_0 - L) + 6y_0 K (y - L) + 3K (L^2 - y^2)] \tag{6-36a}$$

$$M_y = Q_A (h_0 + y) - \frac{1}{12} B_p \Delta\varphi [2y_0^2 (3y - 2y_0)(C_1 - C_2) +$$
$$2L^2 (my - C_2)(3y_0 - 2L) + L^3 m (3L - 4y_0) +$$
$$6yL (K - C_2)(L - 2y_0) + 6y_0 K (L^2 + y^2) - 2K (y^3 + 2L^3)] \tag{6-36b}$$

（2）旋转中心发生在第二层（图 6-17）。

$$y_0 = [mL^3 (1.5L + 2h_0) + L^2 C_1 (2L + 3h_0) + 2K (h_2^3 - L^3) + 3Kh_0 (h_2^2 - L^2)] /$$
$$[mL^2 (3h_0 + 2L) + 3LC_1 (2h_0 + L) + 6Kh_0 (h_2 - L) + 3K (h_2^2 - L^2)] \tag{6-37a}$$

$$\Delta\varphi = 6Q_A / \left\{ B_p \left[mL^2(3y_0 - 2L) + 3h_2 K(2y_0 - h_2) + 3L(C_1 - K)(2y_0 - L) \right] \right\} \quad (6\text{-}37b)$$

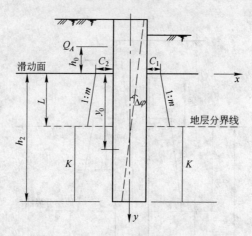

图 6-17　两种地层 m-K 法（$L < y_0 < h_2$）

1）当 $0 \leqslant y \leqslant L$ 时：

$$Q_y = Q_A - \frac{1}{6} B_p \Delta\varphi \left[y^2 m(3y_0 - 2y) + 3yC_1(2y_0 - y) \right] \quad (6\text{-}38a)$$

$$M_y = Q_A(h_0 + y) - \frac{1}{12} B_p \Delta\varphi \left[my^3(2y_0 - 2y) + 2y^2 C_1(3y_0 - y) \right] \quad (6\text{-}38b)$$

2）当 $L \leqslant y \leqslant h_2$ 时：

$$Q_y = Q_A - \frac{1}{6} B_p \Delta\varphi \left[L^2 m(3y_0 - 2L) + 3LC_1(2y_0 - L) + \right.$$
$$\left. 6y_0 K(y - L) - 3K(y^2 - L^2) \right] \quad (6\text{-}39a)$$

$$M_y = Q_A(h_0 + y) - \frac{1}{12} B_p \Delta\varphi \left\{ L^2 m \left[2y_0(3y - 2L) - L(4y - 3L) \right] + \right.$$
$$\left. 2LC_1 \left[3y_0(2y - L) - L(3y - 2L) \right] + 6y_0 K(y - L)^2 - 2K(y^3 - 3yL^2 + 2L^3) \right\} \quad (6\text{-}39b)$$

6.3.4.5　两种地层 K 法

两种地层 K 法计算图如图 6-18 所示。

$$\left. \begin{array}{l} C_1 = C_2 = K_1 \\ C_3 = C_4 = K_2 \\ m_1 = m_2 = 0 \end{array} \right\}$$

同时代入两种地层 m 法计算公式中，则得两种地层 K 法计算公式。在代入的过程中不难发现，不论旋转中心是在第一层，还是在第二层，导出的 K 法计算公式完全相同，这就说明两种地层 K 法计算公式与旋转中心位置无关。

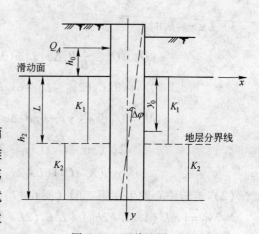

图 6-18　两种地层 K 法

下面给出其计算公式：

$$y_0 = \left[2(L^3 K_1 - L^3 K_2 + h_2^3 K_2) + 3h_0(L^2 K_1 - L^2 K_2 + h_2^2 K_2)\right] /$$

$$\left[3(L^2 K_1 - L^2 K_2 + h_2^2 K_2) + 6h_0(LK_1 - LK_2 + h_2 K_2)\right] \tag{6-40a}$$

$$\Delta\varphi = 2Q_A / \left\{B_p\left[2y_0(LK_1 + LK_2 + h_2 K_2) - L^2(K_1 - K_2) - h_2^2 K_2\right]\right\} \tag{6-40b}$$

（1）$0 \leqslant y \leqslant L$ 时：

$$Q_y = Q_A - \frac{1}{2}B_p\Delta\varphi K_1 y(2y_0 - y) \tag{6-41a}$$

$$M_y = Q_A(h_0 + y) - \frac{1}{6}B_p\Delta\varphi K_1 y^2(3y_0 - y) \tag{6-41b}$$

（2）$L \leqslant y \leqslant h_2$ 时：

$$Q_y = Q_A - \frac{1}{2}B_p\Delta\varphi\left[L(2y_0 - L)(K_1 - K_2) + yK_2(2y_0 - y)\right] \tag{6-42a}$$

$$M_y = Q_A(h_0 + y) - \frac{1}{6}B_p\Delta\varphi\left\{\left[L^2(3y_0 - L) + \right.\right.$$

$$\left.\left. 3L(y - L)(2y_0 - L)\right](K_1 - K_2) + y^2(3y_0 - y)K_2\right\} \tag{6-42b}$$

6.3.5 各种计算方法的联系

上面讲述的五种方法中，单一地层 K 法可由单一地层 m 法导出，两种地层 K 及 m-K 法可由两种地层 m 法导出。实际上单一地层 m 法也可由两种地层 m 法导出。这样，所有的计算方法都统一于两种地层 m 法。各种方法之间的联系，如图 6-19 所示。

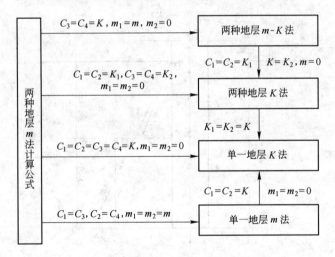

图 6-19 各种计算方法之间的联系

6.3.6 地层换算 m 值的计算

若锚固段地层不是单一的，在确定桩的类型时，应采用不同地层的换算 m 值。m 值的换算采用等效抗力原则，即桩发生一单位水平位移时，换算前、后的地层应该提供相同的抗力。现举例说明换算 m 值的计算。

例1 锚固段地层，如图 6-20 所示。

因为
$$\sigma_y = K_y B_p x_y$$

依据等效抗力原则有：

$$\int_0^{h_2} my B_p x_y \mathrm{d}y = \int_0^{L_1} m_1 y B_p x_y \mathrm{d}y +$$

$$\int_{L_1}^{L_1+L_2} (m_2 L_1 + m_2 y) B_p x_y \mathrm{d}y +$$

$$\int_{L_1+L_2}^{h_2} B_p x_y (m_3 L_1 + m L_2 + m_3 y) \mathrm{d}y$$

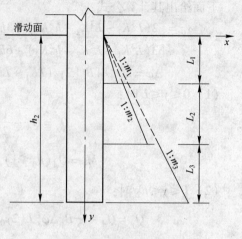

令 $x_y = 1$，得：

$$\frac{1}{2} m h_2^2 = \frac{1}{2} m_1 L_1^2 + \frac{1}{2}(2 m_2 L_1 + m_2 L_2) L_2 +$$

$$\frac{1}{2}\left[m_3(L_1 + L_2) + m_3 h_2 \right] L_3$$

图 6-20　三种地层情况

所以

$$m = \left[m_1 L_1^2 + m_2(2L_1 + L_2) L_2 + m_3(2L_1 + 2L_2 + L_3) L_3 \right] / h_2^2$$

例2　锚固段地层，如图 6-21 所示。

因为
$$\frac{1}{2} m h_2^2 = \frac{1}{2} m_1 L_1^2 + K L_2$$

所以
$$m = \frac{m_1 L_1^2 + 2KL}{h_2^2}$$

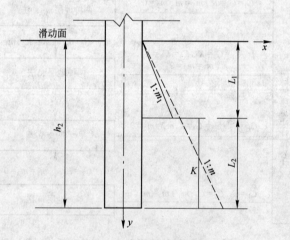

图 6-21　两种地层情况

6.4　弹性抗滑桩计算

弹性抗滑桩在滑坡推力作用下，不仅发生转动，也发生挠曲变形，因此其内力计算公式不能通过静力平衡方程导出。本节将从基本微分方程入手，推导不同情况下的桩身内力计算公式。

6.4.1 基本假设

弹性抗滑桩在计算过程中引入了下述三点假设。

（1）弹性假设。假设桩身材料处于弹性工作阶段。

（2）平面假设。忽略剪力所引起的变形时，梁在变形前为平面的横截面，变形后仍为平面。

（3）小变形假设。在外力作用下，桩的弹性变形与其原始尺寸相比甚小而可略去不计，即均可按照桩的原始尺寸来研究其内部受力平衡和变形等问题。

6.4.2 弹性抗滑桩基本微分方程

6.4.2.1 有关物理量的符号规定

在推导微分方程的过程中，主要用了 6 个物理量，各物理量意义及符号规定如下：

（1）x_y 表示桩轴 y 处的线位移，与 x 轴同向为正。

（2）φ_y 表示 y 坐标处桩截面的角位移，逆时针为正。

（3）M_y 表示 y 坐标处桩截面的弯矩，桩前桩侧纤维受压为正。

（4）Q_y 表示 y 坐标处桩截面的剪力，使微段桩顺时针转动为正。

（5）q_y 表示作用于桩上的外荷，与 x 轴同向为正。

（6）σ_y 表示地基反力，指向 x 轴负向为正。

6.4.2.2 基本微分方程的推导

弹性抗滑桩在滑坡推力作用下，随着 y 取值的不同，各点的上述物理量也不尽相同，各物理量之间的函数关系要根据微分方程列出。

如图 6-22 所示，假设桩顶作用有弯矩 M_0 和剪力 Q_0，桩背作用有随深度而变的外荷载 q_y。

距桩顶 y 处取一微段，将作用在其上的 M_y、Q_y、q_y 和 σ_y 均按正方向标出，现研究微段平衡。

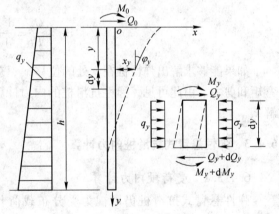

图 6-22 弹性抗滑桩受力图

由 $\sum X = 0$，得：

$$Q_y + (q_y - \sigma_y)\,dy - (Q_y + dQ_y) = 0$$

$$\frac{dQ_y}{dy} = q_y - \sigma_y \tag{6-43}$$

又由 $\sum M = 0$，得：

$$M_y + Q_y dy + (q_y - \sigma_y)\frac{1}{2}(dy)^2 - (M_y + dM_y) = 0$$

略去二阶微量，整理得：

$$\frac{dM_y}{dy} = Q_y \tag{6-44}$$

将式（6-44）两边微分，并将式（6-43）代入，得：

$$\frac{d^2 M_y}{dy^2} = q_y - \sigma_y \tag{6-45}$$

$$\frac{dx_y}{dy} = \tan\varphi_y \approx \varphi_y, \frac{d^2 x_y}{dy^2} = \frac{M_y}{EI}$$

$$\frac{d^4 x_y}{dy^4} = \frac{1}{EI}\frac{d^2 M_y}{dy^2} = \frac{1}{EI}(q_y - \sigma_y)$$

将 $\sigma_y = K_y B_p x_y$ 代入并整理，得：

$$EI\frac{d^4 x_y}{dy^4} + K_y B_p x_y = q_y \tag{6-46}$$

式（6-46）即为弹性桩受力时的基本微分方程，各物理量之间有如下关系：

$$\left.\begin{array}{l} x_y = f(y) \\ \varphi_y = \dfrac{dx_y}{dy} \\ \dfrac{M_y}{EI} = \dfrac{d^2 x_y}{dy^2} \\ \dfrac{Q_y}{EI} = \dfrac{d^3 x_y}{dy^3} \end{array}\right\} \tag{6-47}$$

如果能够求解出弹性桩在 y 处的位移 x_y，就可以对 x_y 逐阶求导，计算出 y 处的转角、弯矩和剪力。由此可见，弹性抗滑桩的内力计算公式的推导，关键在于求基本微分方程的解 x_y。

6.4.3 弹性悬臂式抗滑桩内力计算

6.4.3.1 受荷段内力计算

弹性悬臂式抗滑桩仍可视为受分布载荷作用的悬臂梁，因而可利用式（6-15）来计算滑动面处的弯矩和剪力，通过取隔离体来计算任一截面的内力。

6.4.3.2 锚固段内力计算

由于锚固段地层地基系数随深度变化规律不同，因而内力有不同的计算方法。

A K法

计算图如图6-23所示。

M_A、Q_A、x_A、φ_A 称为初参数。

因为 $q_y = 0$（桩锚固段不受外荷载作用），则：

$$K_y = K$$

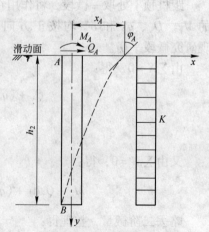

图6-23 弹性抗滑桩 $K_y = K$ 时的受力图

所以基本微分方程为：

$$EI\frac{\mathrm{d}^4 x_y}{\mathrm{d}y^4} + KB_p x_y = 0 \tag{6-48}$$

引入桩的变形系数 $\beta = \left(\dfrac{KB_p}{4EI}\right)^{\frac{1}{4}}$，则微分方程为：

$$\frac{\mathrm{d}^4 x_y}{\mathrm{d}y^4} + 4\beta^4 x_y = 0 \tag{6-49}$$

这是一个四阶常系数线性齐次微分方程，求解这一方程，得：

$$x_y = K_1 \mathrm{ch}(\beta y)\cos(\beta y) + K_2 \mathrm{ch}(\beta y)\sin(\beta y) + K_3 \mathrm{sh}(\beta y)\cos(\beta y) + K_4 \mathrm{sh}(\beta y)\sin(\beta y) \tag{6-50}$$

将式（6-50）逐阶求导，可得用四个积分常数表示的 φ_y、M_y 和 Q_y 的计算公式，然后代入边界条件，即 $y=0$ 时：

$$x_y = x_A, \quad \varphi_y = \varphi_A, \quad M_y = M_A, \quad Q_y = Q_A$$

则可解出 K_1、K_2、K_3、K_4，再回代，则可得到用初参数表示的位移、转角、弯矩、剪力的表述式，即：

$$\left.\begin{aligned}
x_y &= x_A A_{1Z} + \frac{\varphi_A}{\beta}B_{1Z} + \frac{M_A}{\beta^2 EI}C_{1Z} + \frac{Q_A}{\beta^3 EI}D_{1Z}\\[2mm]
\varphi_y &= \beta\left(-4x_A D_{1Z} + \frac{\varphi_A}{\beta}A_{1Z} + \frac{M_A}{\beta^2 EI}B_{1Z} + \frac{Q_A}{\beta^3 EI}C_{1Z}\right)\\[2mm]
M_y &= \beta^2 EI\left(-4x_A C_{1Z} - \frac{4\varphi_A}{\beta}D_{1Z} + \frac{M_A}{\beta^2 EI}A_{1Z} + \frac{Q_A}{\beta^3 EI}B_{1Z}\right)\\[2mm]
Q_y &= \beta^3 EI\left(-4x_A B_{1Z} - \frac{4\varphi_A}{\beta}C_{1Z} - \frac{4M_A}{\beta^2 EI}D_{1Z} + \frac{Q_A}{\beta^3 EI}A_{1Z}\right)\\[2mm]
\sigma'_y &= Kx_y
\end{aligned}\right\} \tag{6-51}$$

式中　　　　σ'_y——锚固段桩侧应力；

$A_{1Z}, B_{1Z}, C_{1Z}, D_{1Z}$——K 法影响函数值，可以查表（附录 2）得到，也可按下式计算：

$$\left.\begin{aligned}
A_{1Z} &= \cos(\beta y)\mathrm{ch}(\beta y)\\[2mm]
B_{1Z} &= \frac{1}{2}\left[\sin(\beta y)\mathrm{ch}(\beta y) + \cos(\beta y)\mathrm{sh}(\beta y)\right]\\[2mm]
C_{1Z} &= \frac{1}{2}\sin(\beta y)\mathrm{sh}(\beta y)\\[2mm]
D_{1Z} &= \frac{1}{4}\left[\sin(\beta y)\mathrm{ch}(\beta y) - \cos(\beta y)\mathrm{sh}(\beta y)\right]
\end{aligned}\right\} \tag{6-52}$$

式（6-51）为悬臂式弹性抗滑桩 K 法计算的一般表达式，其中四个初参数中，只有 M_A 和 Q_A 在受荷段内力计算中已经求得，要想计算锚固段桩身任一截面的变位和内力，必须先求得滑动面处的 x_A 和 φ_A。x_A 和 φ_A 的确定与桩底的支承条件有关。

（1）桩底为固定支承。将 $x_B = 0$，$\varphi_B = 0$ 代入式（6-51）中的前两式，联立求解得：

$$x_A = \frac{M_A}{\beta^2 EI} \frac{\varphi_2^2 - \varphi_1 \varphi_3}{4\varphi_4 \varphi_2 + \varphi_1^2} + \frac{Q_A}{\beta^3 EI} \frac{\varphi_2 \varphi_3 - \varphi_1 \varphi_4}{4\varphi_4 \varphi_2 + \varphi_1^2}$$

$$\varphi_A = -\frac{M_A}{\beta EI} \frac{\varphi_1^2 + 4\varphi_3^2}{4\varphi_2 \varphi_3 - 4\varphi_1 \varphi_4} - \frac{Q_A}{\beta^2 EI} \frac{4\varphi_3 \varphi_4 + \varphi_1 \varphi_2}{4\varphi_2 \varphi_3 - 4\varphi_1 \varphi_4}$$

$$(6\text{-}53)$$

（2）桩底为铰支承。将 $x_B = 0$，$M_B = 0$ 代入式（6-51）中的 1、3 两式，联立求解，得：

$$x_A = \frac{M_A}{\beta^2 EI} \frac{4\varphi_3 \varphi_4 + \varphi_1 \varphi_2}{4\varphi_2 \varphi_3 - 4\varphi_1 \varphi_4} + \frac{Q_A}{\beta^3 EI} \frac{4\varphi_4^2 + \varphi_2^2}{4\varphi_2 \varphi_3 - 4\varphi_1 \varphi_4}$$

$$\varphi_A = -\frac{M_A}{\beta EI} \frac{\varphi_1^2 + 4\varphi_3^2}{4\varphi_2 \varphi_3 - 4\varphi_1 \varphi_4} - \frac{Q_A}{\beta^2 EI} \frac{4\varphi_3 \varphi_4 + \varphi_1 \varphi_2}{4\varphi_2 \varphi_3 - 4\varphi_1 \varphi_4}$$

$$(6\text{-}54)$$

（3）桩底为自由支承。将 $M_B = 0$，$Q_B = 0$ 代入式（6-51）中的后两式，联立求解，得：

$$x_A = \frac{M_A}{\beta^2 EI} \frac{4\varphi_4^2 + \varphi_1 \varphi_3}{4\varphi_3^2 - 4\varphi_2 \varphi_4} + \frac{Q_A}{\beta^3 EI} \frac{\varphi_2 \varphi_3 - \varphi_1 \varphi_4}{4\varphi_3^2 - 4\varphi_2 \varphi_4}$$

$$\varphi_A = -\frac{M_A}{\beta EI} \frac{4\varphi_3 \varphi_4 + \varphi_1 \varphi_2}{4\varphi_3^2 - 4\varphi_2 \varphi_4} - \frac{Q_A}{\beta^2 EI} \frac{\varphi_2^2 - \varphi_1 \varphi_3}{4\varphi_3^2 - 4\varphi_2 \varphi_4}$$

$$(6\text{-}55)$$

式（6-55）中 φ_1、φ_2、φ_3、φ_4 分别为 A_{1Z}、B_{1Z}、C_{1Z}、D_{1Z} 在 $y = h_2$（h_2 为锚固段桩长）时的值，即：

$$\varphi_1 = \cos(\beta h_2) \, \text{ch}(\beta h_2)$$

$$\varphi_2 = \frac{1}{2} \big[\sin(\beta h_2) \, \text{ch}(\beta h_2) + \cos(\beta h_2) \, \text{sh}(\beta h_2) \big]$$

$$\varphi_3 = \frac{1}{2} \sin(\beta h_2) \, \text{sh}(\beta h_2)$$

$$\varphi_4 = \frac{1}{4} \big[\sin(\beta h_2) \, \text{ch}(\beta h_2) - \cos(\beta h_2) \, \text{sh}(\beta h_2) \big]$$

$$(6\text{-}56)$$

B　m 法（$K_y = my$）

计算图如图 6-24 所示。

因为 $q_y = 0$（桩锚固段不受外荷载作用），则：

$$K_y = my$$

所以基本微分方程为：

$$EI \frac{\mathrm{d}^4 x_y}{\mathrm{d}y^4} + myB_\mathrm{p} x_y = 0 \qquad (6\text{-}57)$$

引入桩的变形系数 $\alpha = \left(\dfrac{mB_\mathrm{p}}{EI} \right)^{\frac{1}{5}}$，则微分方程为：

$$\frac{\mathrm{d}^4 x_y}{\mathrm{d}y^4} + \alpha^5 y x_y = 0 \qquad (6\text{-}58)$$

这是一个四阶变系数线性齐次微分方程，利用幂级数展开的方法，可以求得其通解 x_y，采取与 K 法相

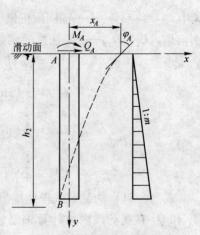

图 6-24　弹性悬臂式抗滑桩
$K_y = my$ 时的受力图

同的处理方法，可以得到用初参数表示的桩身任一截面处的内力和位移表达式，即：

$$\left.\begin{array}{l} x_y = x_A A_1 + \dfrac{\varphi_A}{\alpha} B_1 + \dfrac{M_A}{\alpha^2 EI} C_1 + \dfrac{Q_A}{\alpha^3 EI} D_1 \\[2mm] \varphi_y = \alpha \left(x_A A_2 + \dfrac{\varphi_A}{\alpha} B_2 + \dfrac{M_A}{\alpha^2 EI} C_2 + \dfrac{Q_A}{\alpha^3 EI} D_2 \right) \\[2mm] M_y = \alpha^2 EI \left(x_A A_3 + \dfrac{\varphi_A}{\alpha} B_3 + \dfrac{M_A}{\alpha^2 EI} C_3 + \dfrac{Q_A}{\alpha^3 EI} D_3 \right) \\[2mm] Q_y = \alpha^3 EI \left(x_A A_4 + \dfrac{\varphi_A}{\alpha} B_4 + \dfrac{M_A}{\alpha^2 EI} C_4 + \dfrac{Q_A}{\alpha^3 EI} D_4 \right) \\[2mm] \sigma'_y = m y x_y \end{array}\right\} \quad (6\text{-}59)$$

式（6-59）中 A_i、B_i、C_i、D_i 为 m 法影响函数，随换算深度 αy 而不同，可直接查附录 3 得到。

同 K 法一样，在使用式（6-59）计算任一截面的变位和内力时，必须首先求得滑动面处的 x_A 和 φ_A。

桩底为固定支承：

$$\left.\begin{array}{l} x_A = \dfrac{M_A}{\alpha^2 EI} \dfrac{B'_1 C'_2 - C'_1 B'_2}{A'_1 B'_2 - B'_1 A'_2} + \dfrac{Q_A}{\alpha^3 EI} \dfrac{B'_1 D'_2 - D'_1 B'_2}{A'_1 B'_2 - B'_1 A'_2} \\[3mm] \varphi_A = \dfrac{M_A}{\alpha EI} \dfrac{C'_1 A'_2 - A'_1 C'_2}{A'_1 B'_2 - B'_1 A'_2} + \dfrac{Q_A}{\alpha EI^2} \dfrac{D'_1 A'_2 - A'_1 D'_2}{A'_1 B'_2 - B'_1 A'_2} \end{array}\right\} \quad (6\text{-}60)$$

桩底为铰支承：

$$\left.\begin{array}{l} x_A = \dfrac{M_A}{\alpha^2 EI} \dfrac{C'_1 B'_3 - B'_1 C'_3}{B'_1 A'_3 - A'_1 B'_3} + \dfrac{Q_A}{\alpha^3 EI} \dfrac{D'_1 B'_3 - B'_1 D'_3}{B'_1 A'_3 - A'_1 B'_3} \\[3mm] \varphi_A = \dfrac{M_A}{\alpha EI} \dfrac{A'_1 C'_3 - C'_1 A'_3}{B'_1 A'_3 - A'_1 B'_3} + \dfrac{Q_A}{\alpha EI^2} \dfrac{A'_1 D'_3 - D'_1 A'_3}{B'_1 A'_3 - A'_1 B'_3} \end{array}\right\} \quad (6\text{-}61)$$

桩底为自由支承：

$$\left.\begin{array}{l} x_A = \dfrac{M_A}{\alpha^2 EI} \dfrac{B'_3 C'_4 - C'_3 B'_4}{A'_3 B'_4 - B'_3 A'_4} + \dfrac{Q_A}{\alpha^3 EI} \dfrac{B'_3 D'_4 - D'_3 B'_4}{A'_3 B'_4 - B'_3 A'_4} \\[3mm] \varphi_A = \dfrac{M_A}{\alpha EI} \dfrac{C'_3 A'_4 - A'_3 C'_4}{A'_3 B'_4 - B'_3 A'_4} + \dfrac{Q_A}{\alpha EI^2} \dfrac{D'_3 A'_4 - A'_3 D'_4}{A'_3 B'_4 - B'_3 A'_4} \end{array}\right\} \quad (6\text{-}62)$$

式中，$A'_1 \sim A'_4$、$B'_1 \sim B'_4$、$C'_1 \sim C'_4$、$D'_1 \sim D'_4$ 为对应于换算深度 αh_2 的影响函数值。

6.4.4 弹性全埋式抗滑桩的内力计算

对于弹性全埋式抗滑桩，桩前岩（土）体可以提供一部分弹性抗力，根据对这一抗力处理方法的不同，其内力计算也不尽相同。

6.4.4.1 桩前弹性抗力作为已知力

A 受荷段内力计算

同刚性抗滑桩受荷段内力计算。

B 锚固段内力计算

（1）K 法。对于地基系数为常数的地层，由于其相对刚度远比滑体大，因而地基系数不会因桩前滑体的存在而改变，所以，全埋式弹性抗滑桩锚固段内力按 K 法计算且桩前滑体的弹性抗力作为已知力来处理时，可直接使用弹性悬臂式抗滑桩锚固段内力 K 法计算公式。

（2）m 法。对于地基系数随深度逐渐增加的地层，由于附加荷载的存在，滑动面处的地基系数不为零，即锚固段地层地基系数呈梯形分布，而悬臂式弹性抗滑桩 m 法计算公式推导时，地基系数呈三角形分布（$K_y = my$），因而不能直接利用前述 m 法推导出的计算公式。为此，需作如下处理：将地基系数分布图补成三角形分布，然后从三角形顶点起采用前述 m 法计算公式，如图 6-25 所示。具体步骤如下：

1）将地基系数分布图中 db、ec 延长交于 a 点，$ab = h'$，则：

$$h' = \frac{C_1 h_2}{(C_1 + m h_2) - C_1} = \frac{C_1 h_2}{m h_2} = \frac{C_1}{m} \tag{6-63}$$

2）自虚点 a 向下利用悬臂式弹性桩 m 法计算公式进行计算，但公式中的初参数 M_A、Q_A、x_A、φ_A 应由 M_a、Q_a、x_a、φ_a 代替，即：

$$\left.\begin{aligned}
x_y &= x_a A_1 + \frac{\varphi_a}{\alpha} B_1 + \frac{M_a}{\alpha^2 EI} C_1 + \frac{Q_a}{\alpha^3 EI} D_1 \\[2mm]
\varphi_y &= \alpha \left(x_a A_2 + \frac{\varphi_a}{\alpha} B_2 + \frac{M_a}{\alpha^2 EI} C_2 + \frac{Q_a}{\alpha^3 EI} D_2 \right) \\[2mm]
M_y &= \alpha^2 EI \left(x_a A_3 + \frac{\varphi_a}{\alpha} B_3 + \frac{M_a}{\alpha^2 EI} C_3 + \frac{Q_a}{\alpha^3 EI} D_3 \right) \\[2mm]
Q_y &= \alpha^3 EI \left(x_a A_4 + \frac{\varphi_a}{\alpha} B_4 + \frac{M_a}{\alpha^2 EI} C_4 + \frac{Q_a}{\alpha^3 EI} D_4 \right)
\end{aligned}\right\} \tag{6-64}$$

$$\sigma'_y = m y x_y$$

3）a 点处的初参数由滑面处和桩底处的边界条件求得。

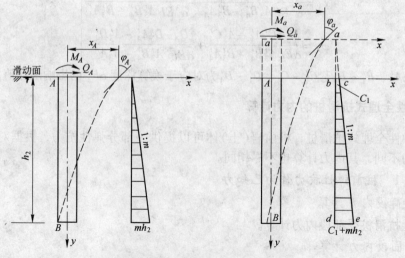

图 6-25　滑面处抗力不为零的处理

滑动面处 $M_y = M_A$，$Q_y = Q_A$

$(y = h')$

$$桩底处 \begin{cases} 自由支承 \begin{cases} M_y = 0 \\ Q_y = 0 \end{cases} \\ 铰支承 \begin{cases} x_y = 0 \\ M_y = 0 \end{cases} \\ 固定支承 \begin{cases} x_y = 0 \\ \varphi_y = 0 \end{cases} \end{cases} 选其中一组 \quad 联立求解 \begin{cases} x_y \\ \varphi_y \\ M_y \\ Q_y \end{cases}$$

$(y = h' + h_2)$

4）求得 a 点处的初参数后，即可利用式(6-64)计算锚固段任一截面处的内力和变位。要注意的是，此时的 y 值应从 a 点算起。

6.4.4.2 桩前弹性抗力作为未知力

全桩按弹性地基梁分析。考虑到受荷条件的差异，将全桩分为受荷段和锚固段，并根据桩身变位连续条件及桩底支承条件求桩的变位和内力。下面介绍滑动面上下地层的地基系数均为常数（K 法）和随深度成比例增加（m 法）两种情况下的内力计算。

A K 法

这种情况下的计算图如图 6-26 所示。

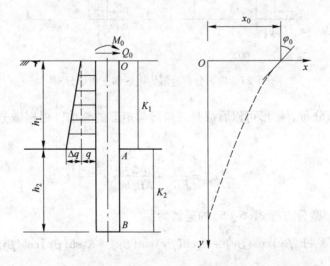

图 6-26　滑面上下 $K_y = K$ 时的受力图

（1）OA 段（受荷段）内力计算。OA 段承受滑坡推力 q_y（不同于 E_n），其微分方程为：

$$EI\frac{d^4 x_y}{dy^4} + KB_p x_y = q_y \tag{6-65}$$

这是一个四阶常系数线性非齐次微分方程,它的通解应是对应齐次微分方程的通解再加上它的一个特解。由于对应齐次微分方程的通解已经求出,见式(6-51),所以关键是寻找它的特解。下面给出对应于滑坡推力分布的特解。

1)q_y 呈矩形分布(图6-27a)。

$$q_y = bq, \qquad q = \frac{E_r}{bh_1}$$

$$x_y^* = \frac{bq}{KB_p} \tag{6-66a}$$

2)q_y 呈三角形分布(图6-27b)。

$$q_y = \frac{y}{h_1} b\Delta q, \qquad \Delta q = \frac{2E_r}{bh_1}$$

$$x_y^* = \frac{b\Delta q}{KB_p h_1} y \tag{6-66b}$$

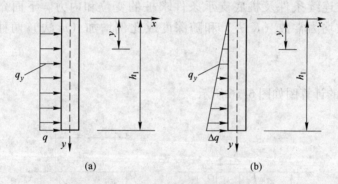

图6-27　推力分布分解为矩形和三角形分布

3)q_y 呈梯形分布。梯形可以看成是三角形与矩形的叠加,根据微分方程特解的可叠加性,有:

$$x_y^* = \frac{bq}{KB_p} + \frac{b\Delta q}{KB_p h_1} y \tag{6-66c}$$

以梯形为例,微分方程式(6-65)的通解为:

$$x_y = K_1 \mathrm{ch}(\beta y)\cos(\beta y) + K_2 \mathrm{ch}(\beta y)\sin(\beta y) + K_3 \mathrm{sh}(\beta y)\cos(\beta y) +$$

$$K_4 \mathrm{sh}(\beta y)\sin(\beta y) + \frac{1}{KB_p}\left(bq + b\Delta q \frac{y}{h_1}\right)$$

将 x_y 对 y 逐次求导,并代入初始条件,则得用初参数 M_0、Q_0、x_0、φ_0 表示的 OA 段的变位及内力计算公式为:

$$x_y = x_0 A_{1Z} + \frac{\varphi_0}{\beta} B_{1Z} + \frac{M_0}{\beta^2 EI} C_{1Z} + \frac{Q_0}{\beta^3 EI} D_{1Z} +$$

$$\frac{bq}{4\beta^4 EI}(1 - A_{1Z}) + \frac{b\Delta q}{4\beta^5 EIh_1}(\beta y - B_{1Z})$$

$$\frac{\varphi_y}{\beta} = -4x_0 D_{1Z} + \frac{\varphi_0}{\beta} A_{1Z} + \frac{M_0}{\beta^2 EI} B_{1Z} + \frac{Q_0}{\beta^3 EI} C_{1Z} +$$

$$\frac{bq}{\beta^4 EI} D_{1Z} + \frac{b\Delta q}{4\beta^5 EIh_1}(1 - A_{1Z})$$

$$\frac{M_y}{\beta^2 EI} = -4x_0 C_{1Z} - \frac{4\varphi_0}{\beta} D_{1Z} + \frac{M_0}{\beta^2 EI} A_{1Z} + \frac{Q_0}{\beta^3 EI} B_{1Z} +$$

$$\frac{bq}{\beta^4 EI} C_{1Z} + \frac{b\Delta q}{\beta^5 EIh_1} D_{1Z}$$

$$\frac{Q_y}{\beta^3 EI} = -4x_0 B_{1Z} - \frac{4\varphi_0}{\beta} C_{1Z} - \frac{4M_0}{\beta^2 EI} D_{1Z} + \frac{Q_0}{\beta^3 EI} A_{1Z} +$$

$$\frac{bq}{\beta^4 EI} B_{1Z} + \frac{b\Delta q}{\beta^5 EIh_1} C_{1Z}$$

$$(6\text{-}67)$$

其中，A_{1Z}、B_{1Z}、C_{1Z}、D_{1Z} 为 K 法影响函数值，可查表得到。

（2）AB 段（锚固段）内力计算。若把按式（6-67）计算出的 M_A、Q_A、x_A、φ_A 作为初参数，即从滑动面处开始建立坐标系，则 AB 段内力和变位可按照悬臂式弹性桩锚固段内力 K 法式（6-51）进行计算。

B m 法

这种情况下的计算图如图 6-28 所示。

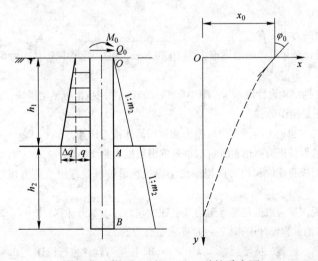

图 6-28 滑面上下 $K_y = my$ 时的受力图

（1）OA 段内力计算。建立坐标系如图 6-28 所示，将 O 点的内力和变位作为初参数。OA 段承受滑坡推力，则其基本微分方程为：

$$EI\frac{\mathrm{d}^4 x_y}{\mathrm{d}y^4} + m_1 y B_{\mathrm{p}} x_y = b\left(q + \frac{y}{h_1}\Delta q\right) \tag{6-68}$$

这是一个四阶线性变系数微分方程，求解并代入初始条件，则得 OA 段内力和变位的初参数解为：

$$\left.\begin{aligned}
x_y &= x_0 A_1 + \frac{\varphi_0}{\alpha}B_1 + \frac{M_0}{\alpha^2 EI}C_1 + \frac{Q_0}{\alpha^3 EI}D_1 + \frac{bq}{\alpha^4 EI}E_1 + \frac{b\Delta q}{\alpha^5 EIh_1}F_1 \\[2mm]
\frac{\varphi_y}{\alpha} &= x_0 A_2 + \frac{\varphi_0}{\alpha}B_2 + \frac{M_0}{\alpha^2 EI}C_2 + \frac{Q_0}{\alpha^3 EI}D_2 + \frac{bq}{\alpha^4 EI}E_2 + \frac{b\Delta q}{\alpha^5 EIh_1}F_2 \\[2mm]
\frac{M_y}{\alpha^2 EI} &= x_0 A_3 + \frac{\varphi_0}{\alpha}B_3 + \frac{M_0}{\alpha^2 EI}C_3 + \frac{Q_0}{\alpha^3 EI}D_3 + \frac{bq}{\alpha^4 EI}E_3 + \frac{b\Delta q}{\alpha^5 EIh_1}F_3 \\[2mm]
\frac{Q_y}{\alpha^3 EI} &= x_0 A_4 + \frac{\varphi_0}{\alpha}B_4 + \frac{M_0}{\alpha^2 EI}C_4 + \frac{Q_0}{\alpha^3 EI}D_4 + \frac{bq}{\alpha^4 EI}E_4 + \frac{b\Delta q}{\alpha^5 EIh_1}F_4
\end{aligned}\right\} \tag{6-69}$$

其中，A_i、B_i、C_i、D_i 和 E_i（$i=1$，2，3，4）可查附录3得到，F_i（$i=1$，2，3，4）按下式计算：

$$\left.\begin{aligned}
F_1 &= 1 - A_1 \\
F_2 &= -A_2 \\
F_3 &= -A_3 \\
F_4 &= -A_4
\end{aligned}\right\} \tag{6-70}$$

（2）AB 段内力计算。从滑动面处开始建立坐标系，将 A 截面的变位和内力作为初参数，那么 AB 段内力计算就可参考全埋式弹性桩，当桩前抗力作为已知力来处理时 m 法计算公式的推导而进行。

习　题

6-1　作用在抗滑桩上的力主要有：_____。

6-2　某滑坡体设桩处每延米滑体的滑坡推力为 1000kN/m，桩间距（中至中）为5m，则作用在每根抗滑桩上的滑坡推力为_____。

6-3　按《铁路路基支挡结构设计规范》（TB 10025—2001）采用抗滑桩整治滑坡，下列有关抗滑桩设计的（　　）说法是错误的。

A. 滑动面以上的桩身内力应根据滑坡推力和桩前滑体抗力计算

B. 作用于桩上的滑坡推力可由设置抗滑桩处的滑坡推力曲线确定

C. 滑动面以下的桩身变位和内力应根据滑动面处抗滑桩所受弯矩及剪力按地基的弹性抗力进行计算

D. 抗滑桩的锚固深度应根据桩侧摩阻力及桩底地基容许承载力计算

6-4　在滑坡抗滑桩防治工程设计中，（　　）要求是合理的。

A. 必须进行变形、抗裂、挠度验算　　　　　B. 按受弯构件进行设计

C. 桩最小边宽度可不受限制　　　　　　　　D. 桩间距应小于6m

E. 抗滑桩两侧和受压边，适当配置纵向构造钢筋

6-5　在滑坡稳定性分析中，（　　）说法符合抗滑段的条件。

A. 滑动方向与滑动面倾斜方向一致，滑动面倾斜角大于滑动带土的综合内摩擦角

B. 滑动方向与滑动面倾斜方向一致，滑动面倾斜角小于滑动带土的综合内摩擦角

C. 滑动方向与滑动面倾斜方向一致，滑动面倾斜角等于滑动带土的综合内摩擦角

D. 滑动方向与滑动面倾斜方向相关

6-6　滑坡治理常采用抗滑桩，抗滑桩位应选择在（　　　）。

A. 滑坡体推力最大的位置　　　　　　　　　　B. 滑坡体推力最小的位置

C. 滑坡体厚度较小的地段　　　　　　　　　　D. 滑坡体的抗滑段

6-7　为滑坡治理设计抗滑桩需要以下（　　　）选项的岩土参数。

A. 滑面的 c、φ 值

B. 抗滑桩桩端的极限端阻力和锚固段极限侧阻力

C. 锚固段地基的横向容许承载力

D. 锚固段的地基系数

6-8　抗滑桩施工时，（　　　）。

A. 开挖前，要修整孔口地面，做好桩区地表截排水及防渗工作

B. 应分节开挖，挖一节应立即支护一节

C. 在滑动面处的护壁应加强，在承受较大推力的护壁和孔口加强衬砌的混凝土中应加钢筋

D. 灌注混凝土必须连续作业，如因故中断灌注，其接隙面应作特殊处理

6-9　根据《铁路路基支挡结构设计规范》（TB 10025—2001），采用地基系数法计算抗滑桩内力时，桩的计算宽度宜取（　　　）。

A. 取桩的实际宽度　　　　　　　　　　　　　B. 取桩的实际宽度减 0.5m

C. 取桩的实际宽度加 0.5m　　　　　　　　　D. 取桩的实际宽度加 1.0m

6-10　使用抗滑桩的基本条件有哪些？

6-11　抗滑桩的设计步骤和依据是什么？

6-12　抗滑桩整治滑坡的原理是什么？

6-13　试推导弹性抗滑桩的基本微分方程。

6-14　简述抗滑桩的基本类型。

6-15　简述抗滑桩设计的基本假定。

6-16　简述抗滑桩平面布置的基本原则。

6-17　简述弹性悬臂式抗滑桩锚固段的内力计算公式和弹性全埋式抗滑桩在弹性抗力作为未知力时，其锚固段的内力计算方法的联系。

7 预应力锚索

7.1 概 述

7.1.1 预应力锚索发展概况

预应力锚索是通过对锚索施加张拉力以加固岩土体使其达到稳定状态或改善内部应力状况的支挡结构。锚索是一种主要承受拉力的杆状构件，它是通过钻孔及注浆体将钢绞线固定于深部稳定地层中的，在被加固体表面对钢绞线张拉产生预应力，从而达到使被加固体稳定和限制其变形的目的。

1918 年西利西安矿山开采首次使用了锚索支护；1933 年在阿尔及利亚电站水坝加固中成功采用预应力锚索加固技术；20 世纪 40 年代起，锚索加固技术在世界各国得到了迅速发展，广泛应用于边坡加固、坝基加固、抗震加固、抗浮加固、滑坡防治等岩土工程各个领域，欧美、日本等国家还编制了锚固技术的实践性规范；50 年代后期，随着压力灌浆扩大锚固头工艺的开发，锚索技术扩展到松散、软弱地层中。

由于防护工艺的发展，防护系统日趋完善。1969 年墨西哥第 7 届国际土力学和基础工程会议认为锚杆的防护和岩土中锚索的蠕变问题已得到解决，锚索可用于永久工程得到了论证与确认；1977 年国际专题会议讨论了压浆锚索的承载能力及提高锚索承载能力的问题，锚索的承载能力由几十千牛到几万千牛，锚索也由单一杆件发展到组合索件，锚固形式也更加丰富。

我国的锚索加固技术始于 20 世纪 60 年代，1964 年首次在梅山水库的坝基加固中采用了锚索加固技术；20 世纪 80 年代以后，我国锚索加固技术的发展尤为迅速，广泛应用于国防、水电、矿山、铁路、公路等岩土工程中。

7.1.2 预应力锚索特点

预应力锚固技术最大的特点是能够充分利用岩土体自身强度和自承能力，大大减轻结构自重，节省工程材料，是高效和经济的加固技术。预应力锚索与圬工类结构比较具有以下特点：

（1）具有一定的柔性。锚索是一种细长受拉杆状构件，柔度较大，具有柔性可调的特点，用于加固岩土体时能与岩土体共同作用，充分发挥两者的能力。

（2）深层加固。预应力锚索的长度，可根据工程需要确实，加固深度可达数十米。

（3）主动加固。通过对锚索施加预应力，能够主动控制岩土体变形，调整岩土体应力状态，有利于岩土体的稳定性。预应力锚索结构在岩土体及被加固建筑物产生变形之前就发挥作用，与挡土墙、抗滑桩等支挡结构在岩土体变形后才发挥作用的被动受力状态有着本质的区别。

（4）随机补强、应用范围广。预应力锚索既可对有缺陷或存在病害的既有建筑物、支挡结构进行加固补强，又可在新建工程中显示其独特的功能，具有应用范围广的特点。

（5）加工快捷灵活。预应力锚索施工采用机械化作业，具有工艺简单、施工进度快、工期短、施工安全等特点，用于应急抢险更具有独特优势。

（6）经济性好。预应力锚索既可单独使用，充分利用岩土体自身强度，从而节省大量工程材料，又可与其他结构物组合使用，改善其受力状态，节省大量的圬工，具有显著经济效益。

7.1.3　预应力锚索的应用

预应力锚索适用于土质、岩质地层的边坡及地基加固，为确保锚索工程安全可靠，其锚固段宜置于岩层内。锚固段若置于土层中，则需进行拉拔试验并进行个别设计。

随着锚固技术的拓宽和发展，预应力锚索加固技术几乎涉及土木建筑工程的各个领域，广泛应用于边坡、基坑、地下工程、坝基、码头、海岸、船坞等的加固、支挡、抗浮抗倾。在铁路、公路、水电、矿山、建筑、国防等行业大规模推广应用。锚索与其他结构物组合使用，如锚索桩、锚索墙、锚索桩板墙、锚索地梁及格子梁等新型支挡结构，大大丰富了支挡结构的形式。

预应力锚索工程应用概括如下：

（1）滑坡整治。预应力锚索可直接用于滑坡整治（图7-1a），也可与其他支挡结构组合在一起使用，如锚索桩、锚索墙（图7-1b）。

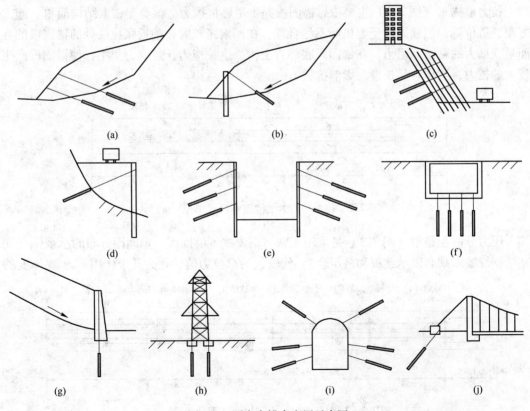

图 7-1　预应力锚索应用示意图

（2）边坡加固。可用于顺层边坡、不稳定边坡加固（图7-1c），斜坡挡土及侧向挡土结构中（图7-1d）。

（3）深基础工程。用于深基抗支护（图7-1e）、地下室抗浮（图7-1f）。

（4）结构抗倾覆。竖向预应力锚索用于挡土墙上，可增强挡土墙的抗滑动及抗倾覆能力（图7-1g）；还可用于高塔、高架桥、坝体等以防建筑物倾倒（图7-1h）。

（5）地下工程。用于隧道、巷道、地下硐室等地下工程围岩加固，防止围岩坍塌、控制围岩变形（图7-1i）。

（6）桥基加固。桥基加固见图7-1j。

7.2　构 造 特 征

7.2.1　锚索类型

目前岩土工程中使用的锚索类型较多，按锚固施工方法分为注浆型锚固、胀壳式锚固、扩孔型锚固及综合型锚固等；按锚固段结构受力状态分为拉力型、压力型及荷载分散型（拉力分散型、压力分散型、拉压力分散型、剪力型）锚索。目前广泛采用的锚索类型为注浆拉力型及注浆压力分散型两种锚索。

注浆型锚索是采用水泥浆或水泥砂浆将锚索锚固段固结在岩土体稳定部分，而胀壳式锚固是利用胀壳式机械锚头与坚硬岩体挤压，形成锚固力。

拉力型锚索（图7-2）主要依靠锚固段提供足够抗拔力。该类型锚索结构简单、施工方便、造价低，但锚固段受力机制不尽合理。在锚索张拉时，临近张拉段处的锚固段的界面呈现最大的粘结摩阻力，在锚固段底部岩土体产生拉应力，且应力集中，使锚固段产生较大的拉力，浆体容易拉裂，影响抗拔力。

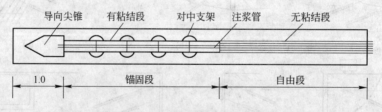

图7-2　拉力型锚索结构图（尺寸单位：m）

压力分散型锚索（图7-3）是采用无粘结钢绞线，借助按一定间距分布的承载体（无粘结钢绞线末端套以承载板和挤压套），使较大的总拉力值转化为几个作用于承载体上的

图7-3　压力分散型锚索结构图（尺寸单位：m）

较小的压缩力，避免了严重的粘结摩阻应力集中现象，在整个锚固体长度上粘结摩阻应力分布均匀。

拉力型锚索与压力分散型锚索比较如表7-1所示。

表7-1 拉力型锚索与压力分散型锚索比较

项 目	拉力型锚索	压力分散型锚索
岩土－水泥浆体的粘结摩阻应力分布状况	沿锚固体长度分布不均匀，应力集中严重，易发生渐进性破坏	沿锚固体长度分布较均匀
岩土－水泥浆体的粘结摩阻应力值	总拉力大，粘结摩阻应力值大	总拉力可分散成几个较小的压力，粘结摩阻应力值显著减小
粘结摩阻强度	注浆体受拉不会引起水泥浆体横向扩张而增大粘结摩阻强度	注浆体受压引起水泥浆体横向扩张而增大粘结摩阻强度，对注浆体抗压强度要求相对较高
锚索承载力	锚固长度超过一定值后，承载力增长极其微弱	锚索承载力随锚固段长度增长而增加
耐久性	注浆体受拉，易开裂，防腐性较差	注浆体受压，不易开裂，防腐性较好
施工工艺	结构及施工工艺较简单、造价较低	施工工艺较复杂

由于注浆拉力型锚索结构简单、施工方便、造价低，所以成为目前最常用的一种锚索。为了改变锚索受拉时水泥浆体受拉开裂及受剪崩裂这种纯拉变形性状，在锚索制作时，一般将锚索锚固段制作成枣核（糖葫芦）状（图7-4），使钢绞线受拉时对锚固体形成既受拉又部分受压的受力状态，有效地增加钢绞线在锚固体中的粘结力及摩阻力，从而避免水泥浆体纯受拉开裂形成贯通裂缝。

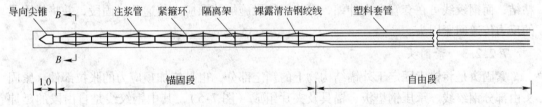

图7-4 改进的拉力型锚索结构图（尺寸单位：m）

7.2.2 锚索构造

预应力锚索主要由锚固段、自由段和紧固头三部分构成，紧固头由外锚结构物（垫墩等）、钢垫板和锚具组成。图7-5为锚索结构示意图。

7.2.2.1 锚固段

锚固段为锚索伸入滑动面（潜在滑动面或破裂面）以下稳定岩土体内的段落，是锚索结构的固定处，通过锚固体周围地层的抗剪强度承受锚索所传递的拉力。锚固段通过灌浆形成同心状结构：锚索居中，四周为砂浆裹护。通过砂浆，锚索与孔壁粘结成整体，而使孔周稳固岩土体成为承受预应力的载体。

对于拉力型锚索，锚固段锚体主要承受拉力，受拉锚体的拉伸，将导致水泥浆体受拉

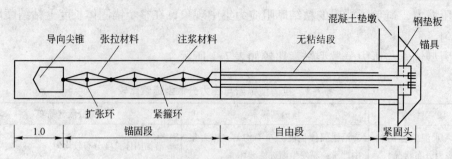

图 7-5 锚索结构示意图（尺寸单位：m）

开裂，当裂缝扩展并贯通裂缝时，锚孔周围的侵蚀物质可通过裂缝侵入腐蚀钢绞线。通常在锚索制作时，锚固段每隔 1m 将钢绞线用紧箍环和扩张环（隔离架）固定（图 7-5），灌注水泥砂浆后形成枣核状（糖葫状），呈现拉伸与压缩作用，从而改善了锚固体内砂浆的受力性状和开裂状态。

对永久性锚索，通常在锚索外水泥砂浆体中设置隔离波纹套管，使水泥砂浆体中裂缝不致贯通，而形成防护效果。隔离波纹套管可使管内外水泥砂浆体紧密结合，受力时不至于沿管滑动或破坏，同时波纹管具有一定的拉伸变形。

一般情况下，为防止钢绞线锈蚀，要求水泥浆或水泥砂浆保护层厚度不小于 20mm。为使锚索居中定位，应在锚固段中每隔 1~2m 设置一圈弹性定位片，以确保水泥砂浆体保护层厚度。

7.2.2.2 自由段

自由段是传力部分，为锚索穿过被加固岩土体的段落，其下端为锚固段，上端为紧固头。自由段中的每根钢绞线均被塑料套管所保护，为无粘结钢绞线，灌浆只使护套与孔壁粘结，而钢绞线可在套管自由伸缩，可将张拉段施加的预应力传递到锚固段，并将锚固段的反力传递回紧固头。

7.2.2.3 紧固头

紧固头是将锚索固定于外锚结构物上的锁定部分，也是施加预应力的张拉部件。紧固头由部分钢绞线、承压钢垫板、锚具及夹片组成（图 7-5），其中钢绞线是自由段的延伸部分，为承力、传力、张拉的部件。待锚索最终锁定后，采用混凝土封闭防护（即混凝土封头），混凝土覆盖层厚度不小于 25cm。

7.3 锚固设计与计算

7.3.1 锚固设计的主要内容

7.3.1.1 锚索设计步骤

锚索设计可按下述步骤进行：

（1）计算作用于锚索结构物上的荷载，据此布置锚索，计算锚索承受的总拉力；

（2）计算每一根锚索承受的拉力，即锚索的设计荷载；

（3）锚索的锚固设计；

（4）外锚结构物（抑制件）设计；

（5）试验与监测设计。

图7-6为预应力锚索的设计流程图，可作为设计锚索的参考。

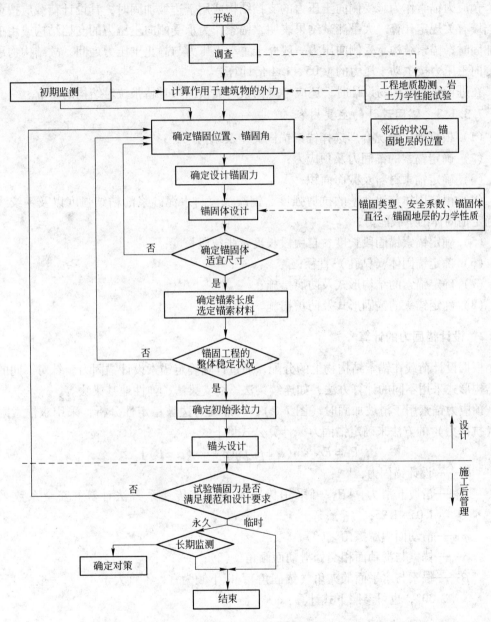

图7-6　预应力锚索设计流程图

7.3.1.2　锚索设计荷载

作用在锚索结构物上的荷载主要为滑坡或边坡失稳的下滑力、侧向土压力以及加固作用力。荷载种类有：土压、水压、上覆荷载、滑坡荷载、地震荷载、其他荷载等。进行预应力锚索设计时，一般情况可只计算主力，在浸水和地震等特殊情况下，尚应计算附加力和特殊力。

预应力锚索用于整治滑坡时，滑坡推力可采用传递系数法计算，由于滑坡推力计算时已考虑1.05~1.25的安全系数，所以预应力锚索用于整治滑坡时，下滑力可作为设计荷载。

预应力锚索作为承受侧向土压力的支挡结构或用于边坡加固时，其设计荷载应按重力式挡墙有关规定计算。大量测试结果表明，锚索作为承受侧向土压力的支挡结构或用于边坡加固时，锚索结构承受侧向压力一般介于主动土压力与静止土压力之间，故结构物承受的侧向土压力按主动土压力的1.05~1.4倍计算。

在进行锚索结构物设计时，还应考虑锚索施加预应力时超张拉对结构的影响。

7.3.1.3　锚固设计的主要内容

（1）根据地层情况合理选择锚索锚固类型及结构尺寸；

（2）确定锚索的锚固力及预应力；

（3）确定锚索材料及截面面积；

（4）由锚固体与锚孔壁的抗剪强度、钢绞线束与水泥砂浆的粘结强度以及钢绞线强度确定锚固体的承载能力；

（5）确定锚索锚固段长度、自由段长度及张拉段长度；

（6）确定锚固体（钻孔）直径；

（7）确定锚索的结构形式及防腐措施；

（8）确定锚头的锚固形式及防护措施。

7.3.2　设计锚固力的计算

根据设计荷载在锚索结构物上的分配，通过计算确定锚索设计锚固力。针对不同的外锚结构形式采用不同的计算方法，如连续梁法、简支梁法、弹性地基梁法等。

预应力锚索用于滑坡加固时（图7-7），一般通过边坡稳定性分析，采用求锚索附加力（抗滑力）的方法来确定锚固力，计算公式见下式：

$$P_t = F / [\sin(\alpha \pm \beta)\tan\varphi + \cos(\alpha \pm \beta)] \qquad (7-1)$$

式中　P_t——设计锚固力，kN；

　　　F——滑坡下滑力，kN，可采用极限平衡法或传递系数法计算，安全系数采用
　　　　　　1.05~1.25；

　　　φ——滑动面内摩擦角，（°）；

　　　α——锚索与滑动面相交处滑动面倾角，（°）；

　　　β——锚索与水平面的夹角（锚固角），以下倾为宜，不宜大于45°，一般为15°~
　　　　　　30°，也可参照下式计算：

$$\beta = \frac{45°}{A+1} + \frac{2A+1}{2(A+1)}\varphi - \alpha \qquad (7-2)$$

　　　A——锚索的锚固段长度与自由段长度之比。

式(7-1)中锚索下倾时取"＋"，上仰时取"－"。图7-8为锚索仰斜布置示意图。

式(7-1)不仅考虑了锚索沿滑动面产生的抗滑力，还考虑了锚索在滑动面产生的法向阻力。对土质边坡及加固厚度（锚索自由段）较大的岩质边坡，锚索在滑动面产生的法

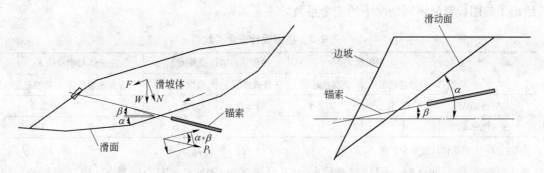

图 7-7 预应力锚索加固滑坡示意图   图 7-8 锚索仰斜布置示意图

向阻力应进行折减，公式修正如下：

$$P_t = F / \left[\lambda \sin(\alpha + \beta) \tan\varphi + \cos(\alpha + \beta) \right] \tag{7-3}$$

式中 λ——折减系数，与边坡岩性及加固厚度有关，在 0 ~ 1 之间选取。

设计锚固力 P_t 应小于容许锚固力 P_a，即 $P_t \leqslant P_a$，对于锚固钢材容许荷载应满足表 7-2 的要求。

表 7-2 锚固钢材容许荷载

项 目	永久性锚固	临时性锚固
设计荷载作用时	$P_a \leqslant 0.6P_u$ 或 $0.75P_y$	$P_a \leqslant 0.65P_u$ 或 $0.8P_y$
张拉预应力时	$P_{at} \leqslant 0.7P_u$ 或 $0.85P_y$	$P_{at} \leqslant 0.7P_u$ 或 $0.85P_y$
预应力锁定中	$P_{at} \leqslant 0.8P_u$ 或 $0.9P_y$	$P_{at} \leqslant 0.8P_u$ 或 $0.9P_y$

注：P_u 为极限张拉荷载（kN），P_y 为屈服荷载（kN）。

根据每孔锚索设计锚固力 P_t 和所选用的钢绞线强度，可计算每孔锚索钢绞线的根数 n。

$$n = \frac{F_{s1} \cdot P_t}{P_u} \tag{7-4}$$

式中 F_{s1}——安全系数，取 1.7 ~ 2.0，高腐蚀地层中永久性工程取大值；

P_u——锚固钢材极限张拉荷载。

对于永久性锚固结构，设计中应在考虑预应力钢材的松弛损失及被锚固岩（土）体蠕变影响的基础上，决定锚索的补充张拉力。

7.3.3 锚固体设计计算

锚固体设计主要是确定锚索锚固段长度、孔径、锚固类型。锚固体的承载能力由三部分强度控制，即锚固体与锚孔壁的抗剪强度、钢绞线束与水泥砂浆的粘结强度以及钢绞线强度，取其小值。

7.3.3.1 安全系数

在进行锚固设计时，由于存在许多不确定因素，如地质条件、锚固材料、施工方法等均会对锚固的承载能力产生较大的影响，因此设计时应考虑一定的安全储备。在确定安全系数时，一般将锚索划分为永久性锚固与临时性锚固两类，并分别考虑其重要性。表 7-3

给出了锚固设计时不同情况下的安全系数。

表 7-3　锚固设计安全系数

类　型	钢绞线 F_{s1}		注浆体与锚孔壁界面 F_{s2}		注浆体与钢绞线 F_{s2}	
	普通地层	高腐蚀地层	普通地层	高腐蚀地层	普通地层	高腐蚀地层
临时性锚固	1.5	1.7	1.5	2.0	1.5	2.0
永久性锚固	1.7	2.0	2.5	3.0	2.5	3.0

注：F_{s2} 为锚固体抗拔安全系数。

当锚索孔为仰孔时，因注浆难度较大不易灌注饱满密实，安全系数 F_{s2} 应适当提高。

7.3.3.2　锚固段长度计算

A　拉力型锚索的锚固段长度计算

（1）按水泥砂浆与锚索张拉钢材粘结强度确定锚固段长度 l_{sa}：

$$l_{sa} = \frac{F_{s2} \cdot P_t}{\pi \cdot d_s \cdot \tau_u} \tag{7-5}$$

当锚索锚固段为枣核状时，

$$l_{sa} = \frac{F_{s2} \cdot P_t}{n \cdot \pi \cdot d \cdot \tau_u} \tag{7-6}$$

（2）按锚固体与孔壁的抗剪强度确定锚固段长度 l_a：

$$l_a = \frac{F_{s2} \cdot P_t}{\pi \cdot d_h \cdot \tau} \tag{7-7}$$

式中　d_s——张拉钢材外表直径（束筋外表直径），m；

　　　d——单根张拉钢材直径，m；

　　　d_h——锚固体（即钻孔）直径，m；

　　　τ_u——锚索张拉钢材与水泥砂浆的极限粘结应力，按砂浆标准抗压强度 f_{ck} 的 10% 取值，kPa；

　　　τ——锚孔壁对砂浆的极限剪应力，kPa，见表 7-4。

表 7-4　锚孔壁对砂浆的极限剪应力

岩土种类	岩土状态	孔壁摩擦阻力/MPa	岩土种类	岩土状态	孔壁摩擦阻力/MPa
岩　石	硬岩	1.2 ~ 2.5	粉　土	中密	0.1 ~ 0.15
	软岩	1.0 ~ 1.5			
	泥岩	0.6 ~ 1.2			
黏性土	软塑	0.03 ~ 0.04	砂　土	松散	0.09 ~ 0.14
	硬塑	0.05 ~ 0.06		稍密	0.16 ~ 0.20
	坚硬	0.06 ~ 0.07		中密	0.22 ~ 0.25
				密实	0.27 ~ 0.40

锚索的锚固段长度采用 l_{sa}、l_a 中的大值。

对通常采用的注浆拉力型锚索，锚索的锚固段长度一般在 4 ~ 10m 间选取，且要求锚固段必须位于良好的地基之中，这是通过大量的数值分析及试验研究后所确定的。此类锚索锚固段破坏通常是从靠近自由段处开始，灌浆材料与地基间的粘结力逐渐剪切破坏，当锚固段长度超过 8 ~ 10m 后，即使增加锚固段长度，其锚固力的增量很小，几乎不可能提高锚固效果，因此并非锚固段越长越好。但锚固段太短时，由于实际施工期间锚固地基的局部强度降低。使锚固危险性增大，因此在设计中一般按 4 ~ 10m 选取。当锚固段计算长度超过 10m 时，通常采用加大孔径或减小锚索间距或增加锚索孔数等来调整。

B　压力分散型锚索锚固段长度计算

压力分散型锚索借助按一定间距分布的承载体，由若干个单元锚索组成锚固系统，每个单元锚索都有自己的锚固长度，承受的荷载也是通过各自的张拉千斤顶施加的。由于组合成这类锚索的单元锚索长度较小，所承受的荷载也小，锚固长度上的轴力和粘结力分布较均匀，使较大的总拉力值转化为几个作用于承载体上的较小的压缩力，避免了严重的粘结摩阻应力集中现象，在整个锚固体长度上粘结摩阻应力分布均匀，从而最大限度地利用孔壁地层强度。

从埋论上讲，压力分散型锚索整个锚固段长度并无限制，锚索承载力可随整个锚固段长度增加而提高，因此，该类锚索可用丁孔壁摩阻力较低软弱岩土中。

其锚固段长度计算方法如下：

（1）按式（7-7）计算确定总的锚固段长度 l_a；

（2）由式（7-4）计算确定锚索钢绞线根数 n；

（3）初拟承载体个数 m，则每个承载体分担的设计锚固力 $P_{t1} = \dfrac{P_t}{m}$；

（4）浆体强度验算：

$$\sigma = \frac{4F_{s1} \cdot P_{t1}}{\pi D^2} \leqslant f_c \tag{7-8}$$

式中　σ——注浆体计算抗压强度，kPa；

　　　f_c——注浆体的极限抗压强度，不宜低于 40MPa，一般由试验确定；

　　　D——注浆体直径，m。

通过强度验算，满足浆体抗压要求时，计算长度 l_a 可作为锚索的锚固段长度；如不满足浆体抗压要求，一般采用增加载体个数、提高浆体抗压强度、加大孔径或减小锚索间距或增加锚索孔数等来调整。

压力分散型锚索承载体分布间距（单元锚索锚固长度）不宜小于 15 倍锚索钻孔孔径，通常在 3 ~ 7m 中选取。总的设计原则是使每个承载体受力均等，而每个承载体上所受的力应与该承载段注浆体表面上的粘结摩阻抗力相平衡。由于注浆体与土体界面粘结摩阻抗力小于其与岩体界面粘结摩阻抗力，所以，承载体间距在土体中比岩体要大些。在设计中，在硬质岩中取小值，软质岩中取中值、土体中取大值。

图 7-9a 表明岩土强度未充分发挥，过于安全，设计中可进一步缩短承载体间距和锚固段长度；图 7-9b 表明前一个承载体的压力值没被该承载段粘结摩阻力相平衡，剩余压

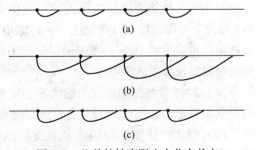

图 7-9　几种粘结摩阻应力分布状态

力值传给下一个承载体，使后面的承载区段粘结摩阻应力及分布范围增大，此种设计偏于不安全。设计中可加大承载体间距和锚固段长度；图7-9c表明合理的设计应当使各承载区段都分布有粘结摩阻应力，在整个锚固体长度上，粘结摩阻应力峰值比较均匀。

7.3.4　锚索的布置

7.3.4.1　锚索间距的确定

锚索的平面、立面布置以工程需要来确定，锚索间距应以所设计的锚固力能对地基提供最大的张拉力为标准。预应力锚索是群锚机制，锚索的间距不宜过大。但锚索间距太小时，受群锚效应的影响，单根锚索承载力降低，故间距又不能太小，根据通常设计和张拉试验观察，间距小于1.2m时，应考虑锚孔孔周岩土松弛区的影响，因此锚索间距宜大于1.5m或5倍孔径。设计时还应考虑施工偏差而造成锚索的相互影响。因此规定锚索间距宜采用3~6m，最小不应小于1.5m。

7.3.4.2　锚固角

预应力锚索同水平面的夹角称为锚固角。式(7-2)从施工工艺考虑，认为锚索设置方向以水平线向下倾为宜，通过技术经济综合分析，按单位长度锚索提供抗滑增量最大时的锚索下倾角为最优锚固角。

另一种方法是从锚索受力最佳来考虑，按以下经验公式计算最优锚固角 β：

$$\beta = \alpha \pm \left(45° + \frac{\varphi}{2}\right) \tag{7-9}$$

因为近水平方向布置的锚索，注浆后注浆体的沉淀和泌水现象，会影响锚索的承载能力，故设计锚固角应避开 $-10° ~ +10°$。从施工工艺考虑，一般多采用下倾15°~30°。

7.3.4.3　锚索长度

锚索总长度由锚固段长度、自由段长度及张拉段长度组成。锚索自由段长度受稳定地层界面控制，在设计中应考虑自由段伸入滑动面或潜在滑动面的长度不小于1m。一般规定自由段长度不小于3m，主要是由于自由段短的锚索，在相同的锚固荷载作用下的伸长也短，随着锚固段的地基蠕变变形，其锚固力减少的比例也大，应力松弛更加明显，另外也不至于在锚索使用过程中因锚头松动而引起预拉力的显著衰减。

张拉段长度应根据张拉机具决定，锚索外露部分长度一般为1.5m。

7.3.5　锚索的预应力与超张拉

7.3.5.1　锚索初始预应力

对于永久性锚索施加的拉力锁定值应不小于设计锚固力。所施加的张拉力应满足表7-2的规定，即施加设计张拉力时，锚索中的各股钢丝或钢绞线的平均应力，不应大于钢材极限抗拉强度的60%；当施加超张拉力时，各股钢丝和钢绞线的平均应力，不宜大于钢材极限抗拉强度的70%。

（1）对锚索施加的预应力的大小还应根据锚索的使用目的、被加固岩土体及地基性质与状态而定。如锚索加固滑坡、加固松动岩体。

（2）对于允许变形的锚索复合支挡结构，设计时应考虑锚索与结构物的变形协调，使两者能充分发挥作用，一般对锚索施加的初始预应力为设计锚固力的30%~80%。如预应力锚索桩，通常施加的初始预应力为设计锚固力的 50% ~80%。

（3）当锚索结构用于加固松散岩土体时，由于张拉作用会引起被加固岩土体产生较大的蠕变和塑性变形，通常应进行张拉试验来决定初始预应力值，一般对锚索施加的初始预应力为设计锚固力的 50% ~80%。为减少被加固岩土体的蠕变量，可对地基施加 $0.9P_y$ 以内且为设计锚固力的 1.2 ~1.3 倍的张拉力，通过一定周期的几次反复张拉，可减少蠕变量。

7.3.5.2　预应力损失与超张拉

预应力损失主要由钢绞线松弛、地层压缩蠕变及锚具的楔滑三部分组成。经研究表明，预应力损失主要发生在张拉至锁定的瞬间，锁定后预应力损失为所施加预应力的 10% ~20%，其中钢绞线松弛约占 4.5%，锚具的楔滑约占 1%，地层压缩蠕变约占 4% ~10%。为减少预应力损失，设计中应选用高强度低松弛的钢绞线和高质量的锚具，另外还应对锚索进行补偿张拉或超张拉。一般情况，锚索自由段为土层时，超张拉值宜为 15% ~25%，为岩层时宜为 10% ~15%。

7.3.6　算例

某滑坡代表性断面如图 7-7 所示，滑坡下滑力 $F = 700\text{kN/m}$，拟采用预应力锚索进行整治，试进行设计。已知：滑体重度 $\gamma = 20\text{kN/m}^3$，滑面综合摩擦角 $\varphi = 15°$。

解：（1）确定锚索钢绞线规格。采用 $\phi 15.2\text{mm}$、公称抗拉强度 1860MPa、截面积 139mm^2 钢绞线，每根钢绞线极限张拉荷载 P_u 为 259kN。

（2）锚索设置位置及设计倾角的确定。在设计中应考虑自由段伸入滑动面长度不小于 1m，锚索布置在滑坡前缘，锚索与滑动面相交处滑动面倾角为 22°。锚索自由段长度为 20m，锚固段长度暂按 10m 设计，锚固段长度与自由段长度之比 $A = 0.5$。则锚索设计下倾角：

$$\beta = \frac{45°}{A+1} + \frac{2A+1}{2(A+1)}\varphi - \alpha = \frac{45°}{0.5+1} + \frac{2×0.5+1}{2×(0.5+1)}×15° - 22° = 18°$$

（3）设计锚固力及锚索间距的确定。采用预应力锚索整治滑坡时，锚索提供的作用力主要有沿滑动面产生的抗滑力，及锚索在滑动面产生的法向阻力。本例滑坡为土质滑坡，锚索在滑动面产生的法向阻力应进行折减，折减系数 λ 按 0.5 考虑。

$$P_t = \frac{F}{\lambda\sin(\alpha+\beta)\tan\varphi + \cos(\alpha+\beta)}$$
$$= \frac{700}{0.5×\sin(22°+18°)×\tan15° + \cos(22°+18°)}$$
$$= 821.7\text{kN/m}$$

根据锚索设计锚固力 P_t 和所选用的钢绞线强度，计算整治每延米滑坡所需锚索钢绞线的根数 n，取安全系数 $F_{s1} = 1.8$，则：

$$n = \frac{F_{s1}·P_t}{P_u} = \frac{1.8×821.7}{259} = 5.7 \quad 取6根$$

设计锚索间距 4m，则需要设计 4 排每孔 6 束或 6 排每孔 4 束预应力锚索。如按 6 排每孔 4 束锚索进行设计，则每孔锚索设计锚固力为：

$$P_t = \frac{4×821.7}{6} = 547.8\text{kN}$$

如按 4 排每孔 6 束锚索进行设计，则每孔锚索设计锚固力为：

$$P_t = \frac{4 \times 821.7}{4} = 821.7 \text{kN}$$

以下按 4 排每孔 6 束锚索进行设计。

（4）锚固体设计计算。设计采用锚索钻孔直径 $d_h = 0.11\text{m}$，单根钢绞线直径 $d = 0.0152\text{m}$；注浆材料采用 M35 水泥砂浆，锚索张拉钢材与水泥砂浆的极限粘结应力 $\tau_u = 2340\text{kPa}$；锚索锚固段置于中等风化的软岩中，锚孔壁对砂浆的极限剪应力 $\tau = 800\text{kPa}$。锚索锚固段设计为枣核状，锚固体设计安全系数 $F_{s2} = 2.5$。

1）按水泥砂浆与锚索张拉钢材粘结强度确定锚固段长度 l_{sa}：

$$l_{sa} = \frac{F_{s2} \cdot P_t}{n \cdot \pi \cdot d \cdot \tau_u} = \frac{2.5 \times 821.7}{6 \times 3.14 \times 0.0152 \times 2340} = 3.07\text{m}$$

2）按锚固体与孔壁的抗剪强度确定锚固段长度 l_a：

$$l_a = \frac{F_{s2} \cdot P_t}{\pi \cdot d_h \cdot \tau} = \frac{2.5 \times 821.7}{3.14 \times 0.11 \times 800} = 7.43\text{m}$$

锚索的锚固段长度采用 l_{sa} 和 l_a 中的大值 7.43m，取整为 8m。

锚索总长度 = 锚固段长度 + 自由段长度 + 张拉段长度 = 8 + 20 + 1.5 = 29.5m

（5）外锚结构设计。根据被加固滑体边坡岩土情况，采用地梁作为外锚结构，锚头固定在地梁上。每根地梁设置两孔锚索，锚索间距 3m，按简支梁进行内力计算。地梁与边坡岩土接触面积由地基容许承载力确定，计算中可近似地将梁底地基反力按均布考虑。假定地梁长度为 5m，地基容许承载力为 300kPa，则梁的宽度为：

$$2 \times 821.7 \div (300 \times 5) = 1.1\text{m}$$

梁的厚度由最大弯矩及剪力计算确定，结构设计略。

7.4　预应力锚索板、梁设计

锚索的紧固头一般固定在承力结构物即外锚结构上。外锚结构一般为钢筋混凝土结构。其结构形式多种多样，可根据被加固边坡岩土情况来确定，常用的有垫礅（垫块、垫板）、地梁、格子梁、柱、桩、墙等。

7.4.1　钢筋混凝土垫礅

锚索的锁定头设置在钢筋混凝土垫礅（垫块、垫板）上与锚索结合加固边坡，此种结构形式称为锚索礅或锚索板（图 7-10）。该结构可用于滑坡、边坡及既有建筑物加固。

垫礅大小根据被加固边坡地基承载力确定，即：

$$A = \frac{K \cdot P_t}{[\sigma]} \tag{7-10}$$

式中　A——垫礅的面积，m^2；

$\quad$ P_t——设计锚固力，kN；

$\quad$ K——锚索超张拉系数；

$\quad$ $[\sigma]$——地基容许承载力。

垫磴的内力可按中心有支点单向受弯构件计算，但垫磴应双向布筋。此外，尚应检算垫磴与钢垫板连接处混凝土局部承压与冲切强度。

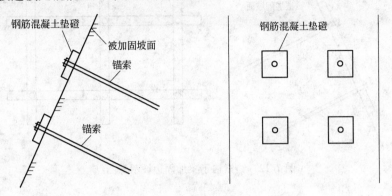

图 7-10　锚索垫磴加固边坡示意图

7.4.2　地梁、格子梁

锚索的锁定头设置在钢筋混凝土条形梁、格子梁上与锚索结合加固边坡，此种结构形式称为锚索地梁（图 7-11）或锚索格子梁（图 7-12）。该结构是利用施加于锚索上的预应力，通过锚索地梁或锚索格子梁传入稳定地层内，起到加固边坡的作用，具有受力均匀，整体受力效果较好的特点，特别适合于加固地基承载力较低或较松散的边坡。

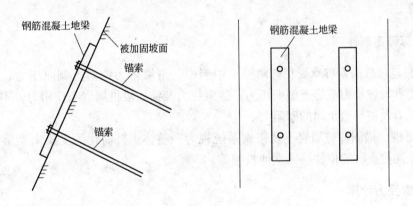

图 7-11　锚索地梁加固边坡示意图

当地梁上设置两孔锚索时可简化为简支梁进行内力计算；当地梁上设置三孔或三孔以上锚索时可简化为连续梁进行内力计算。即将锚拉点锚索预应力简化为集中荷载，按弹性地基梁进行计算。一般情况下，可近似地将梁底地基反力按均布考虑。

对于格子梁，可将锚拉点锚索预应力简化为在纵横梁节点处施加一个集中荷载，按节点处挠度相等的条件，将锚索预应力分配到各自梁上，然后按一般的条形弹性地基梁进行计算。

该方法由于考虑了节点处变形协调及重叠地梁面积的应力修正，计算较为繁琐。在实际应用中，一般采用纵横梁使用相同的截面尺寸，节点荷载可近似按纵横梁间距来分配到两个方向的梁上。

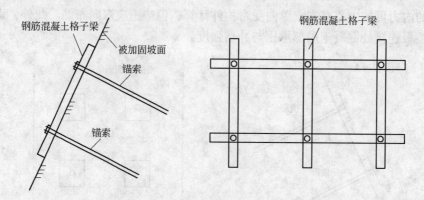

图 7-12　锚索格子梁加固边坡示意图

7.5　预应力锚索桩设计

预应力锚索桩是从 20 世纪 80 年代开始研究并应用的，锚索桩由锚索和锚固桩组成，由于在桩的上部设置预应力锚索，使桩的变形受到约束，大大改善了悬臂桩的受力及变形状态，从而减小了桩的截面和埋置深度。

预应力锚索桩首先应用于滑坡整治及基坑支护中，随后用于高填方支挡（即锚拉式桩板墙、锚索桩板墙）及路堑高边坡预加固中。锚索桩可按横向变形约束地基系数法进行设计计算。

7.5.1　计算假定条件

（1）假定每根锚索桩承受相邻两桩"中到中"滑坡推力或岩土侧向压力，作用于桩上的力主要有滑坡推力或岩土侧向压力、锚索拉力及锚固段桩周岩土作用力，不计桩体自重、桩底反力及桩与岩土间的摩阻力。

（2）将桩、锚固段桩周岩土及锚索系统视为一整体，桩简化为受横向变形约束的弹性地基梁，锚拉点桩的位移与锚索伸长相等。

7.5.2　锚索受力计算

图 7-13 为锚索桩结构计算示意图。

假定桩上设置 n 排锚索，则桩为 n 次超静定结构。桩锚固段顶端 O 点处桩的弯矩 M_0 及剪力 Q_0 计算如下：

$$M_0 = M - \sum_{j=1}^{n} R_j L_j \tag{7-11}$$

$$Q_0 = Q - \sum_{j=1}^{n} R_j \tag{7-12}$$

式中　M，Q——分别为滑坡推力或岩土压力作用于桩 O 点的弯矩、剪力；

R_j——第 j 排锚索拉力；

L_j——第 j 排锚索锚拉点距 O 点的距离。

由位移变形协调原理，每根锚索伸长量 Δ_i 与该锚索所在点桩的位移 f_i 相等，建立位移平衡方程，即：

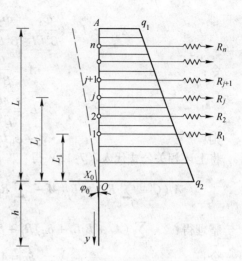

$$\Delta_i = f_i \qquad (7\text{-}13)$$

$$f_i = X_0 + \varphi_0 L_i + \Delta_{iq} - \sum_{j=1}^{n} \Delta_{ij} \qquad (7\text{-}14)$$

$$\Delta_i = \delta_i (R_i - R_{i0}) \qquad (7\text{-}15)$$

式中　X_0，φ_0——分别为桩锚固段顶端 O 点处桩的位移、转角；

　　Δ_{iq}，Δ_{ij}——分别为滑坡推力（或岩土压力）、其他层锚索拉力 R_j 作用于 i 点桩的位移；

　　R_{i0}——第 i 根锚索的初始预应力；

图 7-13　锚索桩结构计算示意图

　　δ_i——第 i 根锚索的柔度系数，即单位力作用下锚索的弹性伸长量，按下式计算：

$$\delta_i = \frac{L_i}{N E_g A_s} \qquad (7\text{-}16)$$

　　L_i，A_s——分别为锚索自由段长度及每束锚索截面积；

　　E_g——锚索的弹性模量；

　　N——每孔锚索的束数。

当滑坡推力（或岩土压力）为梯形分布时（见图 7-13），在其作用下，i 点桩的位移为：

$$\Delta_{iq} = \frac{L^4}{120EI} \big[5q_1 (3 - 4\xi_i + \xi_i^4) + q_0 (4 - 5\xi_i + \xi_i^5) \big] \qquad (7\text{-}17)$$

$$\xi_i = 1 - \frac{L_i}{L}$$

$$q_0 = q_2 - q_1$$

$$\Delta_{ij} = R_j \cdot \delta_{ij} \qquad (7\text{-}18)$$

式中，δ_{ij} 为第 j 根锚索拉力 R_j 作用于桩上 i 点的位移系数，可由结构力学中有关计算公式确定。

当 $j \geqslant i$ 时，则 $\delta_{ij} = \dfrac{L_j^3}{6EI} (2 - 3\gamma + \gamma^3)$，$\gamma = 1 - \dfrac{L_j}{L_i}$

当 $j < i$ 时，则 $\delta_{ij} = \dfrac{L_j^2 L_i}{6EI} (3 - \gamma)$，$\gamma = \dfrac{L_j}{L_i}$

由地基系数法（简化为多层 K 法），可计算确定 X_0、φ_0 为：

$$X_0 = \frac{Q_0}{\beta^3 EI} \varPhi_1 + \frac{M_0}{\beta^2 EI} \varPhi_2 \qquad (7\text{-}19)$$

$$\varphi_0 = \frac{Q_0}{\beta^2 EI} \varPhi_2 + \frac{M_0}{\beta EI} \varPhi_3 \qquad (7\text{-}20)$$

式中　$\varPhi_1$，$\varPhi_2$，$\varPhi_3$——桩的无量纲系数；

　　E，I——分别为桩的弹性模量、截面惯性矩；

　　β——桩的变形系数。

$$X_0 + \varphi_0 L = \left(\frac{\varPhi_1}{\beta^3 EI} + \frac{\varPhi_2}{\beta^2 EI}L_i\right)Q_0 + \left(\frac{\varPhi_2}{\beta^2 EI} + \frac{\varPhi_3}{\beta EI}L_i\right)M_0 \tag{7-21}$$

令：
$$A_i = \frac{\varPhi_1}{\beta^3 EI} + \frac{\varPhi_2}{\beta^2 EI}L_i \tag{7-22}$$

$$B_i = \frac{\varPhi_2}{\beta^2 EI} + \frac{\varPhi_3}{\beta EI}L_i \tag{7-23}$$

则：
$$X_0 + \varphi_0 L = A_i Q_0 + B_i M_0 \tag{7-24}$$

将上述相关公式代入 (7-13) 得：

$$A_i\left(Q - \sum_{j=1}^{n} R_j\right) + B_i\left(M - \sum_{j=1}^{n} R_j L_j\right) + \Delta_{iq} - \sum_{j=1}^{n} R_j \delta_{ij} = \delta_i(R_i - R_{i0})$$

整理得：
$$\sum_{j=1}^{n}(A_i + B_j L_j + \delta_{ij})R_j + \delta_i R_i = A_i Q + B_i M + \Delta_{iq} + \delta_i R_{i0}$$

令：
$$\xi_{ij} = A_i + B_i L_j + \delta_{ij} \tag{7-25}$$
$$C_i = A_i Q + B_i M + \Delta_{iq} + \delta_i R_{i0} \tag{7-26}$$

则：
$$\sum_{j=1}^{n} \xi_{ij} R_j + \delta_i R_i = C_i \tag{7-27}$$

解线性方程组 (7-27)，可确定各排锚索拉力 R_j 为：

$$R_j = \frac{D_K}{D} \tag{7-28}$$

其中：

$$D = \begin{vmatrix} \xi_{11}+\delta_1 & \xi_{12} & \cdots & \xi_{1j} & \cdots & \xi_{1n} \\ \xi_{21} & \xi_{22}+\delta_2 & \cdots & \xi_{2j} & \cdots & \xi_{2n} \\ \vdots & \vdots & & \vdots & & \vdots \\ \xi_{n1} & \xi_{n2} & \cdots & \xi_{nj} & \cdots & \xi_{nn}+\delta_n \end{vmatrix}$$

$$D_K = \begin{vmatrix} \xi_{11}+\delta_1 & \xi_{12} & \cdots & \xi_{1(j-1)} & C_1 & \xi_{1(j+1)} & \cdots & \xi_{1n} \\ \xi_{21} & \xi_{22}+\delta_2 & \cdots & \xi_{2(j-1)} & C_2 & \xi_{2(j+1)} & \cdots & \xi_{2n} \\ \vdots & \vdots & & \vdots & \vdots & \vdots & & \vdots \\ \xi_{n1} & \xi_{n2} & \cdots & \xi_{n(j-1)} & C_n & \xi_{n(j+1)} & \cdots & \xi_{nn}+\delta_n \end{vmatrix}$$

7.5.3　桩身内力计算

7.5.3.1　非锚固段 OA 桩身内力计算

令：
$$L_0 = 0 、 L_{n+1} = L 、 R_{n+1} = 0$$

当 $y = L - L_i$ 时，取 $K = n + 1 - i$ $(i = 1, 2, \cdots, n)$

$$\left.\begin{aligned} Q_y^- &= Q(y) - \sum_{j=1}^{K} R_{n+2-j} \\ Q_y^+ &= Q(y) - \sum_{j=1}^{K} R_{n+1-j} \\ M_y &= M(y) - \sum_{j=1}^{K} R_{n+1-j}\left[y - (L - L_{n+1-j})\right] \end{aligned}\right\} \tag{7-29}$$

当 $L - L_{i-1} > y \geqslant L - L_i$ 时，取 $K = n + 2 - i$ $(i = 1, 2, \cdots, n + 1)$

$$\left.\begin{aligned} Q_y &= Q(y) - \sum_{j=1}^{K} R_{n+2-j} \\ M_y &= M(y) - \sum_{j=1}^{K} R_{n+2-j}\left[y - \left(L - L_{n+2-j}\right)\right] \end{aligned}\right\} \tag{7-30}$$

式中　Q_y，M_y——桩身剪力、弯矩；

　　　$Q(y)$，$M(y)$——仅岩土压力作用于桩上的剪力、弯矩；

　　　　　　K——从桩顶下数锚索支承点个数。

7.5.3.2 锚固段桩身内力计算

锚固段桩身内力计算详见第 5 章有关抗滑桩的内力计算。

7.5.4 算例

图 7-14 为锚索桩结构计算图，各符号意义同前。桩背土压力呈三角形分布，$q_1 = 0$，$q_2 = 400\text{kPa}$；桩几何尺寸：桩截面 $1.5\text{m} \times 2\text{m}$，$L_1 = 13\text{m}$、$L = 16\text{m}$、$h = 5\text{m}$；锚索采用 8 束 7$\phi$5 钢绞线制作，单束截面积 $A_s = 0.0014\text{m}^2$，锚索自由段长度 $l = 18\text{m}$，钢绞线弹性模量 $E_g = 1.9 \times 10^8 \text{kN/m}^2$；桩的弹性模量 $E = 2.6 \times 10^7 \text{kN/m}^2$，惯性矩 $I = 1\text{m}^4$。试计算锚索的锚拉力。

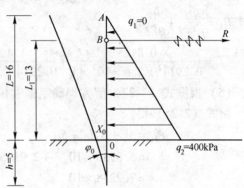

图 7-14　锚索桩结构计算图

解：本例只有 1 排锚索，故 $i = j = 1$，$\delta_{11} = 0.00002817$

（1）计算土压力作用于锚拉点 B 处桩的位移 Δ_{iq}。

根据式（7-17）　$\Delta_{iq} = \dfrac{L^4}{120EI}\left[5q_1\left(3 - 4\xi_i + \xi_i^4\right) + q_0\left(4 - 5\xi_i + \xi_i^5\right)\right]$

$$q_0 = q_2 - q_1 = 400 - 0 = 400\text{kPa}$$

$$\xi_1 = 1 - \frac{L_i}{L} = 1 - \frac{13}{16} = 0.1875$$

$$\Delta_{iq} = \frac{16^4}{120 \times 2.6 \times 10^7 \times 1} \times \left[0 + 400 \times \left(4 - 5 \times 0.1875 + 0.1875^5\right)\right] = 0.02573$$

（2）计算土压力作用于桩锚固段顶端 O 点的弯矩 M、剪力 Q：

$$M = \frac{1}{6}q_2 L^2 = \frac{1}{6} \times 400 \times 16^2 = 17066\text{kN} \cdot \text{m}$$

$$Q = \frac{1}{2}q_2 L = \frac{1}{2} \times 400 \times 16 = 3200\text{kN} \cdot \text{m}$$

（3）计算锚索的柔度系数 δ。

根据式（7-16），$\delta_1 = \dfrac{l}{NE_g A_s} = \dfrac{18}{8 \times 1.9 \times 10^8 \times 0.00014} = 8.459 \times 10^{-5}$

（4）计算系数 A、B。

桩的计算宽度 $B_p = 1.5 + 1 = 2.5m$

桩的变形系数 $\beta = \sqrt[4]{\dfrac{KB_p}{4EI}} = \sqrt[4]{\dfrac{300000 \times 2.5}{4 \times 2.6 \times 10^7 \times 1}} = 0.2914$

由 β、h 可确定桩的无量纲系数，得：

$$\Phi_1 = 0.7137, \quad \Phi_2 = 0.8125, \quad \Phi_3 = 1.4969$$

由式（7-22）、式（7-23）得：

$$A_1 = \frac{\Phi_1}{\beta^3 EI} + \frac{\Phi_2}{\beta^2 EI} L_1$$

$$= \frac{0.7137}{0.2914^3 \times 2.6 \times 10^7 \times 1} + \frac{0.8125 \times 13}{0.2914^2 \times 2.6 \times 10^7 \times 1} = 5.8935 \times 10^{-6}$$

$$B_1 = \frac{\Phi_2}{\beta^2 EI} + \frac{\Phi_3}{\beta EI} L_1$$

$$= \frac{0.8125}{0.2914^2 \times 2.6 \times 10^7 \times 1} + \frac{1.4969 \times 13}{0.2914 \times 2.6 \times 10^7 \times 1} = 2.9365 \times 10^{-6}$$

（5）根据式（7-27）解方程确定锚索拉力 R。

由式（7-25）得：

$$\xi_{11} = A_1 + B_1 L_1 + \delta_{11}$$

$$= 5.8935 \times 10^{-6} + 2.9365 \times 10^{-6} \times 13 + 0.00002817$$

$$= 7.2238 \times 10^{-5}$$

由式（7-26）得：

$$C_1 = A_1 Q + B_1 M + \Delta_{1q} + \delta_1 R_{10}$$

$$= 5.8935 \times 10^{-6} \times 3200 + 2.9365 \times 10^{-6} \times 17066 + 0.02573 + 8.459 \times 10^{-5} \times 800$$

$$= 0.162375$$

由式（7-2）得：

$$R_1 = \frac{C_1}{\xi_{11} + \delta_1} = \frac{0.162375}{7.2238 \times 10^{-5} + 8.459 \times 10^{-5}} = 1035kN$$

习　题

7-1　预应力锚索可用于土质、岩质地层的边坡及地基加固，其锚固段宜置于（　　）。

　　A. 地基基础内　　　　B. 稳定岩层内　　　　C. 砌体内　　　　D. 锚固层内

7-2　预应力锚索的使用范围和要求有（　　）。

　　A. 预应力锚索可用于土质、岩质地层的边坡及地基加固，其锚固段宜置于稳定岩层内

　　B. 预应力锚索应采用高强度低松弛钢绞线制作

　　C. 预应力锚索施工程序为造孔、制作承压板（或桩、梁）、装索、张拉、灌浆，最后进行封孔

　　D. 制作承压板（桩、梁）时，垫墩顶面必须平整、坚固，且垂直于钻孔轴线

　　E. 预应力锚固性能试验和观测，应按施工单位自己定的要求进行

7-3　关于锚喷支护技术，下列叙述正确的是（　　）。

　　A. 锚杆长，锚索短　　　B. 锚杆短，锚索长　　　C. 锚杆孔径大，锚索孔径小

　　D. 锚索孔径大，锚杆孔径小　　　E. 锚杆受力大，锚索受力小

7-4　采用预应力锚索时，下列选项中（　　　）项是不正确的。

　　A. 预应力锚索由锚固段、自由段及紧固头三部分组成

　　B. 锚索与水平面的夹角以下倾15°～30°为宜

　　C. 预应力锚索只能适用于岩质地层的边坡及地基加固

　　D. 锚索必须作好防锈防腐处理

7-5　锚杆或锚索加固边坡适用于潜在滑动面大于（　　　）的不稳定岩土体

　　A. 5m　　　　　　　　B. 20m　　　　　　　　C. 30m　　　　　　　　D. 10m

7-6　简述预应力锚索的特点及应用范围。

7-7　简述锚杆与锚索的区别。

7-8　简述拉力型与压力型锚索的区别与联系。

7-9　简述预应力锚索的设计内容。

7-10　简述锚索的初始预应力与预应力损失。

7-11　锚索为什么要分两次张拉？

7-12　锚索先张法和后张法有什么不同？

7-13　锚索张拉达不到设计预紧值怎么处理？

7-14　为什么现在常常假设锚杆与锚索不抗剪，是出于什么原因考虑的？

7-15　边坡锚索共设计有四根，张拉时采用单根张拉，对不对，为什么？

8   其他结构形式的挡土结构物

8.1   竖向预应力锚杆挡土墙

8.1.1   概述

竖向预应力锚杆挡土墙是由圬工砌体和竖向预应力锚杆构成的，如图8-1所示。砌体一般是由浆砌片（块）石或素混凝土筑成，竖向预应力锚杆竖向设置，它的一端锚固在岩质地基中，另一端砌筑于墙身内，并设锚具与圬工砌体联系，最后对锚杆进行张拉。竖向预应力锚杆挡土墙就是利用锚杆的弹性回缩对墙身施加竖向预应力，以提高挡土墙的稳定性，从而代替部分挡土墙圬工的重力，减少挡土墙圬工断面，达到节省圬工、降低造价的目的。

竖向预应力锚杆挡土墙一般适用于岩质地基（即要求地基承载力高）及墙身所受侧压力（如滑坡推力）较大的情况。此种挡土墙我国铁路部门于1975年首先应用于成昆铁路狮子山滑坡病害整治工程中，以后在其他滑坡治理工程中陆续使用。

8.1.2   锚杆设计

灌浆预应力锚杆是利用锚孔中灌注的水泥砂浆锚固在挡土墙基底稳定岩层的钻孔中，锚杆受拉后由锚杆周边的砂浆握裹力将拉应力通过砂浆传递到岩层中。它由锚固段、张拉自由段及垫板锚具等三部分组成，如图8-1所示。

锚固段是指在挡土墙基底以下锚固在稳定地基中的一段锚杆，它是利用水泥砂浆对锚杆的握裹力、砂浆与孔壁岩层间的粘结力和摩阻力进行锚固的。锚固段以上部分，称为自由段，其长度根据墙身抗剪强度的需要和预应力的损失而定。这段锚杆的周围应灌注软沥青，以免与砌体粘结并可起防锈作用。锚杆顶端设置有预制的钢筋混凝土垫块和钢

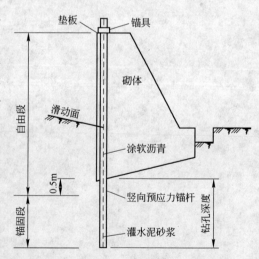

图8-1   竖向预应力锚杆挡土墙结构图

垫板，垫板上安有锚具，以备张拉后锚固锚杆。锚头采用螺丝端杆锚具，其结构如图8-2所示。螺丝端杆与锚杆用对焊连接。

锚杆设计包括锚杆材料的选定和截面尺寸的确定，锚杆间距及锚杆锚固深度的确定等。

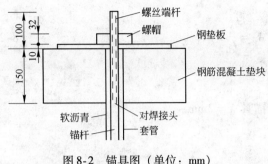

图 8-2　锚具图（单位：mm）

锚杆宜用经过双控冷拉处理后的单根粗钢筋制作，双控冷拉处理的目的在于提高钢筋的极限强度，一般采用螺纹钢筋。其截面应根据受力大小而定，锚杆直径尚需增加 2mm 作为防锈的安全储备，目前常用 $\phi18 \sim 32mm$。锚孔直径一般比锚杆直径大 $15 \sim 30mm$，约为 $50 \sim 100mm$，视岩石的风化程度、水泥砂浆与岩石的粘结强度等综合选定。

锚杆的间距应根据锚杆的抗拔力、墙身圬工数量等因素确定。在纵向尽可能均匀布置，以不引起锚孔周围地层应力的重叠和过分集中为原则，其纵向间距一般不宜小于 1.0m，并以大于 20 倍的锚孔直径为宜。为增加抗倾覆能力，锚杆在横向宜靠近墙背，但应使墙身能承受垫块压力而不致破坏。一般距墙背 0.5m，要求墙背砌筑整齐、坐浆密实。

锚固深度是指锚杆埋入稳定地基中的长度，其长度可按抗拔力要求根据锚固地层性质确定。设计时尚应考虑岩层构造，防止挡土墙位移时切断锚杆，同时避免基底处应力过于集中。有效锚固深度自挡土墙基底以下 0.5m 处算起，即基底以下 0.5m 设置为自由段（涂以软沥青）。根据锚杆拉拔试验，当采用冷拉螺纹钢筋作锚杆时，在较完整的硬质岩层中，砂浆强度大于 C30 时，其锚杆有效锚固深度约为 2m 即可。对于埋置于软质或严重风化岩层中的锚杆，则宜根据现场拉拔试验确定。

竖向预应力锚杆挡土墙的锚头一般采用螺母锚固。根据锚杆自由段长度与挡土墙高度的关系，锚头分为埋入式及出露式两种（如图 8-3 所示）。低墙或处于试验阶段时宜用出露式；墙身较高或有可靠的预应力损失实测资料时，可选用埋入式。埋入式锚头埋设位置应综合考虑锚杆自由段的长度（预应力损失）和墙身截面强度等因素决定。

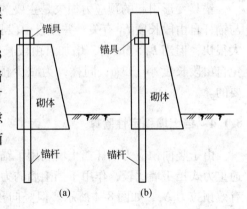

图 8-3　锚头锚固位置
（a）出露式；（b）埋入式

8.1.3　锚杆有效预拉力计算

锚杆有效预拉力是由控制张拉力扣除预应力损失值加以确定的，即：

$$N_g = N_z - N_s \tag{8-1}$$

式中　N_g——锚杆有效预拉力，kN；

$\quad\quad N_z$——锚杆控制张拉力，kN；

$\quad\quad N_s$——锚杆预应力的各种损失值，kN。

锚杆张力由锚杆材料及拉拔实验资料确定。一般情况下，张拉控制应力 $\sigma_k = 0.85 R_g$，超张拉时的最大控制力 $\sigma_k = 0.95 R_g$，其中，R_g 为钢筋抗拉设计强度。

预应力损失是由锚具的变形、锚杆的松弛以及墙身砌体的收缩与徐变三方面引起的，其中锚具变形是引起预应力损失的主要原因。由锚具变形引起的预应力损失值可按下式

计算:

$$N_{s1} = \sigma_{s1} A_g = \frac{\lambda}{L_0} E_g A_g \qquad (8-2)$$

式中　N_{s1}——锚具变形引起的预拉力损失值, kN;

　　　　σ_{s1}——预应力损失值, kPa;

　　　　λ——锚具变形值, mm, 带螺帽的锚具 $\lambda = 2\,\mathrm{mm}$;

　　　　L_0——锚杆自由段长度, m;

　　　　A_g——钢筋截面积, m^2;

　　　　E_g——钢筋弹性模量, MPa。

锚杆松弛引起的预应力损失为:

$$N_{s2} = \sigma_{s2} A_g \qquad (8-3)$$

对于冷拉热轧钢筋, 一般张拉时按 5% 的损失计 (即 $\sigma_{s2} = 0.05\sigma_k$), 超张拉时按 3.5% 损失计 (即 $\sigma_{s2} = 0.035\sigma_k$)。

墙身砌体收缩与徐变所引起的预应力损失, 对于浆砌片 (块) 石挡土墙, 由于影响徐变的胶体物质很少, 故可以忽略不计。

总的预应力损失则为:

$$N_s = N_{s1} + N_{s2} \qquad (8-4)$$

在实际计算锚杆预应力损失时, 如果缺乏经验, 可近似地取控制张拉力的 25% ~ 30%; 挡土墙较矮时, 取大值。

锚具变形引起的预应力损失是主要的, 由式 (8-2) 可知, 由其引起的预应力损失值与锚杆自由段长度 L_0 有关, 并随自由段长度的缩短而增大。特别是当 $L_0 < 3\,\mathrm{m}$ 时, N_{s1} 增大很快, 但当 $L_0 > 6\,\mathrm{m}$ 时, 增加自由段长度对 N_{s1} 的减小已不明显。因此, 在设计中应避免自由段长度小于 3m; 同样, 为减少预应力损失, 使自由段长度大于 6m 也是没有必要的。

8.1.4　挡土墙稳定性验算

由于竖向预应力锚杆挡土墙利用了锚杆因弹性回缩面对墙身施加的竖向预应力, 与普通重力式挡土墙比较, 作用于挡土墙的力系发生了微小变化, 即增加了对稳定有利的锚杆有效预拉力 N_g, 如图 8-4 所示。但竖向预应力锚杆挡土墙稳定性验算方法与普通重力式挡土墙基本相同, 仅在验算时增加有效预拉力 N_g, 并列入竖向力系和稳定力矩中。对于如图 8-4 所示的倾斜基底, 其基底的法向分力和切向分力为:

$$\left.\begin{array}{l} \sum N' = (G + N_g + E_y)\cos\alpha_0 + E_x\sin\alpha_0 \\ \sum T' = E_x\cos\alpha_0 - (G + N_g + E_y)\sin\alpha_0 \end{array}\right\} \qquad (8-5)$$

抗滑稳定系数为:

$$K_c = \frac{\sum N' \mu}{\sum NT'} = \frac{[(G + N_g + E_y) + E_x\tan\alpha_0]\mu}{E_x - (G + N_g + E_y)\tan\alpha_0} \qquad (8-6)$$

抗倾覆稳定系数为:

$$K_0 = \frac{GZ_G + N_g Z_{N_g} + E_y B_y}{E_x Z_x} \qquad (8-7)$$

作用于基底合力的法向分力对墙趾的力臂为：

$$Z'_N = \frac{\sum M_y - \sum M_0}{\sum N'} \tag{8-8}$$

合力偏心距为：

$$e' = \frac{B'}{2} - Z'_N \tag{8-9}$$

基底法向应力为：

$$\left.\begin{array}{l} \dfrac{\sigma_1}{\sigma_2} = \dfrac{\sum N'}{B'}\left(1 \pm \dfrac{6e'}{B'}\right) \quad (e' \leqslant B'/6) \\[4mm] \sigma_{\max} = \dfrac{2\sum N'}{3Z'_N} \quad (e' > B'/6) \end{array}\right\} \tag{8-10}$$

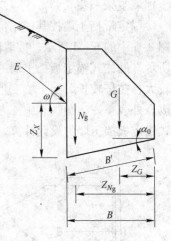

图 8-4 中 ω 与作用于墙背的侧向压力有关，当墙背作用主动土压力时，$\omega = \delta - \alpha$；当墙背作用滑坡推力时，ω 为紧挨墙背滑动面的倾角。

图 8-4 稳定性验算图

8.2 锚定板挡土墙

8.2.1 概述

锚定板挡土墙由墙面板、钢拉杆及锚定板和填料共同组成，如图 8-5 所示，它是一种适用于填土的轻型挡土结构。墙面板由预制的钢筋混凝土面板或者用预制的钢筋混凝土肋柱和挡土板拼装而成。钢拉杆外端与墙面板的肋柱或面板连接，而内端与锚定板连接，通过钢拉杆，依靠埋置在填料中的锚定板所提供的抗拔力来维持挡土墙的稳定。

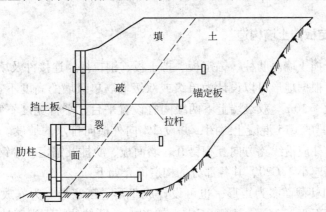

图 8-5 两级肋柱式锚定板挡土墙断面图

锚定板挡土墙和加筋土挡墙一样都是一种适用于填土的轻型挡土结构，但二者的挡土原理不同。锚定板挡土结构是依靠填土与锚定板接触面上的侧向承载力以维持结构的平衡，不需要利用钢拉杆与填土之间的摩擦力，因此它的钢拉杆长度可以较短，钢拉杆的表面可以用沥青玻璃布包扎防锈，而填料也不必限用摩擦系数较大的砂土。从防锈、节省钢材和适应各种填料三个方面比较，锚定板挡土结构都有较大的优越性，但施工程序较加筋土挡墙复杂一些。

锚定板挡土墙按其使用情况可分为路肩墙、路堤墙、货场墙、码头墙和坡脚墙等,如图8-6中的a~d所示。按墙面的结构形式可分为肋柱式和无肋柱式,如图8-6中的e、f所示,肋柱式锚定板挡土墙的墙面由肋柱和挡土板组成,一般为双层拉杆,锚定板的面积较大,拉杆较长,挡土墙变形较小。无肋柱式锚定板挡土墙的墙面由钢筋混凝土面板组成。外表整齐、美观、施工方便,多用于城市交通的支挡结构物工程。本节主要介绍肋柱式锚定板挡土墙的设计计算。

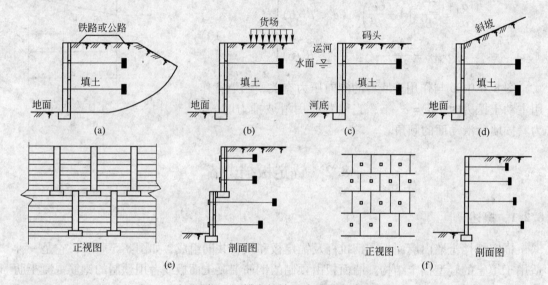

图8-6　锚定板挡土墙的类型

(a)路肩墙;(b)货场墙;(c)码头墙;(d)坡脚墙;(e)肋柱式锚定板挡墙;(f)无肋柱式锚定板挡墙

8.2.2　肋柱式锚定板挡土墙构造

肋柱式锚定板挡土墙由肋柱、锚定板、挡土板、钢拉杆、连接件及填料组成,一般情况下应设有基础。根据地形可以设计为单级或双级墙。单级墙的高度不宜大于6m,双级墙的总高度不宜大于10m。双级墙上下两级间宜设置平台,平台宽度不宜小于2.0m,平台顶面宜用15cm厚的C15混凝土封闭,并设2%向外横向排水的坡度。肋柱式锚杆挡墙上、下两级墙的肋柱应沿线路方向互相错开。墙面板、肋柱及锚定板等钢筋混凝土构件的混凝土强度等级不应小于C20,其各部分的构造简介如下:

(1)肋柱。肋柱截面多为矩形,也可设计成T形、工字形。为安放挡土板及设置钢拉杆孔,截面宽度不小于24cm,厚度不宜小于30cm。肋柱的间距视工地上机械的起吊能力和锚定板的抗拔力而定,一般为1.5~2.5m。每级肋柱按其高度可布置2~3层拉杆,其位置尽量使肋柱受力均匀。肋柱底端视地基承载力、地基的岩性及埋深情况,一般可按自由端或铰支端设计,如埋置较深,且岩性坚硬,也可视为固定端。如地基承载力较低,应设基础。

肋柱上要设置钢拉杆穿过的孔道。孔道可做成椭圆孔或圆孔,直径大于钢拉杆直径,空隙将填塞防锈砂浆。肋柱与锚定板均应预留拉杆孔洞。锚定板、肋柱与螺丝端杆连接处，在填土前宜用沥青砂浆充填，并用沥青麻筋塞缝，外露的杆端和部件宜待填土下沉基本稳定后，用水泥砂浆封填。由于锚定板挡土墙为拼装结构，为避免产生过大的位移，规定肋柱安装时严禁前倾，应适当后仰，其后仰倾斜度宜为20:1。肋柱吊装时，应在肋柱基础的杯座槽内铺垫沥青砂浆。

（2）锚定板。锚定板通常采用方形钢筋混凝土板，也可采用矩形板，其面积不小于 $0.5m^2$，一般选用 $1m \times 1m$。锚定板预制时应预留拉杆孔，其要求同肋柱的预留孔道。

（3）挡土板。挡土板可采用钢筋混凝土槽形板、矩形板或空心板。矩形板厚度不小于15cm，挡土板与两肋柱搭接长度不小于10cm，挡土板高一般为50cm。挡土板上应留有泄水孔，在板后应设置反滤层。

（4）钢拉杆。拉杆宜选用螺纹钢筋，其直径不小于22mm，亦不大于32mm。通常钢拉杆选用单根钢筋，必要时可用两根钢筋组成一钢拉杆。拉杆的螺丝端杆选用可焊性和延伸性良好的钢材，以便于与钢筋焊接组成拉杆。采用精轧钢筋时，不必焊接螺丝端杆。

（5）拉杆与肋柱、锚定板的连接。拉杆前段与肋柱的连接和锚杆挡土墙相同。拉杆后端用螺帽、钢垫板与锚定板相连。锚定板与钢拉杆组装后，孔道空隙应当填满水泥砂浆。

（6）填料。锚定板挡土墙墙面板背后的填料应采用砂类土（粉砂除外），碎石类、砾石类土以及符合规定的细粒土。不得采用膨胀土、盐渍土。

（7）基础。应根据地基承载力确定是否需要设置基础，基础材料可采用C15混凝土或 M7.5 水泥砂浆浆砌片石。无肋柱式锚定板挡土墙可采用浆砌片石或混凝土条形基础；肋柱式挡土墙的基础可采用混凝土条形基础、杯座式基础等。基础验算应按重力式挡土墙的基础验算方法进行。基础厚度不宜小于50cm，襟边不宜小于15cm。基础埋深应满足重力式挡土墙基础的要求，应不小于1.0m及冻结线以下0.25m。采用杯座式基础还可减少肋柱吊装时的支撑工作量。

8.2.3 肋柱式锚定板挡土墙设计

肋柱式锚定板挡土墙设计的主要内容包括：墙背土压力的计算，肋柱、锚定板、挡土板的内力计算及配筋设计以及锚定板挡土墙的整体稳定验算。

8.2.3.1 墙背土压力计算

锚定板挡土墙面板所受的土压力是由墙后填料及外部荷载引起。由于挡土板、拉杆、锚定板及填料的相互作用，影响土压力的因素很多（如填料性质、填料压实程度、拉杆位置、锚定板大小等），目前一般采用一些假定和简化后对土压力进行计算。

大量的工程实测及模拟试验表明，锚定板挡土墙面板上的土压力值大于库仑主动土压力值。所以《铁路路基支挡结构设计规范》中规定：填料引起的土压力采用库仑主动土压力公式计算，然后乘以增大系数 β 的办法，增大系数一般采用1.2～1.4。对于位移要求较严格的结构，土压力增大系数应取大值。试验表明，填料所产生的土压力分布图形为抛物线图形，为了简化计算，采用由三角形和矩形组合的图形，如图8-7所示。

土压力的大小为：

$$\sigma_H = 1.38 \frac{E_x}{H} \beta \qquad (8-11)$$

式中　　σ_H——水平土压力，kPa；

　　　　E_x——库仑主动土压力的水平分力，kN/m；

　　　　β——土压力增大系数；

　　　　H——墙高，m，当为双级墙时，H为上下墙之和。

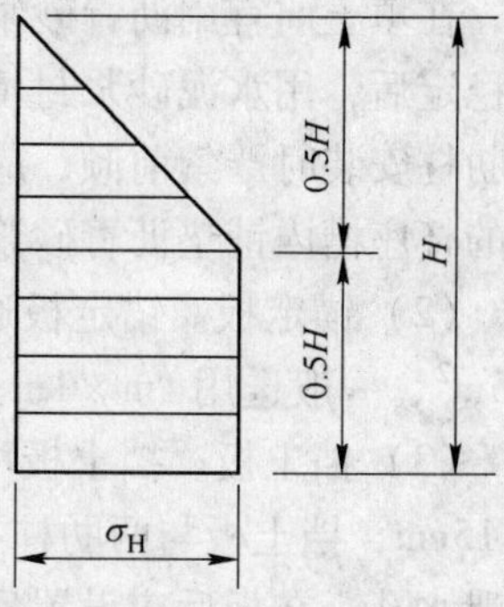

图8-7　填料在墙背上产生的土压力分布图

对于外部荷载在挡墙上引起的土压力的大小，限于目前积累的资料有限，一般仍按重力式挡土墙有关的规定计算。将各种荷载所产生的土压力叠加起来就是墙面板所承受的总土压力。

8.2.3.2　锚定板容许抗拔力计算

当锚定板受拉杆牵动向前位移时，锚定板要向前方土体施加压力，而前方土体受压缩所提供的抗力则维持锚定板的稳定。因此锚定板抗力计算与锚定板的埋深、填土的力学特性、填土的密实度、墙面的变形情况等有关，是一个很复杂的问题。锚定板单位面积容许抗拔力应根据现场拉拔试验确定，如无现场试验资料，可根据经验按下列三种方法选用，如缺乏经验，可同时考虑三种方法，采用偏于安全的计算结果。

（1）铁科院建议的容许抗拔力。为了解决实际工程中锚定板抗拔力问题，铁道部科学研究院和协作单位共同进行了大量现场原形试验，通过对试验资料的分析研究，并在多处实际工程中应用验证后，提出锚定板单位面积容许抗拔力 $[P]$ 按以下数值选用：

当锚定板埋置深度为 5~10m 时，$[P]=130~150$ kPa；

当锚定板埋置深度为 3~5m 时，$[P]=100~120$ kPa；

当锚定板埋置深度小于 3m 时，锚定板的稳定不是由抗拔力控制，而是由锚定板前被动抗力阻止板前土体破坏来控制。这时锚定板的"抗拔力"应按下式计算：

$$[P]=\frac{1}{2K}\gamma h_i^2(\lambda_p-\lambda_a)B \tag{8-12}$$

式中　　$[P]$——单块锚定板的容许抗拔力；

　　　　h_i——锚定板埋置深度；

　　　　B——锚定板边长；

　　　　K——安全系数，不小于2；

　　　　γ——填料重度；

　λ_p，λ_a——库仑被动土压力和主动土压力系数。

（2）铁三院建议的经验计算式。铁三院以室内模型试验（填料采用龙口石英砂）资料为依据，并用部分现场资料校核归纳，建议锚定板容许抗拔力可按下式计算：

$$[P]=\frac{P_f}{K} \tag{8-13}$$

$$P_f=\mathrm{arcln}\left[5.7\left(\frac{H}{h}\right)^{-0.41}\ln\frac{H}{h}\right]\beta^{-1}$$

式中　　$[P]$——锚定板容许抗拔力，kN；

　　　　K——安全系数，可采用 2~3；

　　　　P_f——锚定板极限抗拔力，kN；

H——锚定板的埋深，为填土顶面至锚定板底面之距离，cm；

h——锚定板高度，cm。

当 $\frac{H}{h} > \left(\frac{H}{h}\right)_{cr}$ 时，以 $\left(\frac{H}{h}\right)_{cr}$ 值代入经验式中。

其中，锚定板临界埋深比 $\left(\frac{H}{h}\right)_{cr} = 20.2h^{-0.307}$，锚定板尺寸系数 $\beta = 100\left(\frac{h'}{h}\right)^{2.66}$，$h' = 10cm$。

各种锚定板尺寸的临界埋深比和锚定板尺寸系数值如表8-1所示。

表 8-1 锚定板的临界埋深比与锚定板尺寸系数值

锚定板尺寸/cm	60×60	70×70	80×80	90×90	100×100	110×110
$(H/h)_{cr}$	5.75	5.48	5.26	5.07	4.91	4.77
β	0.851	0.565	0.396	0.290	0.219	0.170

（3）铁四院根据室内模型试验，推荐的经验计算式：

$$[P'] = 0.01\beta K_b K_h E_a \tag{8-14}$$

$$K_h = \left(\frac{H_2}{h}\right)^{\frac{1}{2}}$$

式中　　$[P']$——锚定板单位面积容许抗拔力，kPa；

β——与锚定板埋设位置有关的折减系数；

K_b——无量纲系数，其数值按 $K_b = \sqrt{b}$ 确定（b 为用米表示时矩形锚定板的短边长度）；

K_h——与锚定板埋深比有关的系数；

H_2——拉杆至柱底的距离，m；

h——锚定板高度，m；

E_a——填土试验压缩模量，kPa，无试验资料时，对一般黏性土填料，根据拉杆至柱底的距离 H_2，参照下列数值采用：

$H_2 \leqslant 3m$ 时，$E_a \approx 4000 \sim 6000kPa$

$H_2 > 3m$ 时，$E_a \approx 6000 \sim 8000kPa$

当 $l > H_1 \cot\alpha + (a + b)$ 时，$\beta = 1.0$，否则可按下式计算：

$$\beta = \frac{l}{H_1 \cot\alpha + (a + b)} \tag{8-15}$$

$$\cot\alpha = \frac{l}{H_1 - \frac{h}{2}}$$

式中　　l——拉杆长度，m；

H_1——拉杆至填土表面的距离，m；

a，b——矩形锚定板的长度、宽度，m。

8.2.3.3 稳定性分析

目前常用的整体稳定性分析方法有 Kranz 法（折线裂面法）、铁科院建议的折线滑面法、整体土墙法等。《铁路路基支挡结构设计规范》推荐使用 Kranz 法和整体土墙法。具体方法请见前述相关内容。

锚挡板挡土墙的整体稳定其他方面问题如同重力式挡土墙一样。墙的整体稳定尚应考虑整体抗滑验算、地基承载力验算、陡坡滑动验算及深层滑弧验算等，与重力式挡土墙相同。

如果采用三层或多层拉杆，计算方法与上述推导类似。最下一层拉杆长度除按以上公式计算外，拉杆的有效锚固长度 h_a（挡土板后土体主动滑裂面至锚定板的水平距离）不小于该处锚定板高度的 3.5 倍。在实际工程中应防止上层拉杆变形过大而导致墙顶发生较大侧向位移，一般长度不宜小于 5m。

8.2.3.4　构件设计

锚定板挡土结构的构件设计，包括了肋柱设计、拉杆设计、锚定板设计、挡土板设计等。除按照前面介绍的设计原则和方法外，还应遵守有关的钢筋混凝土结构设计规范。

8.3　土钉式挡土墙

8.3.1　概述

土钉墙由被加固土体、放置在土中的土钉体和护面板组成。天然土体通过土钉的就地实施加固并与喷射混凝土护面板相结合，形成一个类似重力式的挡土墙，以此抵抗墙后传来的土压力和其他作用力，从而使得挖方坡面稳定。土钉依靠与土体接触界面上的粘结力、摩阻力和周围土体形成复合土体，土钉在土体发生变形的条件下被动受力，通过其受拉作用对土体进行加固。土钉间土体的变形由护面板予以约束。

土钉是一种在原位土体中安置拉筋而使土体的力学性能得以改善，从而提高挖方边坡稳定性的新型支挡技术。土钉技术的应用始于 1972 年，在法国凡尔赛附近铁路路堑边坡开挖工程中，采用了喷射混凝土护面板和在土体中置入钢筋作为临时支护，并在完成多项钻孔注浆型土钉工程后，于 1974 年又首次采用了打入式土钉。联邦德国、美国等在 20 世纪 70 年代中期开始应用此项技术。我国于 80 年代初期首先在山西柳湾煤矿边坡稳定中应用土钉，并开始土钉的试验研究和工程实践。

与其他挡土墙相比，土钉墙有如下优点：

（1）能合理利用土体的自身能力，将土体作为墙体不可分割的一部分；

（2）施工设备轻便，操作方法简单；

（3）结构轻巧，柔性大，有非常好的抗震性能和延性；

（4）施工不需单独占用场地；

（5）材料用量和工程量少，工程造价低；

（6）施工速度快，基本不占用施工工期。

虽然土钉技术具有许多优点，但也有缺点和局限性：

（1）变形稍微大于预应力锚杆的变形；

（2）在软土、松散砂土中施工难度较大；

（3）土钉在软土中的抗拔力低，需设置得很长很密或事先对土体进行加固，变形量较大，造价较高。

土钉墙可用于边坡的稳定，特别适合于有一定黏性的砂土和硬黏土。作为土体开挖的临时支护和永久性挡土结构，高度一般不大于15m；也可用于挡土结构的维修、改建与加固。

8.3.2　土钉墙与锚杆挡土墙、加筋土挡墙的异同

土钉是一种原位加筋技术，即在土中敷设拉筋而使土体的力学性能得以改善的土工加固方法，它与锚杆、加筋土在形式上有一定的类似，但也有着本质的差异。

8.3.2.1　土钉墙与锚杆挡土墙的异同

土钉可视为小尺寸的被动式锚杆，两者的差异主要表现在以下几个方面：

（1）土钉墙是由上而下边开挖边分段施工的，而锚杆挡土墙是自下而上整体施工的。

（2）锚杆挡土墙应设法防止产生变位，而土钉一般要求土体产生少量位移，从而使土钉与土体之间的摩阻力得以充分发展。

（3）锚杆只是在锚固段内受力，而自由段只起传力作用；土钉则是全长范围内受力。

（4）锚杆的密度小，每个杆件都是重要的受力部件；而土钉密度大，靠土钉的相互作用形成复合整体，因而即使个别土钉失效，对整个结构物影响也不大。

（5）锚杆挡土墙将库仑破裂面前的主动区作为荷载，通过锚杆传至破裂面后的稳定区内；土钉墙是在土钉的作用下把潜在破裂面前的主动区的复合土体视为具有自撑能力的稳定土体。

（6）锚杆可承受的荷载较大，为防止墙面冲切破坏，其端部的构造较复杂；土钉一般不需要很大的承载力，单根土钉受荷较小，护面板结构较简单，利用喷射混凝土及小尺寸垫板即可满足要求。

（7）锚杆长度一般较长，需用大型机械进行施工；土钉长度一般较短，直径较小，相对而言施工规模较小，所需机具也比较灵便。

由上述可以看出，如果仅加固挖方边坡，则土钉墙是合适的；如果墙后土体和深部土体稳定性有问题时，则用锚杆挡墙比较合适。

8.3.2.2　土钉墙与加筋土挡墙的异同

土钉墙与加筋土挡墙均是通过土体的微小变形使拉筋受力而工作的；通过土体与拉筋之间的粘结、摩擦作用提供抗拔力，从而使加筋区的土体稳定，并承受其后的侧向土压力，起重力式挡土墙的作用。两者的主要差异有：

（1）施工顺序不同。加筋土挡墙自下而上依次按照安装墙面板、铺设拉筋、回填压实的顺序逐层施工，而土钉墙则是随着边坡的开挖自上而下分级施工。

（2）土钉用于原状土中的挖方工程，所以对土体的性质无法选择，也不能控制；而加筋土用于填方工程中，在一般情况下，对填土的类型是可以选择的，对填土的工程性质也是可以控制的。

（3）加筋多用土工合成材料，直接同土接触而起作用；而土钉多用金属杆件，通过砂浆同土接触而起作用（有时采用直接打入钢筋或角钢到土中而起作用）。

（4）设置形式不同。土钉垂直于潜在破裂面时将会较充分地发挥其抗剪强度，因而应尽可能地垂直于潜在破裂面设置；而加筋条一般水平设置。

总之，土钉墙是由设置于天然边坡或开挖形成的边坡中的加筋杆件及护面板形成的挡土体系，用以改良原位土体的性能，并与原位土体共同工作形成重力挡土墙式的轻型支挡结构，从而提高整个边坡的稳定性。

8.3.3　土钉墙的基本原理

土体的抗剪强度较低，抗拉强度几乎可以忽略。虽然土体具有一定的结构整体性，但是自然土坡只能在较小的高度（即临界高度）内直立，当边坡高度超过临界值或者在超载及其他因素（如含水量的变化）作用下将发生突发性整体破坏。为此常采用挡土结构承受其后的侧向土压力，限制其变形发展，防止土体整体稳定性破坏，这种措施属于常规的被动制约机制。土钉墙则是由在土体内设置一定长度和密度的土钉构成的，土钉与土共同作用，弥补土体自身强度的不足，为主动制约机制的支挡结构。因此，以增强土体自身稳定性的主动制约机制为基础的复合土体，不仅有效地提高了土体整体刚度，又弥补了土体抗拉、抗剪强度低的弱点。通过相互作用，土体自身结构强度的潜力得到了充分发挥，改变了边坡变形和破坏形态，显著提高了整体稳定性。

直立土钉墙比素土边坡的承载力高（试验表明可提高一倍以上），更为重要的是，土钉墙在荷载作用下不会发生素土边坡那样自发的整体性滑裂和塌落（如图 8-8 所示）。它不仅延迟了塑性变形发展阶段，而且具有明显的渐进性变形和开裂破坏，在丧失承受更大荷载的能力时，仍可维持较长时间不会发生整体性塌滑。

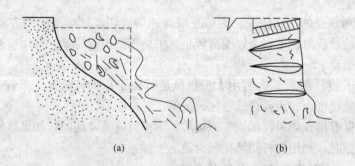

（a）　　　　　　　　　　　　　（b）

图 8-8　土钉墙和素土边坡的破坏形式

（a）素土；（b）土钉墙

土钉墙的这些性状是通过土钉与土体相互作用实现的，这种作用一方面体现在钉-土界面间阻力的发挥程度；另一方面，由于土钉与土体的刚度相差悬殊，所以在土钉墙进入塑性变形阶段后，土钉自身作用逐渐增强，从而改善了复合土体塑性变形和破坏性状。土钉在复合土体内的作用可概括为四个方面：

（1）箍束骨架作用；

（2）分担作用；

（3）应力传递与扩散作用；

（4）坡面变形的约束作用。

8.3.4 土钉墙构造

土钉墙一般用于高度在15m以下的边坡开挖工程，常用高度为6~12m，斜面坡度一般为70°~90°。土钉墙采取自上而下分层修建的方式，分层开挖的最大高度取决于土体可以直立而不破坏的能力，砂性土为0.5~2.0m，黏性土可以适当增大一些。分层开挖高度一般与土钉竖向间距相同，常用1.5m。分层开挖的纵向长度，取决于土体维持不变形的最长时间和施工流程的相互衔接，多为10m左右。

8.3.4.1 土钉

A 土钉类型

（1）钻孔注浆钉。这是最常用的一种类型，它是通过钻孔、置入钢筋、注浆、补浆来设置的。整个土钉体是由钢筋和外裹的水泥砂浆（有时用细石混凝土和水泥净浆，特殊情况下也可使用树脂等材料）组成。用作土钉的钢筋直径一般为25~35mm，钻孔直径为75~150mm。土钉钢筋与喷射混凝土护面板应连接牢固。

（2）击入钉。把作为土钉的角钢、圆钢（常为螺纹钢筋）或钢管用振动冲击钻或液压锤直接击入土中，不需注浆，土钉长度一般不超过6m。

（3）注浆击入钉。用端部密封、周面带孔的钢管作为土钉，击入后，从管内注浆并透过壁孔将浆体渗透到周围土体。

（4）高压喷射注浆击入钉。利用高频（约70Hz）冲击锤将具有中孔的土钉击入土中，同时以一定的压力（20MPa）将水泥浆从土钉端部的喷嘴射出，起润滑作用并渗入周围土体，提高土钉与土体的粘结力。

（5）气动射击钉。以高压气体为动力，作用于土钉的外部扩大端，直接将土钉射入土中。可以采用圆钢或钢管，直径为25~38mm，长度为3~6m。

B 土钉长度

已建工程的土钉实际长度L均不超过土坡的垂直高度H。

拉拔试验表明，对高度H小于12m的土坡采用相同的施工工艺，在同类土质条件下，当土钉长度达到土坡垂直高度时，再增加其长度对承载力无显著提高。初选土钉长度可按下式计算：

$$L = mH + S_0 \tag{8-16}$$

式中 m——经验系数，取$m = 0.7 \sim 1.0$；

　　　H——土坡的垂直高度，m；

　　　S_0——止浆器长度，一般$S_0 = 0.8 \sim 1.5m$。

C 土钉孔直径D及间距

根据土钉直径和成孔方法选定土钉孔径D，一般取$D = 70 \sim 200mm$，常用的孔径为120~150mm。选定行、列距的原则是以每个土钉注浆对其周围土的影响区与相邻孔的影响区相重叠为准。应力分析表明，一次压力注浆可使孔外$4D$的邻近范围内有应力变化。因此可按$(6 \sim 12)D$选土钉行、列距，且宜满足式（8-17）的要求：

$$S_x S_y \leqslant K_1 DL \tag{8-17}$$

式中 K_1——注浆工艺系数，对一次压力注浆工艺，取$K_1 = 1.5 \sim 2.5$；

S_x，S_y——土钉的水平间距（列距）和垂直间距（行距），m。

按防腐要求，土钉孔直径 D 应大于土钉直径加 60mm。

D　土钉材质和直径 d

为增强土钉与砂浆（或细石混凝土）的握裹力，土钉宜选用Ⅱ级以上的螺纹钢筋。

由于土钉端头需进行锚固，用高强度变形钢筋做土钉需焊接高强度螺栓端杆，但高强度变形钢筋的可焊性较差。近年来，土钉墙中采用Ⅳ级 SiMnV 精轧螺纹钢筋，可在钢筋螺纹上直接配与钢筋配套的螺母，连接方便、可靠。

另外，也可采用多根钢绞线组成的钢绞索作为土钉。由于多根钢绞索的组装、施工设置与定位以及端头锚固装置较复杂，目前国内应用尚不广泛。

土钉直径 d 一般为 $16 \sim 32mm$，常用 25mm，也可按下式估算：

$$d = (20 \sim 25) \times 10^{-3} (S_x S_y)^{1/2} \tag{8-18}$$

8.3.4.2　护面板

土钉墙的护面板虽不是结构的主要受力构件，但它是传力体系的一个重要部分，也起保证各土钉间土体的局部稳定性、防止土体被侵蚀风化的作用；护面板应在每一阶段开挖后立即设置以限制原位土体的减压并阻止原位土体的力学性质，特别是抗剪强度的降低。

护面板通常用 $50 \sim 100mm$ 厚的钢筋网喷射混凝土做成，钢筋直径为 $6 \sim 8mm$，网格尺寸为 $200 \sim 300mm$。喷射混凝土强度等级不应低于 C20，与土钉连接处的混凝土层内应加设局部钢筋网以增加混凝土的局部承压能力。此外，为了分散土钉与喷射混凝土护面板处的应力，在螺帽下垫以承压钢板，尺寸一般为 $20cm \times 20cm$，厚度约为 $8 \sim 15mm$，也可用预制混凝土板作为护面板。

对于永久性工程，喷射混凝土护面板的厚度不少于 $50 \sim 250mm$，分两次喷成。为了改善建筑外观，也可在第一次喷射混凝土的基础上现浇一层混凝土或铺上一层预制混凝土板。

护面板的构造及土钉与护面板的连接形式，如图 8-9 所示。

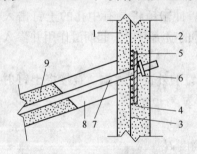

图 8-9　土钉墙护面板构造

1—第一道喷射混凝土；2—第二道喷射混凝土；
3—钢筋网；4—局部加强钢筋；5—钢垫板；
6—螺母；7—土钉；8—填塞段；9—注浆段

土工织物也可作为护面，即先把土工织物覆盖在边坡上，然后设置土钉。当拧紧土钉端部的螺母时，将土工织物拉向坡面形成拉膜，同时使坡面受到压力作用。

8.3.5　内部稳定性分析

根据土力学中边坡稳定分析的基本概念，边坡分为主动区和被动区，土钉的作用是将主动区产生的拉力传递到被动区，增加滑动面上的压应力，提高土的抗剪强度，达到抵抗主动区滑动、稳定边坡的目的。因此，土钉墙内部稳定分析时应计入土钉的作用。

许多国家对内部稳定性分析进行了大量的试验研究，提出了相应的分析计算方法，这些分析方法有不同的稳定性安全系数定义，不同的破裂面形状假定，不同的钉-土相互作用类型和土钉力分布假定。根据稳定性分析的基本原理可分为极限平衡法和有限元法，但大多采用极限平衡原理。国外土钉墙内部稳定性分析的方法有：法国方法、德国方法、戴维斯（Davis）方法、修正戴维斯方法、运动学方法以及美国陆军工兵部队方法等。

下面仅介绍两种国内方法，即 0.3H 折线破裂面法和圆弧破裂面条分法。

8.3.5.1 0.3H 折线破裂面法

以土钉墙原位破裂面实测结果为基础，如图 8-10 所示，将破裂面简化为如图 8-10b 所示的 0.3H 折线破裂面。

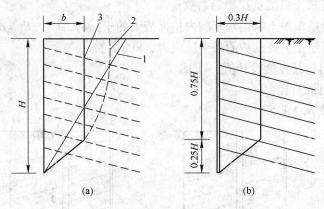

图 8-10 土钉墙破裂面

（a）理论与实测破裂面；（b）简化破裂面

1—库仑破裂面；2—有限元破裂面；3—实测破裂面

A 土压力计算

在土钉墙中，护面板起着阻止土体侧向位移、承受潜在破裂面主动区产生的土压力并将其传递至土钉的作用，是保证土钉墙内部稳定的重要组成部分。由于它采用的是与普通挡土墙不同的施工程序，因而作用于护面板上的土压力分布也与普通重力式挡土墙不同。实测结果如图 8-11 曲线 1 所示，综合分析后，将作用于土钉墙护面板上的土压力简化为图 8-11 曲线 3 所示的分布形式，即：

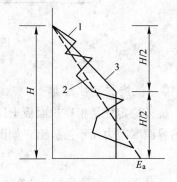

图 8-11 土钉墙护面板上的土压力分布

1—实测土压力；2—理论土压力；
3—简化计算土压力

$$\left.\begin{aligned} \sigma_{h_i} = m_e K \gamma h_i &\qquad \left(h_i < \frac{H}{2}\right) \\ \sigma_{h_i} = m_e K \gamma \times \frac{H}{2} &\qquad \left(h_i \geq \frac{H}{2}\right) \end{aligned}\right\} \qquad (8-19)$$

式中　σ_{h_i}——作用于土钉墙护面板上的土压应力，kPa；

H——土坡垂直高度，m；

h_i——土压力作用点至坡顶的高度，m；

γ——土体的重度，kN/m³；

m_e——工作条件系数，使用期 2 年以内的临时性土钉墙，$m_e = 1.10$；使用期 2 年以上，$m_e = 1.20$；

K——土压力系数，$K = (K_0 + K_a)/2$；

K_0，K_a——静止土压力系数和主动土压力系数。

B 抗拉稳定性验算

抗拉稳定性是指在护面板土压力作用下，土钉不至于产生过量的伸长或屈服，以致断裂，如图 8-12a 所示。因此，抗拉稳定性可表示为：

$$K_{r_i} = \frac{(\pi/4)d^2 f_y}{E_i} \qquad (8-20)$$

式中 K_{r_i}——第 i 层土钉的抗拉稳定系数；

E_i——第 i 层单根土钉支承范围内护面板上的土压力，kN，$E_i = \sigma_i S_x S_y$；

σ_i——第 i 层土钉处的护面板土压应力，kPa；

f_y——土钉抗拉强度设计值，kPa；

d——土钉的直径，m。

抗拉稳定系数 $K_r \geqslant 1.5$。

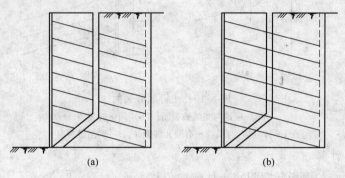

图 8-12   土钉墙内部破坏形式

（a）土钉断裂破坏；（b）土钉复合体断裂破坏

C   抗拔稳定性验算

抗拔稳定性是指在护面板土压力作用下，土钉内部潜在破裂面后的有效锚固段应有足够的界面摩阻力而不被拔出，如图 8-12b 所示。抗拔稳定性为：

$$K_{fi} = \frac{S_i}{E_i} \qquad (8-21)$$

式中 K_{fi}——第 i 层土钉的抗拔稳定系数；

S_i——第 i 层单根土钉的有效锚固力（抗拔力），kN。

土钉的有效锚固力（抗拔力）与土钉的破坏形式有关，取决于砂浆对土钉的握裹力和砂浆与土体界面的摩阻力。因此，土钉的有效锚固力为：

$$S_i = \tau \pi D L_{ei} \qquad (8-22)$$

或 $S_i = \mu \pi d L_{ei} \qquad (8-23)$

式中 τ——砂浆与土体界面的抗剪强度，kPa；

μ——砂浆对土钉的握裹应力，kPa；

D——土钉孔直径，m；

d——土钉直径，m；

L_{ei}——第 i 层土钉的有效锚固长度，m。

τ、μ 应由试验确定，如果无试验资料，τ 可取土体的抗剪强度；μ 可用注浆体的抗剪强度代替。

在抗拔稳定性验算时，取式（8-22）和式（8-23）计算值的小者作为设计锚固力。许多试验结果表明，土钉的破坏大多是砂浆与土体界面的破坏，即土钉连同砂浆从土钉孔中拔出。一般情况下，土钉的有效锚固力由式（8-22）确定。

抗拔稳定系数 K_f 应不小于 1.3，对临时性土钉墙取小值，永久性土钉墙取大值。

8.3.5.2 圆弧破裂面条分法

假定破裂面为圆弧形，采用一般边坡稳定分析常用的瑞典条分法，当计入土钉的拉力作用时（如图 8-13 所示），稳定系数为：

$$K = \frac{\sum_{i=1}^{n} \left[c_i l_i + (W_i + Q_i)\cos\alpha_i \tan\varphi_i \right] S + \sum_{i=1}^{m} S_j \left[\sin(\omega_j + \varepsilon_j)\tan\varphi_j + \cos(\omega_j + \varepsilon_j) \right]}{\sum_{i=1}^{n} (W_i + Q_i)\sin\alpha_i S}$$

$$(8-24)$$

式中 W_i——第 i 条块土体的自重，kN；

Q_i——第 i 条块土体上的活载（或换算土层重力），kN；

c_i——土体黏聚力，kPa；

φ_i——土体内摩擦角；

l_i——第 i 条块滑动面弧长，m；

S——计算单元的长度，m，一般取 $S = S_x$；

α_i——第 i 条块滑动面弧中点处切线与水平方向的夹角；

ω_j——第 j 层土钉与滑动面弧交点处切线与水平方向的夹角。

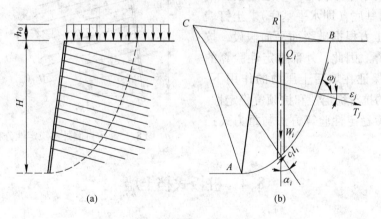

图 8-13 圆弧破裂面分析图

（a）土钉挡土墙；（b）滑动面及土条受力分析

第 j 层单根土钉的有效锚固力 S_j 按式（8-22）或式（8-23）计算，由于采用了圆弧破裂面假定，其有效锚固长度 L_{ej} 为圆弧破裂面后稳定区内的土钉长度。通过与国外方法比较和工程实例验算，稳定系数的取值范围为 1.2～1.5。

最不利破裂面通过坡脚，并由计算确定。由于事先没有给定滑动面圆心的搜索范围，计算工作量很大，所以该方法宜采用计算机程序计算。为提高计算速度，可用优化方法搜索最不利破裂面。

8.3.6 外部稳定性分析

在土钉墙内部稳定性得到保证的条件下，它的作用类似于重力式挡土墙。其破坏形式有：滑移（如图 8-14a 所示）、倾覆（如图 8-14b 所示）。由于土钉墙复合体没有改变地基土性质，对受力状态影响也不大，故一般不会发生地基承载力不足和不均匀沉降引起的破坏。

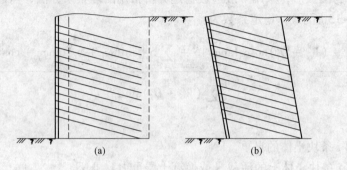

图 8-14　土钉墙外部破坏形式

（a）滑移；（b）倾覆

外部稳定性分析图如图 8-15 所示，其中 *ABCD* 土钉墙复合体，即以各层土钉的尾部端点连线 *DC* 为假想墙背，墙顶宽度 *b* 为土钉长度的水平距离，并以通过坡脚的水平面 *BC* 为基底（即水平基底）。土钉墙墙后主动土压力根据破裂面平面假设，按库仑理论计算。因此，外部稳定性验算的目的就是应保证在墙后土压力的作用下，土钉墙整体的抗滑稳定性和抗倾覆稳定性。抗滑和抗倾覆稳定性验算方法与重力式挡土墙相同。

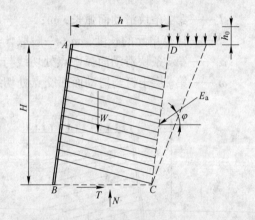

图 8-15　土钉墙外部稳定性分析图

8.4　桩板式挡土墙

8.4.1　概述

桩板式挡土墙系钢筋混凝土结构，由桩及桩间的挡土板两部分组成（如图 8-16 所示），利用桩深埋部分的锚固段的锚固作用和被动土抗力，维护挡土墙的稳定。桩板式挡土墙适宜于土压力大，墙高超过一般挡土墙限制的情况，地基强度的不足可由桩的埋深得到补偿。桩板式挡土墙可作为路堑、路肩和路堤挡土墙使用，也可用于处治中小型滑坡，多用于岩石地基，基岩饱水无侧限抗压强度须大于 10MPa。

由于土的弹性抗力较小，设置桩板式挡土墙后，桩顶处可能产生较大的水平位移或转

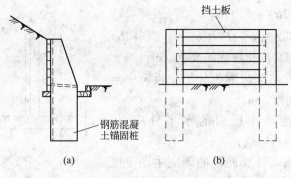

图 8-16　桩板式挡土墙
（a）断面图；（b）正面图

动，因而一般不宜用于土质地基。若需用于土质地基，一般应在桩的上部（一般可在桩顶上 0.29H 处）设置锚杆，以减小桩的位移和转动，提高挡土墙的稳定性。

桩板式挡土墙作路堑墙时，可先设置桩，然后开挖路基，挡土板可以自上而下安装，这样既保证了施工安全，又减少了开挖工程量。

8.4.2　土压力计算

墙后土压力（包括车辆荷载所引起的侧向压力）的计算与重力式挡土墙的土压力计算方法相同，即以挡土板后的竖直墙背为计算墙背。按库仑主动土压力理论计算。在滑坡地段，则应按滑坡推力进行计算。

桩和板的计算仅考虑墙背主动土压力的水平分力，主动土压力的竖向分力及墙前被动土压力一般忽略不计。

8.4.3　桩设计

桩板式挡土墙中所采用的桩应就地整体灌注，混凝土强度等级不得低于 C20。钢筋视实际情况，选用 Ⅰ～Ⅳ 级或 5 号钢筋。可采用挖孔桩，也可采用钻孔桩。挖孔桩宜为矩形截面，高宽比 $h/b \leqslant 1.5$；钻孔桩一般为圆形截面，桩的直径 D 或宽度（顺墙长方向）b 不得小于 1.0m。嵌入基岩风化层底面以下不得小于 1.5 倍桩径（或桩宽），但也不宜大于 5 倍桩径（或桩宽）。为了计算方便，可先按经验初拟埋深，一般岩土地基取桩长的 1/3，土质地基取桩长的 1/2，然后根据验算适当调整。

桩的间距与桩间距范围内的土压力和挡土板的吊装能力有关，宜为墙高 H 的 1/5～1/2。

由于桩是主要受力构件，对挡土墙的稳定性起着十分重要的作用，桩身混凝土必须连续灌注，不得中断。墙后填土应在混凝土达到设计强度的 70% 以后，才能进行填筑。

桩视为固结于基岩内的悬臂梁进行内力计算（如图 8-17 所示），并按受弯构件设计。桩上的作用荷载为两侧桩间距各半的墙后土压力的水平分力，土压力可近似按线性分布考虑，如图 8-17b 所示。在土压力水平分力的作用下，桩的最大剪力 Q_D（kN）及弯矩 M_D（kN·m）分别按式（8-25）和式（8-26）计算，并认为最大值出现在基岩强风化层的底面处。

$$Q_D = (2\sigma_0 + \sigma_H)HL/2 \qquad (8\text{-}25)$$

$$M_D = (3\sigma_0 + \sigma_H)H^2 L/6 \qquad (8\text{-}26)$$

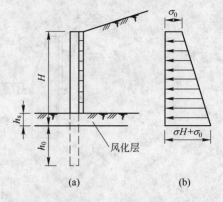

式中 H——桩顶至基岩风化层底的高度，m；

L——顺墙长方向桩两侧相邻挡土板跨中至跨中的间距，m；

σ_0——墙背顶主动土压力的水平分应力，kPa，$\sigma_0 = \gamma h_0 K_a$；

σ_H——以 H 为墙高计算而得的墙底主动土压力的水平分应力，kPa，$\sigma_H = \gamma H K_a$；

h_0——换算土层高度，m；

K_a——主动土压力系数。

图 8-17 桩的计算图

桩的埋深除满足构造要求外，主要取决于侧壁的承载能力，因此，桩的埋深与地基的性状有关。嵌入强风化层以下的最小深度 $h_{D\min}$（m）按下式计算：

$$\left.\begin{aligned} h_{D\min} &= \frac{4Q_D + \sqrt{16Q_D^2 + 9.45\beta R_a M_D D}}{0.787\beta R_a D} \quad \text{（圆形桩）} \\[2mm] h_{D\min} &= \frac{4Q_D + \sqrt{16Q_D^2 + 12\beta R_a M_D b}}{\beta R_a b} \quad \text{（矩形桩）} \end{aligned}\right\} \qquad (8\text{-}27)$$

式中 R_a——饱水状态下岩石无侧限极限抗压强度（试件直径 7～10cm，试件高与直径相同），kPa；

β——系数，$\beta = 0.5 \sim 1.0$，当基岩节理发达时，取小值；节理不发达时取大值；

D——桩的直径，m；

b——桩顺墙长方向的宽度，m。

若基岩表面为风化层时，不考虑风化层对桩的作用，且埋置深度自基岩表面算起，如图 8-17a 所示。

桩顶水平位移 μ（m）应小于基岩顶面以上的墙高 H（m）的 1/300，即：

$$\mu < H/300 \qquad (8\text{-}28)$$

而桩顶水平位移 μ 为：

$$\mu = \frac{(15\sigma_0 + 4\sigma_H)LH^4}{120EI} \qquad (8\text{-}29)$$

式中 E——桩的弹性模量，kPa；

I——桩的截面惯性矩，m^4。

桩脚处的水平位移 μ_D 应小于桩径 D 或桩宽 b 的 1%，即：

$$\left.\begin{aligned} \mu_D &< 0.01D \quad \text{（圆形桩）} \\ \mu_D &< 0.01b \quad \text{（矩形桩）} \end{aligned}\right\} \qquad (8\text{-}30)$$

而桩脚（风化层底面）处的水平位移 μ_D 为：

$$\mu_D = Y_D \alpha \qquad (8\text{-}31)$$

式中 Y_D——桩的旋转中心至风化层底面的深度，m，

$$Y_D = \frac{h_D(3M_D + 2Q_D h_D)}{3(2M_D + Q_D h_D)} \tag{8-32}$$

h_D——桩嵌入风化层以下的深度，m；

α——桩的变形转角，rad，

$$\left.\begin{array}{l} \alpha = \dfrac{6(2M_D + Q_D h_D)}{(b+1)h_D^3 K_b K_H} \quad (\text{矩形桩}) \\[4mm] \alpha = \dfrac{6(2M_D + Q_D h_D)}{0.9(D+1)h_D^3 K_D K_H} \quad (\text{圆形桩}) \end{array}\right\} \tag{8-33}$$

K_H——地基水平方向弹性抗力系数（简称地基数），kN/m^3，

$$K_H = 0.7 K_V$$

K_V——地基竖向的弹性抗力系数，按表8-2取值；

K_D，K_b——斜坡地基折减系数，

$$K_D = Y_D \tan(90° - \theta)/D \leqslant 10 \tag{8-34}$$

$$K_b = Y_D \tan(90° - \theta)/b \leqslant 10 \tag{8-35}$$

表8-2　较完整岩层 K_V 值表

全饱和极限抗压强度 R/MPa	$K_V/kN \cdot m^{-3}$
10	$1.0 \times 10^5 \sim 2.0 \times 10^5$
15	2.5×10^5
20	3.0×10^5
30	4.0×10^5
40	6.0×10^5
50	8.0×10^5
60	12.0×10^5
80	$15.0 \times 10^5 \sim 25.0 \times 10^5$
>80	$25.0 \times 10^5 \sim 28.0 \times 10^5$

山区横坡向外侧陡于10°以上时（图8-18），还应验算斜坡岩石的桩基稳定性，并应满足下式的要求：

$$K_s \geqslant M_R / M_1 \tag{8-36}$$

式中　K_s——抗倾覆稳定系数，一般情况 $K_s = 3.0$；地震时 $K_s = 2.0$；

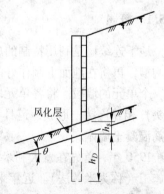

M_R——抗倾覆力矩，$kN \cdot m$，

$$M_R = 0.4 Y_D R_q + 0.5(h_D - Y_D)(Q_D - R_q) \tag{8-37}$$

M_1——倾覆力矩，$kN \cdot m$，

$$M_1 = M_D + Y_D Q_D \tag{8-38}$$

R_q——桩的旋转中心（Y_D 处）以上地基水平向极限承载力，kN，

图8-18　山区岩石地基的桩基

$$R_q = \frac{W(\cos\alpha + \sin\alpha \tan\varphi)}{\sin\alpha - \cos\alpha \tan\varphi} \tag{8-39}$$

W——滑动面（Y_D 处）以上地基滑动体重力，kN，

$$W = \gamma \left\{ \frac{D}{2} + \frac{\sin(90° - \theta)\tan 30°}{\sin(90° - \theta + \alpha)} \frac{Y_D}{3} \right\} \frac{\sin(90° - \theta)\sin\alpha}{\sin(90° - \theta + \alpha)} Y_D^2 \tag{8-40}$$

γ——基岩重度，kN/m^3；

θ——风化层底面与水平面的倾角；

α——滑动面与竖面的夹角，$\alpha = 45° + \varphi/2 + \theta/2$；

φ——岩石塑化后的摩擦角，硬岩为 20°～30°，软岩为 10°～20°。

8.4.4 挡土板设计

挡土板可预制拼装，混凝土强度等级不得低于 C20；截面一般为矩形、槽形，也可采用空心板。挡土板厚度不得小于 0.2m，板宽应根据吊装能力确定，但不得小于 0.3m，大多为 0.5m；板的规格不宜太多。板在桩上的搭接长度各端不得小于 1 倍的板厚，若为圆形桩，应在桩后设置搭接挡土板用的凸形平台。

挡土板钢筋保护层厚度 a：外露面 $a = 30mm$；内侧 $a = 50mm$。

墙身不必专门设置泄水孔，可利用每块板上预留的吊装孔和拼装缝隙作为泄水孔，但应视墙后填土设置排水垫层、墙背排水层及反滤层。墙身不专门设伸缩沉降缝，但同一桩上两相邻跨的挡土板的搭接处净间距不得小于 30mm，并按伸缩缝处理。

挡土板的安装应在桩侧地面整平夯实后进行，当地面纵坡较陡时，可设浆砌片石垫块作挡土板的基础。

挡土板可视为支承在桩上的简支板进行内力计算，并按受弯构件设计。挡土板上的作用荷载，取板所在位置的墙后土压力的大值，按均布荷载考虑，计算跨径为相邻桩的净距再加 1 倍的板厚，具体设计计算详见第 4 章锚杆挡土墙挡土板设计。

桩与板间搭接部位的接触面还应进行抗压强度的验算。

8.5   地下连续墙

8.5.1   概述

地下连续墙是利用特制的成槽机械在泥浆护壁的情况下进行开挖，形成一定槽段长度的沟槽，再将在地面上制作好的钢筋笼放入槽段内，采用导管法进行水下混凝土浇筑，完成一个单元的墙段。将各单元墙段之间以特定的接头方式（如用接头管或接头箱做成的接头）相互连接，形成一道具有防渗、挡土和承重功能、平面上呈封闭状的连续的地下钢筋混凝土墙体。

1950 年，首先在意大利米兰的水利工程大坝防渗墙中，采用泥浆护壁进行地下连续墙施工（称为米兰法）。近年来，我国在地下连续墙的施工设备、工程应用和理论研究都取得较大发展，成为挡土、防渗解决软土地区深基坑坑壁稳定的有效措施。

地下连续墙按不同的分法有不同的类型。

（1）按成槽方法分。

1）槽板式地下墙。槽板式地下墙也称为壁板式地下连续墙，它是向地下钻掘一段狭长深槽，吊放钢筋笼入槽，在稳定液护壁的条件下用导管进行水下混凝土浇筑，形成一段单元墙体。然后将多个单元墙体连接起来，形成一道完整的地下墙。槽板式地下墙施工示意图如图 8-19 所示。

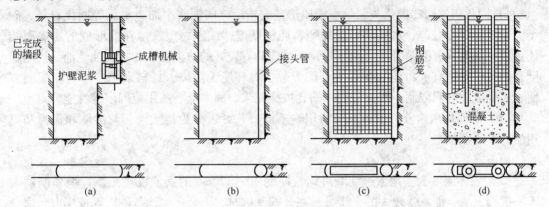

图 8-19 槽板式地下连续墙施工程序示意图

(a) 成槽；(b) 放入接头管；(c) 放入钢筋笼；(d) 浇筑混凝土

2）桩排式地下墙。其是利用回转钻具成孔，下入钢筋笼，浇筑混凝土成单桩，再将相邻单桩依次连接，形成一道连续墙体。目前桩排式地下墙主要用于临时挡土墙或防渗墙，施工深度在 10～25m 之间。桩排式地下墙虽然是最早出现的地下墙形式，但由于这种墙体的整体性和防渗性不好，垂直精度不高，后来逐渐被槽板式地下墙所取代。目前桩排式地下墙主要用于临时挡土墙或防渗墙。

桩排式地下墙按墙体材料可分为灌注桩式和预制桩式两种。

①灌注桩式按施工方法又分成：

a. 用机械钻挖成孔之后，插入钢筋笼，用导管浇筑混凝土。

b. 用螺旋钻成孔之后，在提钻具时，由钻杆底端注入水泥砂浆，然后插入钢筋或 H 型钢。

c. 把特殊钻头安装在空心钻杆底端，一面从底端注入水泥砂浆，一面旋转钻杆向下钻进。当提升钻杆时也注入水泥砂浆，最后插入钢筋或 H 型钢。

②预制桩式地下墙分为：压入法、振动打桩法、射水沉桩法、先钻孔后打桩法和中心掏孔法等。

3）组合式地下墙。其是一种将槽板式和桩排式结合起来施工而建成的组合墙，或者是由预制拼装芯板和胶凝泥浆固结而成的组合墙。

(2) 按墙体材料分。

1）刚性混凝土墙。刚性混凝土指普通混凝土（或钢筋混凝土）、黏土混凝土和粉煤灰混凝土等。该类混凝土抗压强度高（5～35MPa），弹性模量大（15000～32000MPa），适合于作防渗、挡土和承重等共同作用的地下墙体。若仅用于防渗作用，其工程造价过高，且刚性混凝土在地基土水平力作用下，易发生局部开裂现象，致使抗渗能力反而降低。

2）塑性混凝土墙。塑性混凝土是用黏土、膨润土等混合材料取代普通混凝土中大部分水泥而形成的一种柔性的墙体材料。塑性混凝土抗压强度的设计值一般不大于 5MPa，其弹性模量一般不超过 2000MPa。

3）自凝灰浆墙。自凝灰浆墙体材料是用水泥、膨润土、缓凝剂和水配制而成的一种浆液，在地下连续墙开挖过程中，它起护壁泥浆的作用，槽孔开挖完成后，浆液自行凝结成低强度柔性墙体。

4）固化灰浆墙。固化灰浆是在槽段造孔完毕后，向泥浆中加入水泥等固化材料，砂子、粉煤灰等掺合料、水玻璃等外加剂，经机械搅拌或压缩空气搅拌后形成的防渗固结体。固化灰浆具有凝结时间可控性好，固结体具有较好的防渗性能和抗侵蚀性能、抗压强度和弹性模量适宜、与地基变形协调能力强、对环境无污染、材料来源广、现场配制方便、不受成槽时间限制、能充分利用槽孔内废泥浆、成本低、适用范围广等性能特点。

（3）按使用用途分。按地下墙的用途不同，其可以分为挡土墙、防渗墙和作为基础用的地下连续墙。

地下连续墙具有如下优点：

（1）墙体刚度大，地下连续墙可构筑厚度 40～120cm 的钢筋混凝土墙，墙体刚度大于一般挡土墙，能承受较大的土压力，在开挖基坑时，不会产生地基的沉降或塌方，适合相邻建筑物接近的工程。

（2）地下连续墙为整体连续结构，耐久性好，抗渗性能好。

（3）可以在与其他结构很接近的情况下施工，对地基周围环境影响小。

（4）适用地层广泛。它适合于淤泥质黏土、黏土、砂土、砾石、卵石、漂石和孤石、软岩和硬岩。在不同的地层中施工时，施工设备应有所不同。

（5）施工时振动小，噪声低，工期短，经济效果好，可昼夜施工。适合于环境要求严格的地区施工。

（6）可实行逆作法施工，有利于施工安全，加快施工速度，降低造价。

地下连续墙也有自身的缺点和尚待完善的方面，主要有：

（1）弃土及废泥浆的处理。除增加工程费用外，若处理不当，会造成新的环境污染。

（2）地质条件和施工的适应性。地下连续墙最适应的地层为软塑、可塑的黏性土层。当地层条件复杂时，还会增加施工难度和影响工程造价。

（3）槽壁坍塌。地下水位急剧上升会改变护壁泥浆性能，加之施工管理不当等，都可引起槽壁坍塌。槽壁坍塌易引起相邻地面沉降、坍塌，危害邻近建筑和地下管线的安全。

8.5.2   地下连续墙的设计

地下连续墙的设计包括：围护结构的强度和变形计算，土体的稳定性验算（底部抗隆起和抗管涌的稳定计算），围护墙的抗渗验算，降水要求、垂直承载力的计算，建筑物的整体稳定计算，邻近建筑物的变形与稳定验算，确定环境保护的要求和监测内容等。

下面对地下连续墙设计计算中的几个主要问题进行简要介绍。

8.5.2.1   地下连续墙的土压力计算

作用在地下连续墙上的土压力，在初始状态是静止土压力。随着基坑开挖、墙体发生变形，土压力在朗肯主动土压力和朗肯被动土压力之间变化。理论上作用于挡土结构两侧的土压力为：

主动区 $\qquad\qquad\qquad\qquad e_\alpha = e_0 - K\delta \geqslant e_a$ (8-41)

被动区 $\qquad\qquad\qquad\qquad e_\beta = e_0 + K\delta \leqslant e_p$ (8-42)

式中　e_0——静止土压力强度；

$\qquad e_a$——主动土压力强度；

$\qquad e_p$——被动土压力强度；

$\qquad K$——水平地基反力系数；

$\qquad \delta$——墙体变形值。

在非开挖侧土体压力作用下，墙体向开挖侧位移 δ。这时的主动土压力 e_a 应从 e_0 中减去 $K\delta$。在开挖一侧的被动土压力 e_β 基础上增加 $K\delta$。

8.5.2.2　地下连续墙的内力计算

地下连续墙的内力计算理论，是从古典的假定土压力为已知，不考虑墙体变形，不考虑横撑变形，逐渐发展到考虑墙体变形，考虑横撑变形，直至考虑土体与结构的共同作用，土压力随墙体变化而变化。常采用的计算方法见表8-3。

表8-3　地下连续墙静力计算方法

分　类		假设条件	方　法
古典理论计算方法（荷载结构法）		土压力已知，不考虑墙体变形，不考虑横撑变形	自由端法、弹性线法、等值梁法、1/2分割法、矩形荷载经验法、太沙基法
修正的荷载结构法	横撑轴向力、墙体弯矩不变化的方法	土压力已知，考虑墙体变形，不考虑横撑变形	山肩邦男弹塑性法、张氏法、m 法
	横撑轴向力、墙体弯矩可变化的方法	土压力已知，考虑墙体变形，考虑横撑变形	日本的《建筑基础结构设计规范》的弹塑性法、有限单元法
共同变形理论		土压力随墙体变位而变化，考虑墙体变形，考虑横撑变形	森重龙马法有限单元法

用于基坑支护的地下连续墙，常采用修正的荷载结构法中的 m 法和山肩邦男弹塑性法计算其所受的内力。m 法内容请见相关章节，这里只对山肩邦男弹塑性法加以介绍。

日本学者山肩邦男提出了支撑轴力、墙体的弯矩不随基坑开挖过程变化的计算方法（也称之为山肩邦男精确解）。

（1）基本假定。基本假定包括：

1）在黏性土层中，墙体作为无限长的弹性体；

2）墙背土压力在开挖面以上取为三角形，在开挖面以下取为矩形；

3）开挖面以下土的横向抵抗反力分为两个区域，达到被动土压力的塑性区，高度为 l，以及反力与墙体变形成直线关系的弹性区；

4）下道支撑设置以后，即作为不动支点；

5）下道支撑设置以后，认为上道支撑的轴力值保持不变，而且下道支撑点以上的墙体依然保持原来的位置。

其基本假定简图如图8-20所示。

（2）求解思路。这样，就可以把整个横剖面分成三个区间，即第 k 道支撑到开挖面的区间、开挖面以下的塑性区间及弹性区间，建立弹性微分方程式，根据边界条件及连续条件即可导出第 k 道支撑的轴力 N_k 的计算公式及其变位和内力公式，由于公式中包含有未知数的五次函数，因此计算较繁琐。

（3）山肩邦男近似解法。为简化计算，可采用山肩邦男近似解法。

山肩邦男近似解计算简图如图8-21所示。与精确解假定不同的是：

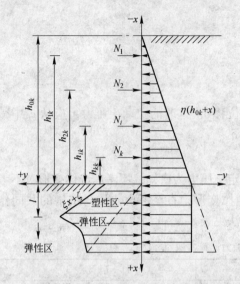

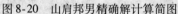

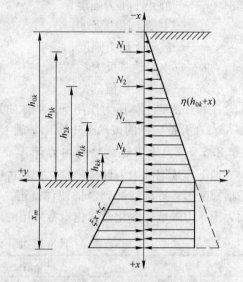

图 8-20　山肩邦男精确解计算简图　　　　图 8-21　山肩邦男近似解计算简图

1）在黏性土中，它将墙体作为底端自由的有限长弹性体；

2）开挖面以下土的横向抵抗力主要由被动土压力组成，即（$\xi x + \zeta$）为被动土压力减去静止土压力（$x\eta$）后的数值；

3）将开挖面以下墙体弯矩 $M = 0$ 的点假想为一个铰，而且忽略此铰以下的墙体对上面墙体的剪力传递。

其他假定条件不变。

近似解法只需应用两个静力平衡方程式，即：$\sum Y = 0$；$\sum M_A = 0$

由 $\sum Y = 0$，可得：

$$N_k = \frac{1}{2}\eta h_{0k}^2 + \eta h_{0k} x_m - \sum_{i=1}^{k-1} N_i - \zeta x_m - \frac{1}{2}\xi x_m^2 \qquad (8-43)$$

由 $\sum M_A = 0$，得：

$$\frac{1}{6}\xi x_m^3 + \frac{1}{2}(\eta h_{0k} - \zeta) x_m^2 - \frac{1}{2}\eta h_{0k}^2 \left(\frac{1}{3}h_{0k} + x_m\right) + \sum_{i=1}^{k} N_i (h_{ik} + x_m) = 0 \qquad (8-44)$$

解以上联立方程并整理得：

$$\frac{1}{3}\xi x_m^3 - \frac{1}{2}(\eta h_{0k} - \zeta - \xi h_{kk}) x_m^2 - (\eta h_{0k} - \zeta) h_{kk} x_m -$$

$$\left[\sum_{i=1}^{k-1} N_i h_{ik} - h_{kk} \sum_{i=1}^{k-1} N_i + \frac{1}{2}\eta h_{0k}\left(h_{kk} - \frac{1}{3}h_{0k}\right) \right] = 0 \qquad (8-45)$$

山肩邦男近似解法的计算步骤如下：

1）在第一阶段开挖后，式（8-43）、式（8-45）的下标 $k = 1$，而且 $N_i = 0$，从式（8-45）中求出 x_m，然后代入式（8-43）中求出 N_1。

2）在第二阶段开挖后，式（8-43）、式（8-45）的下标 $k = 2$，而且 N_i 中的 N_1 是已知数值，从式（8-44）中求出 x_m，然后代入式（8-41）中求出 N_2。

依此类推，即可求出各道支撑的轴力和墙体内力（主要是弯矩）。山肩邦男近似解法求出的轴力、最大弯矩要比精确解大 10% 左右，是偏于安全的。

8.5.2.3　地下连续墙的稳定性计算

地下连续墙在基坑底面以下的墙体深度部分称为插入深度，也称为入土深度。为确定墙体的插入深度，需要考虑基坑底地基的稳定性和抗渗要求。

A　坑底土体的抗隆起计算

由于基坑内土体被开挖，对坑底土体造成卸荷作用，在弹性范围内土体的隆起不可避免。但大范围的塑性区会造成挡土结构的整体破坏。这种破坏通常发生在软弱黏土层内。为此，在设计地下墙时应尽可能将墙底插入抗剪强度较高的地层内，而且将最下一道支撑的位置尽量放得低一些，在开挖的最后阶段及时架设支撑并尽可能施加预应力。隆起破坏稳定性的验算方法有以下几种：

（1）地基以剪切破坏的极限状态法。将基坑比拟地基的受力状态，按剪切破坏极限状态计算墙体插入深度，如图 8-22 所示。

挡土墙背面的竖向力：

$$q_1 = \gamma H \tag{8-46}$$

基坑内的竖向应力：

$$q_2 = \gamma h \tag{8-47}$$

式中　γ——土体重度，kN/m^3。

如忽略移动土体的重量，则土体破坏面 $ACDE$ 由两段直线 AC 和 DE 及一段对数螺线 CD 组成。AC、DE 和水平线的夹角分别为 $45° + \varphi/2$ 和 $45° - \varphi/2$。

极限平衡状态时：

$$q_1 = q_2 N_q + c N_c \tag{8-48}$$

$$N_q = \tan^2\left(45° + \frac{\varphi}{2}\right) e^{\pi\tan\varphi} \tag{8-49}$$

$$N_c = (N_q - 1)\cot\varphi \tag{8-50}$$

墙体插入深度：

$$h = \frac{H}{N_q} - \frac{c N_c}{\gamma N_q} \tag{8-51}$$

（2）太沙基-泼克法。考虑坑底滑动面形成时，在挡土墙后面土体下沉必定会使墙后土体的抗剪强度发挥作用，减少了墙后土体的竖向压力，其破坏形式如图 8-23 所示。

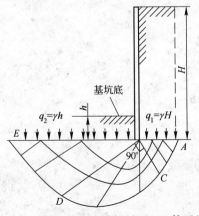

图 8-22　地下连续墙端部平面上土体平衡

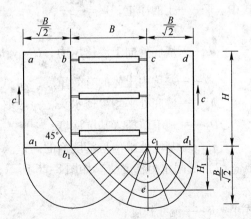

图 8-23　太沙基-泼克法

$c_1 d_1$ 面上竖向荷载：

$$p = \gamma H B / \sqrt{2} - cH \tag{8-52}$$

式中　γ，c——土体天然重度和土体的黏聚力。

竖向荷载强度：$\qquad\qquad\qquad p_v = \gamma H - \sqrt{2}cH/B$ （8-53）

黏土地层的极限承载力：$\qquad\quad P_u = 5.7c$ （8-54）

因而隆起的安全系数：$\qquad F_s = \dfrac{p_u}{p_v} = \dfrac{5.7c}{\gamma H - \sqrt{2}cH/B}$ （8-55）

要求 F_s 大于 1.5。当滑动面深度受限时，如图 8-24 所示，其安全系数为：

$$F_s = \frac{5.7c}{\gamma H - cH/D}$$ （8-56）

B　坑底土体的抗管涌计算

（1）太沙基法。太沙基法管涌破坏计算图如图 8-25 所示。

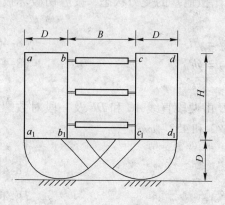

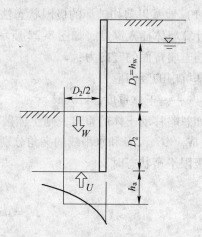

图 8-24　滑裂面深度有限制时的太沙基方法　　　　图 8-25　太沙基法管涌破坏计算图

抗管涌破坏稳定性的安全系数为：

$$F_s = \frac{W}{U} \quad 或 \quad F_s = \frac{2\gamma' D_2}{\gamma_w h_w}$$ （8-57）

式中　W——土的净重，$W = \dfrac{\gamma' D_2^2}{2}$；

$\qquad U$——墙底处向上渗透压力，$U = \gamma_w h_a \dfrac{D_2}{2}$；

$\qquad \gamma$——基坑内土体的有效重度；

$\qquad h_a$——墙底处平均渗透水头，一般取 $h_a = 0.5 h_w$；

$\qquad D_2$——地下墙插入基坑深度；

$\qquad h_w$——基坑处水位与基坑面的高差。

（2）极限水力梯度法。如图 8-26 所示，渗流的流线长度为：

$$L = D_1 + 2D_2$$ （8-58）

式中　L——流线长度；

$\qquad D_1$——弱透水层与基坑面的高差；

$\qquad D_2$——地下墙插入基坑深度。

平均水力梯度：

$$i = \frac{h_w}{D_1 + D_2} \qquad (8\text{-}59)$$

抗管涌破坏稳定性的安全系数：

$$F_s = \frac{\gamma'(D_1 + D_2)}{\gamma_w h_w} \qquad (8\text{-}60)$$

8.5.3　地下连续墙的构造要求

（1）悬臂式现浇钢筋混凝土地下连续墙厚度不宜小于 600mm，地下连续墙顶部应设置钢筋混凝土冠梁，冠梁宽度不宜小于地下连续墙厚度，高度不宜小于 400mm。

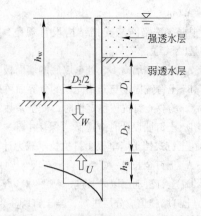

图 8-26　极限水力梯度法管涌破坏计算图

（2）水下灌注混凝土地下连续墙，混凝土强度等级宜大于 C20，地下连续墙作为地下室外墙时还应满足抗渗要求。

（3）地下连续墙的受力钢筋应采用Ⅱ级或Ⅲ级钢筋，直径不宜小于 $\phi 20$。构造钢筋宜采用Ⅰ级钢筋，直径不宜小于 $\phi 16$。净保护层不宜小于 70mm，构造筋间距宜为 $200 \sim 300mm$。

（4）地下连续墙墙段之间的连接接头形式，在墙段间对整体刚度或防渗有特殊要求时，应采用刚性、半刚性连接接头。

（5）地下连续墙与地下室结构的钢筋连接，可采用在地下连续墙内预埋钢筋、接驳器、钢板等方法，预埋钢筋宜采用Ⅰ级钢筋，连接钢筋直径大于 20mm 时，宜采用接驳器连接。

习　题

8-1　土钉墙的高度决定于（　　）。

　　A. 基坑宽度　　　　　B. 基坑深度　　　　　C. 坑壁坡度　　　　　D. 土钉长度

8-2　在土钉墙施工中，基坑应分层开挖，每层开挖的最大高度取决于（　　）。

　　A. 该土体的土质　　　　　　　　　B. 该土体的含水率

　　C. 该土体可以直立而不坍塌的能力　　D. 土钉竖向间距

8-3　在采用抗拉试验检测承载力时，同一条件下，试验数量不宜少于土钉总数的（　　）。

　　A. 1%　　　　　　B. 2%　　　　　　C. 3%　　　　　　D. 4%

8-4　土钉墙支护结构适用于（　　）。

　　A. 含水量丰富的细砂　　　　　　　B. 淤泥质土

　　C. 饱和软弱土层　　　　　　　　　D. 降水后的人工填土

8-5　土钉墙支护结构适用于（　　）。

　　A. 地下水位以上或降水后的人工填土　　B. 黏性土　　　　　C. 淤泥质土

　　D. 饱和软弱土层　　　　　　　　　　　E. 弱胶结砂土

8-6　土钉墙成孔方法通常采用（　　）。

　　A. 潜水钻机钻孔　　B. 螺旋钻机钻孔　　C. 冲击钻机钻孔　　D. 旋转钻机钻孔

　　E. 回转钻机钻孔

8-7　单级土钉墙高度宜控制在（　　）以内。

A. 6m   B. 8m   C. 10m   D. 12m

8-8 根据《铁路路基支挡结构设计规范》（TB 10025—2001），土钉墙设计计算时，下述不正确的是(   )。

　　A. 土钉墙墙高 1/3 处至墙底的墙面板上的土压力为矩形分布

　　B. 土钉锚固区与非锚固区的分界面可采用 0.3H 分界线法

　　C. 验算土钉抗拔稳定性时，安全系数宜采用 1.8

　　D. 土钉墙设计时应遵循"保住中部，稳定坡脚"的原则

8-9 在土钉式挡土墙单根土钉抗拉承载力计算时，其土钉计算长度为 (   )。

　　A. 土钉全长   B. 土钉滑动面以内长度

　　C. 土钉滑动面以外长度   D. 滑动面以内长度的一半与滑动面以外的全长

8-10 土钉墙施工应分层进行，当土钉所注浆体及喷射混凝土面层达到设计强度的 (   ) 后，方可开挖下层土层及进行下层土钉施工。

　　A. 70%   B. 75%   C. 90%   D. 100%

8-11 桩板墙顶位移应满足 (   )。

　　A. 小于桩悬臂端长度的 1/100，且不宜大于 10cm

　　B. 小于桩悬臂端长度的 1/20，且不宜大于 10cm

　　C. 小于桩悬臂端长度的 1/100，且不宜大于 20cm

　　D. 小于桩悬臂端长度的 1/20，且不宜大于 20cm

8-12 桩板式挡土墙可用于 (   ) 的路堑和路堤支挡。

　　A. 一般地区   B. 浸水地区   C. 滑坡地区   D. 地震区   E. 断裂区

8-13 在地下水较发育或边坡土质松散时，不宜采用 (   )。

　　A. 重力式挡土墙   B. 锚杆挡土墙   C. 土钉墙   D. 桩板式挡土墙

8-14 在一般地区、浸水地区和地震地区的路堑，可选用 (   )。

　　A. 悬臂式挡土墙   B. 加筋土挡墙   C. 重力式挡土墙   D. 锚杆挡土墙

8-15 排桩式挡土结构施工时，现浇排桩不应 (   )。

　　A. 逐根连续打设   B. 隔桩打设   C. 跳打   D. 在邻桩混凝土浇筑 24h 以上

8-16 锚定板挡土墙是由哪几部分组成的？

8-17 锚定板挡土墙与加筋土挡墙挡土有什么区别？

8-18 锚定板挡土墙在构造上有哪些特点？

8-19 锚定板挡土墙的设计计算包括哪些内容？

8-20 什么是地下连续墙？

8-21 地下连续墙有哪些类型？

8-22 地下连续墙具有哪些特点？

8-23 地下连续墙设计计算包括哪些内容？

8-24 地下连续墙的内力计算方法都有哪些？

8-25 用山肩邦男弹塑性法计算地下连续墙内力时的基本假定有哪些？

8-26 地下连续墙的构造要求有哪些？

附　　录

附录1　工程实例

A　陕西省延安市宝塔山地质灾害治理工程

延安宝塔山位于延安市区东南部延河岸边的闹市区，是革命圣地延安的象征。

由于陕北黄土高原特殊的地形地貌和脆弱的地质环境，以及人类工程活动的影响，加之宝塔山边坡陡峭，大部分坡体植被稀少，在地表径流和降雨的冲刷下，在宝塔山周围不足 30000m² 的范围内，共发育有 6 个地质灾害点。其中，1 号滑坡、危险坡体 B 区和 2 号滑塌与宝塔距离均较近，最近距离仅有 19m，一旦发生规模较大的灾害，势必会对山顶宝塔的安全构成严重威胁。另外在宝塔山的坡脚还有摩崖石刻等珍贵文物，以及居住居民及机关单位，加之坡脚公路为延安市区主要交通要道，一旦有滑动或滑塌，必然会造成重大人员伤亡和财产损失。为了防止宝塔山地质灾害进一步发展并由此造成不可弥补的损失，对其进行治理不仅是非常必要的，也是十分紧迫的。

A.1　宝塔山地质灾害体的工程地质特征

宝塔山周围高陡的黄土斜坡，在各种地质营力作用下产生变形、失稳破坏，其变形程度、破坏方式有所不同。根据勘查报告，将宝塔山斜坡已经破坏和严重变形的地段划分为 1 号滑坡、2 号滑坡、1 号滑塌、2 号滑塌、危险坡体 A 区和危险坡体 B 区。

1 号滑坡位于宝塔山西部斜坡上，由新、老两个滑坡复合而成，滑坡周界清楚（附图 1-1），新滑坡位于老滑体中部。根据勘查结论，1 号滑坡近年未发生明显变化，天然状态下为基本稳定状态，在遇到强降雨时有失稳的危险。

附图 1-1　宝塔山 1 号滑坡

2 号滑坡位于宝塔山东侧，为一黄土中发育的小型滑坡，滑体土破碎、裂隙发育。依据勘查结论，2 号滑坡区植被覆盖良好，无裂缝出现，目前处于稳定状态。

1 号滑塌区位于宝塔山西北侧，滑塌体结构松散。依据勘查结论，1 号滑塌区植被覆盖良好，但2008年8月在其坡脚新盖了一排窑洞，引起了坡体的局部变形，建议采取加固措施，该处坡体判断为基本稳定状态。

2号滑塌区位于宝塔的西南部，为一强烈蠕滑变形体，目前还在继续发展。依据勘查结论，2号滑塌近几年来无明显变化，天然状态下为基本稳定状态，在遇到强降雨可能会有失稳危险。

附图1-2　宝塔山坡顶滑塌

危险坡体（附图1-3）A区位于宝塔山1号滑塌与1号滑坡之间，受1号滑坡和1号滑塌的影响，南北侧陡壁上节理、裂隙发育，特别是一些卸荷裂隙，开裂严重，在雨季常有局部坡体土崩塌。依据勘查结论，危险坡体A区下部坡度较陡，达70°左右，节理裂隙比较发育，经卸荷张开，部分出现剥落掉块现象，判断为不稳定状态。

附图1-3　宝塔山危险坡体

危险坡体B区位于宝塔山西侧，其北侧与1号滑坡相接，以西坡和南坡转折处与2号滑塌左后壁连线为南界，包括2号滑塌体在内。依据勘查结论，危险坡体B区节理裂隙十分发育，临空面接近垂直，由于卸荷裂隙的存在，局部已出现剥落现象，裂隙的宽度为5～20cm不等，判断为极不稳定状态。

A.2　宝塔山地质灾害体的稳定性评价

根据勘查资料及试验数据，对宝塔山滑坡及危险坡体进行了稳定性计算。各地质灾害点的计算参数及综合评价如附表1-1所示。

附表1-1 宝塔山地质灾害稳定性评价表

序号	名称及剖面	状 态	重度 /kN·m⁻³	黏聚力 /kPa	内摩擦角 / (°)	安全系数 K	稳定程度
1	1号老滑坡 (5—5′剖面)	天然状态	17	26	23	1.04	欠稳定
		饱和状态	18	10	19	0.70	不稳定
	1号新滑坡 (5—5′剖面)	天然状态	17	26	23	1.13	稳 定
		饱和状态	18	10	19	0.70	不稳定
2	2号滑坡 (17—17′剖面)	天然状态	17	26	23	1.36	稳 定
		饱和状态	18	10	19	0.65	不稳定
3	1号滑塌 (1—1′剖面)	天然状态	17	26	23	1.53	稳 定
		饱和状态	18	10	19	0.80	不稳定
4	2号滑塌 (12—12′剖面)	天然状态	17	26	23	1.69	稳 定
		饱和状态	18	10	19	0.79	不稳定
5	危险坡体A区 (2—2′剖面)	天然状态	16	22	23	1.021	欠稳定
		天然状态	17	45	30		
		天然状态	18	58	33		
6	危险坡体B₁区 (8—8′剖面)	天然状态	16	22	23	1.016	欠稳定
		天然状态	17	45	30		
		天然状态	18	58	33		
7	危险坡体B₂区 (12—12′) 剖面	天然状态	16	22	23	1.012	欠稳定
		天然状态	17	45	30		
		天然状态	18	58	33		

根据评价可以看出，宝塔山西坡存在的滑坡、滑塌和危险坡体，在天然状态下，除1号滑塌、1号新滑坡、2号滑塌处于稳定状态外，危险坡体A区、B区和1号老滑坡均处于临界状态或基本稳定状态，安全储备较低。如遇丰水年，在强降雨或长期连阴雨作用下，则均可能发生失稳破坏。因此，对该坡体急需综合防治。

宝塔山东坡存在的2号滑坡为小型滑坡，天然状态下其安全储备较高，但在水的作用下，仍有再次滑动的可能。因此，在防治时同时考虑。

A.3 防治工程的等级、安全系数及设计参数的确定

由于宝塔山为国家级历史文物，防治等级主要根据各地质灾害点对宝塔的威胁和对宝塔山整体景观的破坏程度来确定，见附表1-2。

附表1-2 各个地质灾害点的防治等级和安全系数

序号	名称及剖面	距宝塔的距离	对整体景观的破坏	防治等级	安全系数
1	1号滑坡	较近	严重	I	1.3
2	2号滑坡	较远	较小	II	1.2

序号	名称及剖面	距宝塔的距离	对整体景观的破坏	防治等级	安全系数
3	1 号滑塌	最远	较小	Ⅱ	1.2
4	2 号滑塌	最近	严重	Ⅰ	1.3
5	危险坡体 A 区	较远	较严重	Ⅱ	1.2
6	危险坡体 B 区	最近	严重	Ⅰ	1.3

所采用的设计参数如附表 1-3 所示。其中对于 2 号滑塌区，放在危坡 B2 区一同进行设计治理，未进行单独计算；B1、B2 区采用的设计参数相同，在表中统一列为 B 区。

附表 1-3　各个地质灾害点的设计参数

序号	名称及剖面	状　态	重度/kN·m^{-3}	黏聚力/kPa	内摩擦角/(°)
1	1 号滑坡	天然状态	17	26	23
		饱和状态	18	10	19
2	2 号滑坡	天然状态	17	26	23
		饱和状态	18	10	19
3	1 号滑塌	天然状态	17	26	23
		饱和状态	18	10	19
4	危险坡体 A 区	天然状态	16	22	23
		天然状态	17	45	30
		天然状态	18	58	33
5	危险坡体 B 区	天然状态	16	22	23
		天然状态	17	45	30
		天然状态	18	58	33

A.4　宝塔山地质灾害的工程治理方案

宝塔山地质灾害治理工程总体布置（不含 2 号滑坡）效果图如附图 1-4 所示。

A.4.1　1 号滑坡

1 号滑坡是复合滑坡体，距宝塔较近，如果发生变形，对整个宝塔山景区的整体破坏较为严重，因而采用 1.3 的设计安全系数，所得滑坡推力为 3321kN，按此推力进行支挡结构设计。

治理方案为在坡脚人行小路靠山一侧设置 1 排抗滑桩，抗滑桩总数为 20 根，桩径为 2m×2.5m，桩身全长 18m，在滑面以下埋深约为 7m，桩间距设计为 5m，桩顶高出路面 3m 左右，桩顶用连梁连接以起到整体加固的效果，桩间设置浆砌片石挡土墙，施工结束后，对桩及墙构成的立面进行隐蔽处理，将其装饰成高度为 3m，长度为 104m 的文化墙，分设 16 个版块，每个版块有效面积为 6m×2m，版块墙面用延安革命历史浮雕或毛主席诗词字画等进行装饰。抗滑桩及桩间墙装饰效果见附图1-5。

附图1-4 宝塔山治理工程总体布置图

(a)

(b)

附图1-5 抗滑桩及桩间墙装饰效果

(a) 效果图一；(b) 效果图二

A.4.2 2号滑坡

2号滑坡距宝塔较远，且方量不大，对宝塔山整体景观的影响相对较小，但对上山公路的影响相对较大，在暴雨工况下，根据1.2的设计安全系数，算得坡脚处的滑坡推力为245kN。

由于滑坡推力相对较小，且2号滑坡区坡体植被较为发育，因而设计方案是对坡面采用混凝土拱形骨架护面，在拱形骨架节点上设置锚杆，以增加其稳定性，一方面可以起到增加坡体的整体稳定性，同时也可以防止强降雨对坡面的冲刷。施工时，对骨架内的树木尽量保留，施工结束后，在骨架内回填土，并植草种树，进行绿化。其治理工程效果图见附图1-6。

(a)　　　　　　　　　　　　　　　(b)

附图1-6　2号滑坡治理效果图

（a）滑坡治理前现状照片；（b）2号滑坡治理后效果图

A.4.3　1号滑塌区

1号滑塌区距宝塔最远，但发生破坏时对景区的整体景观影响较重，根据1.2的设计安全系数，计算得到坡脚处的滑坡推力为285kN。为保证整体景观的协调，对该处坡面最终采用土钉加固。土钉水平间距和竖直间距都为1.5m，长度为10m。遵循"修旧如旧"的原则，对危险坡体中的所有土钉的锚头全部作隐蔽处理。处理方法为将其置于坡体内部，分两层进行封闭，底部用黄土加PS材料封闭，内层的封闭层厚度不小于10cm，表面再用黄土拌制的胶泥封口，全部封口表面植草，从外表上看不会破坏坡体的外貌。

对坡体下部原挡墙进行加高，使其与一侧窑洞顶部平齐，然后进行整修并分级设台，栽种小灌木，密植造景以达到整齐美观的效果。其平台治理工程效果图见附图1-7。

(a)　　　　　　　　　　　　　　　(b)

附图1-7　1号滑塌下部坡脚治理工程效果图

（a）治理前现状照片；（b）治理后效果图

A.4.4　2 号滑塌区

由于 2 号滑塌区位于危险坡体 B 区的上部，坡顶平台下部坡度较缓，植被发育较好，设计方案是对坡面采用框架护面，在框架节点上设置锚杆，以增加其稳定性。本区内的框架护坡与上部坡顶平台的菱形骨架护坡相衔接，使整体结构统一协调。施工时，对骨架内的树木尽量保留，施工结束后，在骨架内回填土，并种植小型松树，进行绿化。2 号滑塌区治理工程效果图见附图 1-8。

(a)　　　　　　　　　　　　　　　　(b)

附图 1-8　2 号滑塌区治理效果图
（a）治理前现状照片；（b）治理后效果图

A.4.5　危险坡体 A 区

危险坡体 A 区虽距宝塔较远，但破坏时对宝塔山景区的整体外观影响较大，设计安全系数采用 1.2，该坡面的土钉水平和竖向间距均为 2m，长度 18m。土钉的施工方法同 1 号滑塌，土钉钉头隐蔽处理。

A.4.6　危险坡体 B 区

对于危坡 B1 区，因卸荷作用形成了较为严重的高陡坡体，坡面裸露，没有植被，采用 PS 材料（高模数硅酸钾）加固。

危坡 B1 坡脚小路一侧处原有旧窑洞用浆砌片石进行重新填充，将原低洼地面用填土夯实垫高，并加做混凝土护面挡墙，设置锚杆，表层采用仿真窑洞图案装饰，与 1 号滑坡的文化墙和休息场所相统一，形成整体景观。其治理效果图见附图 1-9。

对于危坡其他坡度较缓区域，仍采用土钉加固。土钉钉头进行隐蔽处理。

A.4.7　山顶游览平台边坡加固

为了避免风雨剥蚀造成的游览平台面积的缩小，在平台周边陡坡部分设置菱形混凝土骨架护坡，节点处设有隐藏锚杆，在格构中间填充双八字形植草砖。其治理效果图见附图 1-10。

(a)　　　　　　　　　　　　(b)

附图1-9　B区下部治理效果图

（a）仿真窑洞图案装饰；（b）与1号滑坡文化墙相接的休息场所

(a)　　　　　　　　　　　　(b)

附图1-10　游览平台边坡治理效果图

（a）游览平台边坡现状照片；（b）边坡治理效果图

A.4.8　其他

治理工程结束后，绿化坡体，封堵窑洞，恢复路面。

A.5　延安宝塔山治理工程设计计算书

以1号滑坡、2号滑坡和1号滑塌为例。

A.5.1　1号滑坡治理工程设计计算书

A.5.1.1　滑坡区坡体的稳定性计算

1号滑坡主剖面为5—5′（附图1-11），辅助剖面为4—4′（附图1-12）。

滑坡稳定性及各滑块的剩余下滑力验算，采用两种工况：一是自重；二是自重＋暴雨。滑坡稳定性计算采用瑞典条分法，如附图1-13所示。

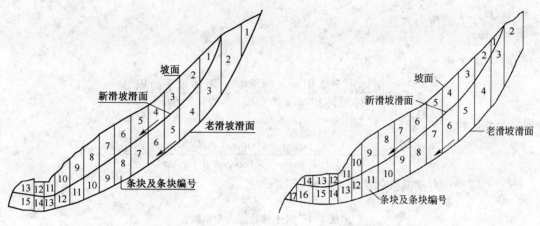

附图 1-11 5—5′剖面   附图 1-12 4—4′剖面

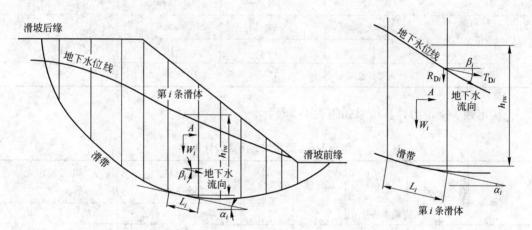

附图 1-13 瑞典条分法（圆弧型滑动面）（规范规定的堆积层滑坡计算模型）

滑坡稳定性计算公式：

$$K_f = \frac{\sum\left(\left(W_i(\cos\alpha_i - A\sin\alpha_i) - N_{wi} - R_{Di}\right)\tan\varphi_i + c_i L_i\right)}{\sum\left(W_i(\sin\alpha_i + A\cos\alpha_i) + T_{Di}\right)}$$

其中：

孔隙水压力 $\qquad\qquad\qquad N_{wi} = r_w h_{iw} L_i \cos_{\alpha i}$

渗透压力产生的平行滑面分力 $\qquad T_{Di} = N_{Wi}\sin\beta_i\cos(\alpha_i - \beta_i)$

渗透压力产生的垂直滑面分力 $\qquad R_{Di} = N_{Wi}\sin\beta_i\sin(\alpha_i - \beta_i)$

式中　W_i——第 i 条块的重量，kN/m；

$\qquad c_i$——第 i 条块内聚力，kPa；

$\qquad \varphi_i$——第 i 条块内摩擦角，(°)；

$\qquad L_i$——第 i 条滑面的长度，m；

$\qquad \alpha_i$——第 i 条滑面的倾角，(°)；

$\qquad \beta_i$——第 i 条块地下水流向，(°)；

$\qquad A$——地震加速度（重力加速度 g）；

K_f——稳定系数。

若假定有效应力为：

$$N_i = (1 - r_u) W_i \cos\alpha_i$$

其中，r_u 是孔隙压力比，可表示为：

$$r_u = \frac{滑体水下体积 \times 水的重度}{滑体总体积 \times 滑体重度} \approx \frac{滑体水下面积}{滑体总面积 \times 2}$$

简化公式，得：

$$K_f = \frac{\sum\left(\left(W_i \left((1 - r_u) \cos\alpha_i - A\sin\alpha_i \right) - R_{Di} \right) \tan\varphi_i + c_i L_i \right)}{\sum\left(W_i (\sin\alpha_i + A\cos\alpha_i) + T_{Di} \right)}$$

岩土层物理力学参数如附表 1-4 所示。

附表 1-4　岩土层物理力学参数

材　料	条　件	重度/kN · m^{-3}	c/kPa	φ/(°)
滑带土	天然状态	17	26	23
	饱和状态	18	10	19
滑体土	天然状态	17	39	25.7

稳定性、下滑力计算结果如附表 1-5 所示。

附表 1-5　稳定性、下滑力计算表

名称及剖面	工　况	稳定系数 K (瑞典条分法)	稳定性评价	安全系数	剪出口处剩余下滑力		拟设桩处剩余下滑力	
					H_s	H_m	H_s	H_m
1 号新滑坡 (4—4′剖面)	天然工况	1.14	基本稳定	1.3	486	374	949	730
	暴雨工况	0.70	不稳定	1.03	1110	1078	1419	1377
1 号老滑坡 (4—4′剖面)	天然工况	1.07	基本稳定	1.3	1557	1197	2439	1876
	暴雨工况	0.73	不稳定	1.03	2178	2114	2820	2738
1 号新滑坡 (5—5′剖面)	天然工况	1.13	基本稳定	1.3	542	417	1083	833
	暴雨工况	0.70	不稳定	1.03	1102	1070	1458	1416
1 号老滑坡 (5—5′剖面)	天然工况	1.04	欠稳定	1.3	1885	1449	3026	2328
	暴雨工况	0.70	不稳定	1.03	2503	2430	3321	3225

A.5.1.2　设桩处滑坡推力计算

拟设桩处位于上山小路东侧，计算桩前、桩后滑坡剩余下滑力，当滑坡体具有多层滑动面（带）时，应取推力最大的滑动面（带）确定滑坡推力，计算方法与计算滑坡稳定系数方法基本相同。

滑坡推力计算如下：

对剪切而言　　　　$H_s = (K_s - K_f) \times \sum (T_i \times \cos\alpha_i)$

对弯矩而言　　　　$H_m = (K_s - K_f)/K_s \times \sum (T_i \times \cos\alpha_i)$

式中　H_s, H_m——推力，kN；

　　　　K_s——设计安全系数；

　　　　T_i——条块重量在滑面切线方向的分力。

通过计算，得到本工程的各个剖面的剩余下滑力如附表 1-5 所示。

A.5.1.3　抗滑桩的设计计算

根据计算所得的剩余下滑力，比较可知，应该按暴雨工况、安全系数为 1.03 时的剩余下滑力设计，即按 $F = 3321\text{kN}$ 进行抗滑桩设计，利用理正岩土软件对抗滑桩进行设计：

（1）桩参数。

1）抗滑桩基本参数：

①桩总长：18.000m；②嵌入深度：7.000m；③截面形状及尺寸：截面为方形；抗滑桩截面宽度：2.000m；抗滑桩截面高度：2.500m；④桩间距：5.000m；⑤嵌入段土层数：2；⑥桩底支承条件：固定；⑦桩前滑动土层厚：9.000m。

2）抗滑桩的物理参数：

桩混凝土强度等级：C30；桩纵筋合力点到外皮距离：100mm；桩纵筋级别：HRB400；桩箍筋级别：HRB335；桩箍筋间距：200mm + 180mm；墙后填土重度：17.000kN/m³。

（2）计算方法。由于 m 法适合滑床为硬塑—半坚硬的砂黏土、碎石土或风化破碎成土状的软质岩层，而 K 法则适用于较完整的岩质和硬黏土层，本滑坡的滑床为 2.5m 粉土夹砂砾石 +20m 的砂岩，因此采用 K 法计算抗滑桩。具体计算参数如下：

1）嵌入段土层参数。嵌入段土层参数见附表 1-6。

附表 1-6　嵌入段土层参数

土层序号	土层厚/m	重度 /kN·m⁻³	内摩擦角 /(°)	土摩阻力 /kPa	K /MN·m⁻³	被动土压力 调整系数
1	2.5	26	35	120	400	1.00
2	20	26	70	120	600	1.00

2）推力分布类型：三角形。

3）桩后剩余下滑力水平分力：3321kN/m。

4）桩前剩余下滑力水平分力：1211，计算取 0.7 倍，为 847kN/m。

5）桩前被动土压力：

$$E_p = \frac{1}{2}\gamma_1 h_1^2 \tan^2\left(45° + \frac{\varphi_1}{2}\right) = \frac{1}{2} \times 17 \times 9^2 \tan^2\left(45° + \frac{23°}{2}\right) = 1571\text{kN}$$

6）覆土被动土压力调整系数：0.700。

（3）计算结果。

1）桩身内力计算。桩的背侧为挡土侧，桩的面侧为非挡土侧。桩身所承受的推力和内力计算结果如附图 1-14 ~ 附图 1-18 所示。

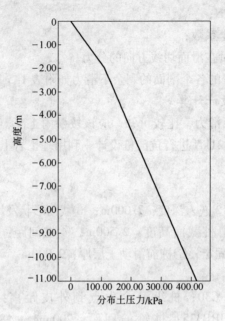

附图 1-14　桩身推力计算简图

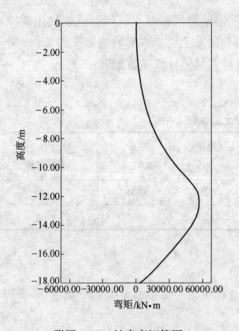

附图 1-15　桩身弯矩简图

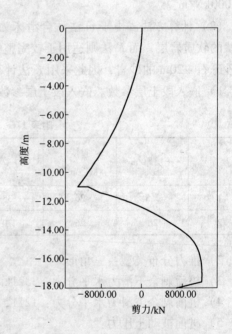

附图 1-16　桩身剪力简图

由以上计算图，可知下列计算结果：

①背侧最大弯矩 = 55890.629kN·m，距离桩顶 12.474m；

②最大剪力 = 12368.257kN，距离桩顶 11.000m。

2）桩身配筋计算。在上述计算结果的基础上，通过受力分析与配筋计算可以得到配筋计算如下：

①面侧纵筋：10000mm²；

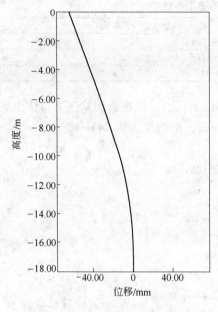

附图 1-17 桩身位移计算结果   附图 1-18 土反力计算结果

②背侧纵筋：$0 \sim 8m$ 为 $24222mm^2$，$8 \sim 18m$ 为 $76810mm^2$；

③箍筋：$0 \sim 8m$，间距 $200mm$，箍筋为 $506mm^2$；$8 \sim 18m$，间距 180，箍筋为 $1542mm^2$。

（4）桩身配筋结果。

1）面侧纵筋：11 束 2 Φ32 钢筋；

2）背侧纵筋：$0 \sim 8m$，11 束 3 Φ32 钢筋；$8 \sim 18m$，33 束 3 Φ32 钢筋；

3）箍筋：$0 \sim 8m$，4ϕ16@200；$8 \sim 18m$，8ϕ16@200。

（5）连梁配筋。连梁横截面尺寸为 $1m \times 2.5m$，按构造要求配筋，纵筋为 3 排，每排 6 支 Φ25，箍筋为 14@360，满足构造要求。

A.5.2 延安宝塔山 2 号滑坡治理工程设计计算书

A.5.2.1 滑坡区坡体的稳定性计算

2 号滑坡为一小型滑坡，设计计算只取一条主剖面 17—17′。

按天然、暴雨两种工况进行稳定性评价，按暴雨情况进行设计计算。

利用理正边坡稳定性软件进行计算，采用圆弧滑动 Bishop 法。

岩土层物理力学参数选择如附表 1-7 所示。

附表 1-7 岩土层物理力学参数

材　料	条　件	重度/kN·m^{-3}	c/kPa	φ/（°）
滑带土	天然状态	17	26	23
	饱和状态	18	10	19

稳定性计算结果见附表 1-8。

附表 1-8　17—17′剖面的稳定系数

剖　面	工　况	稳　定　系　数	
		未做工程	加锚后
17—17′	天　然	1.41	
	暴　雨	0.69	1.2

经过计算得知：该滑坡在天然状态下处于基本稳定状态，但在暴雨状态下，该滑坡有可能发生滑动。在暴雨状态下，当安全系数为 1.20 时，滑坡推力为 245kN。

A.5.2.2　锚杆的设计计算

依据《建筑边坡工程技术规范》（GB 50330—2002）：

锚杆轴向拉力标准值
$$N_{ak} = \frac{H_{tk}}{\cos\alpha}$$

锚杆轴向拉力设计值
$$N_a = \gamma_Q N_{ak}$$

钢筋截面积
$$A_s \geqslant \frac{\gamma_0 N_a}{\xi_2 f_y}$$

锚杆锚固体与地层的锚固长度
$$l_a \geqslant \frac{N_{ak}}{\xi_1 \pi D f_{rb}}$$

式中　γ_Q——载荷分项系数，取 1.3；

$\quad N_{ak}$——锚杆轴向拉力标准值；

$\quad H_{tk}$——锚杆所受水平拉力标准值；

$\quad \alpha$——锚杆倾角，（°），取 15°；

$\quad \gamma_0$——边坡工程重要系数，取 1.0；

$\quad A_s$——锚杆钢筋的截面面积，依据《混凝土结构设计规范》（GB 50010—2002），

$\qquad$ 直径 32 的钢筋截面积为 804.2mm²；

$\quad f_y$——钢筋的抗拉强度设计值，依据《混凝土结构设计规范》（GB 50010—2002），

$\qquad$ 取 300N/mm²。

其中，f_{rb} 取 40kPa。

$$H_{tk} = 245 \times 3 \div 6 = 122.5\text{kN}$$
$$N_{ak} = H_{tk}/\cos\alpha = 122.5/\cos 15° = 126.8\text{kN}$$
$$N_a = \gamma_Q N_{ak} = 1.3 \times 126.8 = 164.9$$
$$A_s \geqslant \frac{\gamma_0 N_a}{\varepsilon_2 f_y} = \frac{1.0 \times 164.9 \times 10^3}{0.69 \times 300} = 796\text{mm}^2$$
$$l_a \geqslant \frac{N_{ak}}{\varepsilon_1 f_{rb} \pi D} = \frac{126.8}{1 \times 40 \times 3.14 \times 0.11} = 9.18$$

滑坡在锚杆倾角方向厚度为 1.2~2.8m，因此锚杆长度取 12m。

附表 1-9　17—17′剖面锚杆的计算参数取值

锚固体长度 l_a	锚固体直径 D	锚固体与地层粘结工作条件系数 ξ_1	粘结强度特征值 f_{rb}	锚杆间距	锚杆轴向拉力设计值 N_a	锚杆抗拉工作条件系数 ξ_2
9.18	0.11m	1	40kPa	3m	164.9kN	0.69

A.5.2.3 格构的设计计算

根据整体美观情况，做拱形格构梁，梁截面尺寸为 $b \times h = 0.3\text{m} \times 0.3\text{m}$，按构造配筋，配筋仅对每一级拱形骨架、盖梁和地梁进行，对于拱圈不予配筋。其纵向钢筋直径为 14mm > 10mm，拱形骨架梁上部纵向钢筋水平方向的净间距分别为 100mm > ｛30mm，1.5d｝，下部纵向钢筋水平方向的净间距为 125mm > ｛25mm，d｝，梁中箍筋的最大间距为 200mm。纵筋和箍筋均满足《混凝土结构设计规范》（GB 50010—2002）构造要求。拱形格构梁的净间距为 4.0m，净高为 3.0m。梁中混凝土采用 C20。

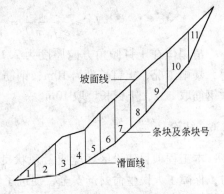

附图 1-19 1—1′剖面

A.5.3 延安宝塔山 1 号滑塌治理工程设计计算书

A.5.3.1 滑塌区土体的稳定性计算

1 号滑塌体的主剖面为 1—1′，模型如附图 1-19 所示。

1 号滑塌在天然工况下较稳定，在雨季或遇暴雨可能发生滑塌，急需治理，因此设计计算工况选择暴雨工况，即滑塌体土体饱和情况。

滑坡推力采用瑞典条分法进行计算。

岩土层物理力学参数如附表 1-10 所示。

附表 1-10 岩土层物理力学参数

材料	条件	重度/kN·m^{-3}	c/kPa	φ/(°)
滑带土	天然状态	17	26	23
	饱和状态	18	10	19
滑体土	天然状态	17	39	25.7

稳定性、下滑力计算如附表 1-11 所示。

附表 1-11 稳定性、下滑力计算表

名称及剖面	工况	稳定系数 K（瑞典条分法）	稳定性评价	安全系数	剪出口处剩余下滑力	
					H_s	H_m
1 号滑塌（1—1′剖面）	天然工况	1.53	基本稳定	1.2		
	暴雨工况	0.80	不稳定		285	237

A.5.3.2 土钉设计计算

1—1′剖面土钉的计算参数取值见附表 1-12。

附表 1-12 1—1′剖面土钉的计算参数取值

锚固体长度 l_a	锚固体直径 D	锚固体与地层粘结工作条件系数 ξ_1	粘结强度特征值 f_rb	锚杆间距	锚杆轴向拉力设计值 N_a	锚杆抗拉工作条件系数 ξ_2
4m	0.13m	1	40kPa	1.5m	82.2kN	0.69

$$H_{tk} = 285 \times 1.5 \div 7 = 61.1$$

$$N_{ak} = H_{tk}/\cos\alpha = 61.1/\cos15° = 63.2$$

$$N_a = r_Q N_{ak} = 1.3 \times 63.2 = 82.2$$

$$A_s \geq \frac{\gamma_0 N_a}{\varepsilon_2 f_y} = \frac{1.2 \times 82.2 \times 10^3}{0.69 \times 300} = 437\,\text{mm}^2$$

$$l_a \geq \frac{N_{ak}}{\varepsilon_1 f_{rb}\pi D} = \frac{63.22}{1 \times 40 \times 3.14 \times 0.13} = 3.9$$

滑塌体在土钉倾角方向厚度为 2.1 ~ 4.8m，因此土钉长度取 10m。经理正软件验算得，暴雨工况，土钉长度为 10m，钢筋为 φ32 时，最不利滑面的稳定性为 1.210，所以本次钢筋取 φ32，土钉长度取 10m。

A.6　结论

本工程项目建设区环境质量现状良好，工程的实施解除了坡体滑动对城市安全的威胁，保障了人民生命财产安全，促进了城市经济持续快速健康发展，具有极好的经济效益和社会效益。

B　陕西省略阳县象山崩塌区应急治理工程

2011 年 7 月 5 日 11 时 15 分，由于 7 月 2 日以来持续降雨，尤其是 7 月 5 日早上 6 时突降的大暴雨，使位于陕西省汉中市略阳县城嘉陵江左岸略康（略阳—康县）公路 K0 + 300m 处象山的一处山体发生突然崩塌，崩滑体高约 50m、宽度 30m 左右、厚 3 ~ 5m 不等，体积约 5000 余立方米，造成其下 8 户 22 人被埋，其中 18 人遇难的重大自然地质灾害事故。

通过灾害现场的踏勘，认定该处边坡的破坏模式以滑移式崩塌为主，其破坏机理为在陡倾卸荷裂隙及缓倾裂隙的切割下，块体发生沿倾向临空面的缓倾结构面滑移。临近坡体上可见多处这样的结构面组合（附图 1-20），在结构面没有完全贯通时，一般不易察觉，隐蔽性较强。但随着边坡暴露的时间延长，岩石风化情况加重和降雨的影响，裂隙延长变宽，这些不稳定的岩块会突然掉落下来，威胁过往的车辆和行人。

附图 1-20　边坡上结构面组合成滑移式崩滑模式

B.1 象山崩塌区的稳定性评价

B.1.1 计算方法及参数选取

稳定性计算参数如附表1-13所示。

附表1-13 稳定性计算参数建议值

材　料	条　件	重度/kN·m⁻³	内聚力 c/kPa	内摩擦角 φ/(°)
碎石土	天　然	18.5	25	30
	饱　和	19.5	15	25
基岩	天　然	22	60	40
（中等风化千枚岩）	饱　和	22	48	32

B.1.2 计算结果

利用理正岩土计算软件，选用Bishop法，分"天然"和"天然＋地震"两种工况对该处边坡进行了稳定性分析，具体计算结果见附表1-14。

附表1-14 稳定性计算结果

位　置	工　况	稳定系数
1—1'剖面	天　然	1.05
	天然＋地震	0.991

由附表1-14可知，在天然状态下稳定性系数为1.05，处于极限稳定状态，而在天然＋地震工况下，稳定系数均小于1，表现为稳定性极差。

B.2 象山崩塌区的工程治理方案

B.2.1 治理方案的安全等级

根据《滑坡防治工程设计与施工技术规范》中的规定，结合灾害的危害对象，受灾对象及其损失程度、设计施工难度等因素，综合确定该滑坡的滑坡防治工程等级为Ⅱ级，相应的安全系数取为1.25。

B.2.2 象山崩塌区的工程治理方案

根据现场的勘察情况，结合工程的安全等级，具体的工程治理方案（附图1-21）为：

（1）首先对崩塌体坡顶上方存在的小型老滑坡体以一定坡度局部人工卸载，然后对崩塌体中上部垮而未塌的危岩体进行人工清除。

（2）清方后对坡面进行局部休整，然后从上往下进行两级预应力锚索格构框架＋混凝土面板护坡。

其中混凝土面板厚度分两种，分别为10cm和20cm，其中下一级厚度为20cm，上一级为10cm，内置φ10@200的钢筋网，其主要作用为防止坡面裸露的千枚岩进一步风化。

面板采用预应力锚索格构框架进行固定，混凝土框架的水平和竖向间距均为3m，其中水平框架梁的截面尺寸为200mm×200mm，竖向框架梁的截面尺寸分两种，下一级为300mm×400mm，上一级为300mm×300mm，内置一定数量的钢筋。

框架节点各设一根预应力锚索，锚索拉力为800kN，锚索的长度分20m，24m和26m三种，倾角15°，内置8束1×7的钢绞线。

（3）待上边坡体治理完毕后，对坡脚原有挡墙进行拆除，拆除后进行坡面的简单清理，同上边的坡体处理方法类似，仍旧进行预应力锚索格构框架＋混凝土面板护坡，最大的区别有两处，该处混凝土面板厚20cm，内置 φ12@200 的钢筋网，另外一处为基础的处理，基础采用1000mm×1500mm的钢筋混凝土梁，该基础梁埋深1.0m，外露0.5m，竖梁和面板直接坐落在其上。

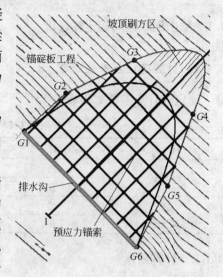

附图1-21　象山崩塌区的工程治理方案

B.2.3　治理后的边坡稳定性评价

经过工程治理后，在天然情况下对坡体进行了稳定性评价，其稳定系数为1.27，大于1.25；同时利用天然＋地震工况进行了校核，其稳定系数为1.18，均满足Ⅱ级防治工程的要求。

C　陕西省略阳县凤凰山滑坡应急治理工程

凤凰山滑坡区位于八渡河东岸，根据勘查结果，该滑坡区由5个子区组成，其中1号、2号和3号子滑坡区均位于凤凰山西坡。1号、2号和3号子滑坡区不同剖面在饱和状态下的稳定系数均小于1.10，在强降雨情况下将处于极限平衡状态或局部失稳破坏，存在着潜在的严重危险。4号子滑坡区位于3号滑坡子区东侧，该区在雨季常出现局部滑塌现象，但规模不大。5号子滑坡区位于凤凰山的西北部公路边，坡顶地表有多条平行于公路走向的裂缝，系由于公路施工时开挖坡脚所引起。

滑体土体类型较简单，从上至下主要由残坡积碎石土和强风化千枚岩组成，在坡体下缘及其他低凹地带分布有少量粉质黏土，滑床岩性为弱风化或新鲜千枚岩。

略阳县的抗震设防烈度为7度。

C.1　应急治理设计方案

C.1.1　安全等级的确定

根据《滑坡防治工程设计与施工技术规范》中的规定，结合滑坡的危害对象及其可能造成的损害程度、设计施工难度等因素，将整个治理工程分为两类，一类是1号子滑坡区，因其平均坡度较缓，下部有多处基岩出露，且从滑坡区到民居之间有较宽的缓冲带，因而将其防治工程等级定为2级；5号子滑坡区位于公路边，距公路尚有十余米距离，该公路目前属于村村通公路，车流量较小，滑坡的危害性相对较轻，其防治工程等级也定为

2 级。对于 2 号和 3 号子滑坡区，由于其下部为党政机关和学校所在地，一旦失事，将会造成十分严重的后果，因而将其防治工程等级定为 I 级。

C.1.2　应急治理方案

基于对凤凰山滑坡稳定性的认识及分析，在应急治理阶段，重点做好 1~3 号子滑坡区上方的截排水工程；在坡体适当部位设置支挡结构；对 5 号子滑坡区采取上部削方，钢筋混凝土格构护面，下部支挡措施。整个治理的工程具体方案如下。

C.1.2.1　1 号子滑坡区治理方案

（1）设置微型桩格构 A 区。如附图 1-22 所示。在该区 730~750m 高程之间的坡面上设置两级微型桩格构，分别记为微型桩格构 A1 区和微型桩格构 A2 区。在 A1、A2 两区之间设置一道宽度为 2m 的马道（高程为 740m）。其中 A1 区格构的宽度为 32m，高度为 10m。A2 区的底宽为 32m，向上的宽度逐渐减小。高度为 10m。微型桩直径为 110mm，纵筋采用 1φ32mm（HRB335 级）钢筋，砂浆标号为 M25。每道格构区采用 6 排微型桩，呈梅花形布置，每排桩的水平间距为 4m，桩排之间的垂直投影间距（排距）为 2m。微型桩采用干钻法成孔。桩之间用钢筋混凝土联梁相连接，形成菱形格构。混凝土联梁截面为 300mm×300mm，用 C20 混凝土现场浇筑。其上设有排水槽。

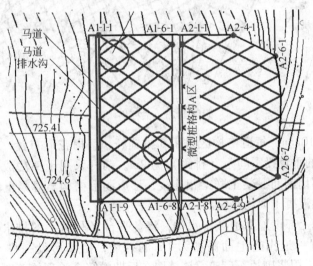

附图 1-22　微型桩格构 A 区

同时在格构区外设置一道（截）排水沟，（截）排水沟底宽 0.5m，顶宽 1m，用浆砌片石砌筑。

（2）夯填现有地表裂缝。对现有地表裂缝进行回填夯实，施工时，先在裂缝处开挖梯形沟槽，沟槽深度不小于 1m，然后分层回填 2:8 灰土，回填结束后，整平回填区域，以利于坡面排水。

C.1.2.2　2~3 号子滑坡区治理方案

鉴于 2~3 号子滑坡区山高坡陡，在强降雨情况下将处于极限平衡状态或局部失稳破坏，且可能形成坡面泥流，对山下居民及机关单位构成威胁，因此从施工的便利性及快捷性考虑，在该子滑坡区坡面上设置 5 级锚杆格构；各级格构体系之间均设有 2m 宽的平台，在平台上设有排水沟。为了和综合治理方案配套，并满足紧急避险的要求，在格构区设置两条 4m 宽度的通道，其中 1m 宽内设置排水沟，3m 宽作为上山道路，分别记为通道 A 和通道 B，如附图 1-23 所示。

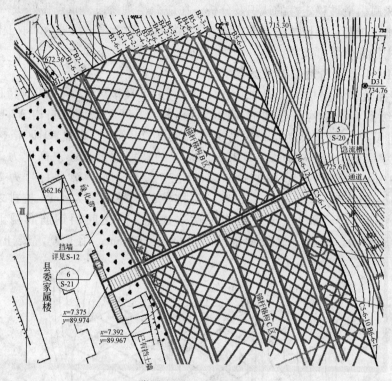

附图 1-23　锚杆格构区

锚杆直径为 110mm，每道格构区采用 6 排锚杆，呈梅花形布置，每排桩的水平间距为 4m，桩排之间的垂直投影间距（排距）为 2m。锚杆采用干钻法成孔，灌浆砂浆标号为 M25。锚头之间用钢筋混凝土联梁相连接，形成菱形格构。混凝土联梁截面为 300mm ×300mm，用 C20 混凝土现场浇筑。

同时在格构区上部设置 1 道截排水沟，将各平台（马道）的排水沟与其相接，在锚杆格构区下部设置一道出露地面高度为 1m 的挡墙，挡墙后设一排水沟，排水沟底宽 0.5m，顶宽 0.5m，用浆砌片石砌筑。该挡墙在后期的综合治理施工时，也可以起到拦挡落石的屏障作用。

挡墙采用浆砌片石砌筑，顶部高出设计地面 1m，浆砌片石采用 M10 水泥砂浆砌筑，挡墙伸缩缝每 10m 设一道，缝宽 30mm，采用浸沥青木板填实。

对新建挡墙与已有挡墙之间的坡面进行整平，并进行绿化，使其构成一道绿化带。

C.1.2.3　5 号滑坡区治理方案

对于凤凰山西北部已出现多条裂缝的 5 号滑坡区部位，因其为公路施工过程中开挖坡脚所引起，对该区的处理，采用在上部进行削方卸载，在削方后的坡面上用钢筋混凝土格构进行护坡支护的方案。根据坡体高度，将格构分为 5 级，分别用钢筋混凝土格构 A 区 ~ 钢筋混凝土格构 E 区表示。钢筋混凝土格构的下部设置 4m 高的挡土墙。挡土墙下设置三排110mm的微型桩，每排桩的桩间距为2.0m，排间距为0.8m，桩长为10m，按梅花形布置，注浆采用M25的水泥砂浆，成孔采用机械成孔。各级格构之间均设置有2m宽的平台，如附图1-24所示。

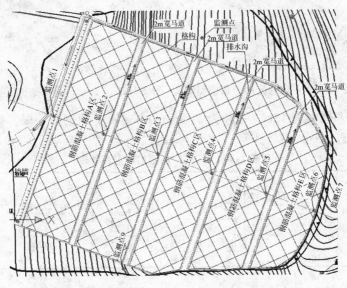

附图1-24 5号滑坡区治理方案

各平台上均设置一道排水沟，与格构区外部的截排水沟相连接。

C.2 滑坡区坡体的稳定性计算

利用Geoslope软件强大的计算功能，用折线Bishop法及Janbu法，对工程治理区内1~3号子滑坡区的Ⅰ—Ⅰ′、Ⅱ—Ⅱ′、Ⅲ—Ⅲ′、Ⅳ—Ⅳ′四个计算剖面和5号子滑坡区的Ⅸ—Ⅸ′计算剖面，按天然、饱水、饱水+地震（水平加速度采用0.15g）三种工况进行了稳定性评价，并按饱水情况进行了设计计算。

子滑坡区内岩土层的物理参数如附表1-15所示。

附表1-15 岩土层物理力学参数

岩土名称		重度/kN·m⁻³	c/kPa	φ/(°)
松散层	天然	17.1	15~18	21~25
	饱水	19.5	13.5~15	20~22
基岩	天然	25.8	1000	35.0
	饱水	26.0	1000	35.0

C.2.1 Ⅰ—Ⅰ′剖面

该区坡积物的计算参数为：

天然状态：$\gamma=17.1\text{kN/m}^3$，$c=15\text{kPa}$，$\varphi=20°$；

饱水状态：$\gamma=19.5\text{kN/m}^3$，$c=13.5\text{kPa}$，$\varphi=20°$。

分析模型图见附图1-25、附图1-26。

 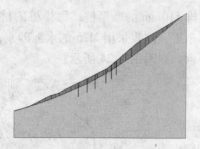

附图 1-25　Ⅰ—Ⅰ′剖面加桩前稳定性分析模型图　　附图 1-26　Ⅰ—Ⅰ′剖面加桩后稳定性分析模型图

图中，微型桩桩长为 12m，孔径为 110mm，内置 $\phi32$ 的钢筋一根。稳定性评价计算结果见附表 1-16。

附表 1-16　Ⅰ—Ⅰ′剖面的稳定系数表

剖　面	工　况	稳 定 系 数			
		加微型桩前		加微型桩后	
		Bishop	Janbu	Bishop	Janbu
	天　然	1.28	1.15		
Ⅰ—Ⅰ′	饱　水	1.14	1.07	1.28	1.21
	饱水＋地震	0.85	0.8		

C.2.2　Ⅱ—Ⅱ′剖面

该区坡积物的计算参数为：

天然状态：$\gamma = 17.1 \mathrm{kN/m^3}$，$c = 15\mathrm{kPa}$，$\varphi = 21°$；

饱水状态：$\gamma = 19.5 \mathrm{kN/m^3}$，$c = 14\mathrm{kPa}$，$\varphi = 20°$。

分析模型图见附图 1-27 ~ 附图 1-29。

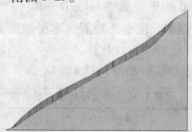

附图 1-27　Ⅱ—Ⅱ′剖面上段稳定性分析模型图

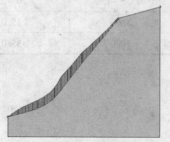 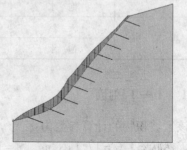

附图 1-28　Ⅱ—Ⅱ′剖面下段加　　　　　附图 1-29　Ⅱ—Ⅱ′剖面下段加
锚前稳定性分析模型图　　　　　　　　锚后稳定性分析模型图

图中，锚杆长为10m，锚固段长为7m，孔径为110mm，内置$\phi 32$的钢筋一根。稳定性计算结果见附表1-17。

附表1-17 Ⅱ—Ⅱ′剖面的稳定系数表

剖 面	工 况		稳 定 系 数			
			加锚前		加锚后	
			Bishop	Janbu	Bishop	Janbu
Ⅱ—Ⅱ′	上段	天 然	1.36	1.28		
		饱 水	1.20	1.18		
		饱水+地震	0.94	0.90		
	下段	天 然	1.21	1.20		
		饱 水	1.05	1.04	1.34	1.26
		饱水+地震	0.86	0.85		

C.2.3 Ⅳ—Ⅳ′剖面

该区坡积物的计算参数为：

天然状态：$\gamma = 17.1\,\mathrm{kN/m^3}$，$c = 16\,\mathrm{kPa}$，$\varphi = 25°$；

饱水状态：$\gamma = 19.5\,\mathrm{kN/m^3}$，$c = 15\,\mathrm{kPa}$，$\varphi = 22°$。

分析模型图见附图1-30、附图1-31。

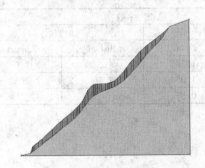

附图1-30 Ⅳ—Ⅳ′剖面加锚
前稳定性分析模型图

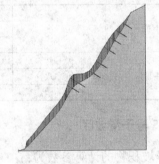

附图1-31 Ⅳ—Ⅳ′剖面加锚
后稳定性分析模型图

图中，锚杆长为12m，锚固段长为7m，孔径为110mm，内置$\phi 32$的钢筋一根。稳定性计算结果见附表1-18。

附表1-18 Ⅳ—Ⅳ′剖面的稳定系数表

剖 面	工 况	稳 定 系 数			
		加锚前		加锚后	
		Bishop	Janbu	Bishop	Janbu
Ⅳ—Ⅳ′	天 然	1.29	1.27		
	饱 水	1.06	1.04	1.30	1.27
	饱水+地震	0.84	0.82		

C. 2. 4　Ⅲ—Ⅲ′剖面

该区坡积物的计算参数为：

天然状态：$\gamma = 17.1 \text{kN/m}^3, c = 15 \text{kPa}, \varphi = 21°$；

饱水状态：$\gamma = 19.5 \text{kN/m}^3, c = 14 \text{kPa}, \varphi = 21°$。

分析模型图见附图 1-32、附图 1-33。

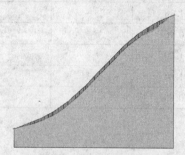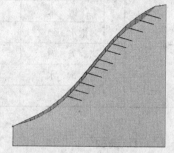

附图 1-32　Ⅲ—Ⅲ′剖面加锚　　　　附图 1-33　Ⅲ—Ⅲ′剖面加锚
前稳定性分析模型图　　　　　　　后稳定性分析模型图

图中，锚杆长为 10m，锚固段长为 7m，孔径为 110mm，内置 $\phi22$ 的钢筋一根。稳定性计算结果见附表 1-19。

附表 1-19　Ⅲ—Ⅲ′剖面的稳定系数表

剖　面	工　况	稳 定 系 数			
		加锚前		加锚后	
		Bishop	Janbu	Bishop	Janbu
Ⅲ—Ⅲ′	天　然	1.29	1.28		
	饱　水	1.08	1.05	1.36	1.30
	饱水 + 地震	0.89	0.87		

C. 2. 5　5 号子滑坡区

该区坡积物的计算参数为：

天然状态：$\gamma = 17.1 \text{kN/m}^3, c = 18 \text{kPa}, \varphi = 25°$；

饱水状态：$\gamma = 19.5 \text{kN/m}^3, c = 15 \text{kPa}, \varphi = 22°$。

分析模型图见附图 1-34、附图 1-35。

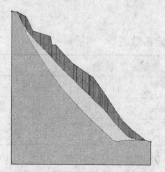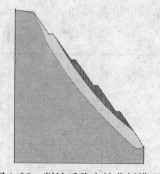

附图 1-34　削坡前稳定性分析模型图　　　　附图 1-35　削坡后稳定性分析模型图

附图 1-35 为整个坡体按 1:1.25 的坡度进行削坡，削坡前后坡体的稳定性计算结果见附表 1-20。

附表 1-20　5 号子滑坡剖面的稳定系数表

剖面	工况	稳定系数			
		削坡前		削坡后	
		Bishop	Janbu	Bishop	Janbu
Ⅸ—Ⅸ′	天然	1.31	1.28		
	饱水	1.08	1.05	1.34	1.30
	饱水 + 地震	0.83	0.78		

C.3　微型桩、锚杆的设计计算

C.3.1　微型桩的设计计算

利用软件 Geoslope 对加桩后的 Ⅰ—Ⅰ′ 剖面的稳定性进行计算，其中具体参数如附表 1-21 所示。

附表 1-21　桩的计算参数取值

桩径	钢筋直径	桩间距	桩长	剪力	剪切工作条件系数
110mm	32mm	2m	12m	154kN	1

桩采用 M25 水泥砂浆，其抗剪强度为 1.80MPa，依据《钢结构设计规范》（GB 50017—2003），直径 32 的钢筋抗剪强度为 170MPa。

因此，桩的剪力 $F = 1.8 \times 10^3 \times 3.14 \times 0.110^2/4 + 120 \times 10^3 \times 3.14 \times 0.32^2/4 = 154kN$。

经计算加桩后的坡体的稳定系数为 1.28，满足设计要求。

C.3.2　锚杆的设计计算

C.3.2.1　Ⅱ—Ⅱ′剖面锚杆的设计计算

利用软件 Geoslope 对加锚杆后的 Ⅱ—Ⅱ′ 剖面的稳定性进行计算，其中具体参数如附表 1-22 所示。

附表 1-22　Ⅱ—Ⅱ′剖面锚杆的计算参数取值

锚固体长度 l_a	锚固体直径 D	锚固体与地层粘结工作条件系数 ξ_1	粘结强度特征值 f_{rb}	锚杆间距	锚杆轴向拉力设计值 N_a	锚杆抗拉工作条件系数 ξ_2
7m	0.11m	1	180kPa	2m	78.7kN	0.69

依据《建筑边坡工程技术规范》（GB 50330—2002）：

锚杆轴向拉力设计值 $N_a = \gamma_Q N_{ak}$

钢筋截面积 $A_s \geq \dfrac{\gamma_0 N_a}{\xi_2 f_y}$

锚杆锚固体与地层的锚固长度 $l_a \geqslant \dfrac{N_{ak}}{\xi_1 \pi D f_{rb}}$

式中　r_Q——载荷分项系数，取 1.3；

　　　N_{ak}——锚杆轴向拉力标准值；

　　　r_0——边坡工程重要系数，取 1；

　　　A_s——锚杆钢筋的截面面积，依据《混凝土结构设计规范》（GB 50010—2002），
　　　　　　直径 22 的钢筋截面积为 380.1mm^2；

　　　f_y——钢筋的抗拉强度设计值，依据《混凝土结构设计规范》（GB 50010—
　　　　　　2002），取 300N/mm^2。

其中，f_{rb} 取 180kPa。

$N_{ak} \leqslant l_a \xi_1 \pi D f_{rb} = 7 \times \pi \times 0.1 \times 180 = 395.8\text{kN}$

$N_a \leqslant 1 \times 395.8 = 395.8\text{kN}$

$N_a \leqslant A_s \xi_2 f_y / \gamma_0 = 380.1 \times 10^{-6} \times 0.69 \times 300 \times 10^3 / 1 = 78.70\text{kN}$

N_a 依据上面的计算结果取最小值，因此取 78.70kN。

经计算加锚后的剖面稳定系数为 1.34，满足设计要求。

C.3.2.2　Ⅳ—Ⅳ′剖面锚杆的设计计算

其方法同Ⅱ—Ⅱ′剖面，其中具体参数如附表 1-23 所示。

附表 1-23　Ⅳ—Ⅳ′剖面锚杆的计算参数取值

锚固体长度 l_a	锚固体直径 D	锚固体与地层粘结工作条件系数 ξ_1	粘结强度特征值 f_{rb}	锚杆间距	锚杆轴向拉力设计值 N_a	锚杆抗拉工作条件系数 ξ_2
7m	0.11m	1	180kPa	2m	166.5kN	0.69

锚杆钢筋的截面面积，依据《混凝土结构设计规范》（GB 50010—2002），直径 32 的钢筋截面为 804.2mm^2；其他参数的取值同Ⅱ—Ⅱ′剖面。

$N_{ak} \leqslant l_a \xi_1 \pi D f_{rb} = 7 \times \pi \times 0.1 \times 180 = 395.8\text{kN}$

$N_a \leqslant 1 \times 395.8 = 395.8\text{kN}$

$N_a \leqslant A_s \xi_2 f_y / \gamma_0 = 804.2 \times 10^{-6} \times 0.69 \times 300 \times 10^3 / 1 = 166.50\text{kN}$

N_a 依据上面的计算结果取最小值，因此取 166.5kN。

经计算加锚后的剖面稳定系数为 1.30，满足设计要求。

C.3.2.3　Ⅲ—Ⅲ′剖面锚杆的设计计算

其方法同Ⅱ—Ⅱ′剖面，其中具体参数如附表 1-24 所示。

附表 1-24　Ⅲ—Ⅲ′剖面锚杆的计算参数取值

锚固体长度 l_a	锚固体直径 D	锚固体与地层粘结工作条件系数 ξ_1	粘结强度特征值 f_{rb}	锚杆间距	锚杆轴向拉力设计值 N_a	锚杆抗拉工作条件系数 ξ_2
7m	0.11m	1	180kPa	2m	78.7kN	0.69

其中 N_a 的计算及其他计算参数同 Ⅱ—Ⅱ′剖面。

经计算加锚后的剖面稳定数为 1.36，满足设计要求。

C.3.2.4　格构的设计计算

格构梁的断面尺寸为 300mm×300mm。

微型桩格构区及锚杆格构区的钢筋按构造配。

微型桩格构区及锚杆格构区的钢筋按构造配。其纵向钢筋直径为 16mm>10mm，梁上部纵向钢筋水平方向的净间距为 100mm > {30mm，1.5d}，下部纵向钢筋水平方向的净间距为 200mm > {25mm，d}，梁中箍筋的最大间距为 200mm。纵筋和箍筋均满足《混凝土结构设计规范》（GB 50010—2002）构造要求。

C.3.2.5　5 号子滑坡区挡土墙的设计计算

（1）设计资料。

物理力学指标：

滑体 $\gamma_1 = 19.5kN/m^3$，$\varphi_1 = 25°$，$c_1 = 18kPa$

滑床 $\gamma_2 = 26.0kN/m^3$，$\varphi_2 = 35°$，$c_2 = 1000kPa$

挡土墙处地表均布荷载值 $q = 0kN/m$。挡土墙的结构设计为顶面宽度 1m，底面宽度 2.0m，地面以上高度 0m，深入土层 4m，墙背倾角 84°，基底倾角 6°。

（2）土压力的计算。依据《建筑边坡工程技术规范》（GB 50330—2002）进行计算。

$$E_{ak} = \frac{1}{2}\gamma H^2 K_a$$

$$K_a = \frac{\sin(\alpha+\beta)}{\sin^2\alpha\sin^2(\alpha+\beta-\varphi-\delta)}\{K_q[\sin(\alpha-\beta)\sin(\alpha-\delta)+\sin(\varphi+\delta)\sin(\varphi-\beta)]+$$

$$2\eta\sin\alpha\cos\varphi\cos(\alpha+\beta-\varphi-\delta)-2\sqrt{K_q\sin(\alpha+\beta)\sin(\varphi-\beta)+\eta\sin\alpha\cos\varphi}\times$$

$$\sqrt{K_q\sin(\alpha-\delta)\sin(\varphi+\sigma)+\eta\sin\alpha\cos\varphi}\}$$

$$K_q = 1 + \frac{2q\sin\alpha\cos\beta}{\gamma H\sin(\alpha+\beta)}\quad;\quad \eta = \frac{2c}{\gamma H}$$

式中　E_{ka}——主动土压力合力标准值，kN/m；

$\quad\quad K_a$——主动土压力系数；

$\quad\quad H$——挡土墙高度，m，取 2m；

$\quad\quad \gamma$——土体重度，kN/m³；

$\quad\quad c$——土的黏聚力，kPa，取 0；

$\quad\quad \varphi$——土的内摩擦角，（°）；

$\quad\quad q$——地表均布荷载标准值，kN/m²；

$\quad\quad \delta$——土对挡土墙墙背的摩擦角，（°），取 8°；

$\quad\quad \alpha$——支挡结构墙背与水平面的夹角，（°）。

$\quad\quad \beta$——滑裂面与水平面的夹角，（°）；

计算得　$E_{ka} = 55.88kN/m$，$E_a = 1.2E_{ka} = 67.07kN/m$。

（3）挡土墙的稳定性验算。

1）挡土墙的抗滑稳定性验算。抗滑稳定性系数为：

$$K_c = \frac{(G_n + E_{an})\mu}{E_{at} - G_t}$$

2）挡土墙的抗倾覆验算。抗倾覆稳定性系数为：

$$K_1 = \frac{Gx_0 + E_{az}x_f}{E_{ax}z_f}$$

$$G_n = G\cos\alpha_0 \, , \, G_t = G\sin\alpha_0 \, , \, G = \gamma_c A$$

$$E_{an} = E_a\sin(\alpha - \alpha_0) \, , \, E_{at} = E_a\sin(\alpha - \alpha_0)$$

$$E_{ax} = E_a\sin\alpha \, , \, E_{az} = E_a\cos\alpha$$

$$z_f = z - b\cos\alpha_0 \, , \, x_f = b - z\cot\alpha_0$$

式中　G——挡土墙每延米自重；

γ_c——混凝土的重度，取 $22kN/m^3$；

A——挡土墙的横截面积；

E_a——挡土墙每延米上作用的主动土压力；

x_0——挡土墙重心离墙趾的距离，取 $1.342m$；

α——挡土墙的墙背倾角；

α_0——挡土墙的基底倾角；

b——基底的水平投影面积；

z——主动土压力作用点离墙趾的距离，取 $1.56m$；

μ——挡土墙对基底的摩擦系数。

经计算得 $K_c = 1.51 \geqslant 1.3$，$K_1 = 1.83 \geqslant 1.6$，满足抗滑及抗倾覆要求。

（4）治理后的稳定性计算结果。治理设计采用 Geoslope 软件进行计算，计算方法采用折线 Bishop 法及 Janbu 法，对工程治理区内 1～3 号子滑坡区的 Ⅰ—Ⅰ′、Ⅱ—Ⅱ′、Ⅲ—Ⅲ′、Ⅳ—Ⅳ′四个计算剖面和 5 号子滑坡区的Ⅸ—Ⅸ′计算剖面，按天然、饱水、饱水＋地震（水平加速度采用 $0.15g$）三种工况进行了治理前后的稳定性计算，计算结果见附表 1-25 和附表 1-26。

附表 1-25　1～3 号子滑坡区治理前后的稳定性计算结果

剖　面	工　况		稳　定　系　数			
			加微型桩前		加微型桩后	
			Bishop	Janbu	Bishop	Janbu
Ⅰ—Ⅰ′		天　然	1.28	1.15		
		饱　水	1.14	1.07	1.28	1.21
		饱水＋地震	0.85	0.8		
Ⅱ—Ⅱ′	上段	天　然	1.36	1.28		
		饱　水	1.20	1.18		
		饱水＋地震	0.94	0.90		
	下段	天　然	1.21	1.20		
		饱　水	1.05	1.04	1.34	1.26
		饱水＋地震	0.86	0.85		
Ⅳ—Ⅳ′		天　然	1.29	1.27		
		饱　水	1.06	1.04	1.30	1.27
		饱水＋地震	0.84	0.82		

剖　面	工　况	稳 定 系 数			
		加微型桩前		加微型桩后	
		Bishop	Janbu	Bishop	Janbu
Ⅲ—Ⅲ′	天　然	1.29	1.28		
	饱　水	1.08	1.05	1.36	1.30
	饱水＋地震	0.89	0.87		

附表 1-26　5 号子滑坡区治理前后的稳定性计算结果

剖　面	工　况	稳 定 系 数			
		削坡前		削坡后	
		Bishop	Janbu	Bishop	Janbu
Ⅸ—Ⅸ′	天　然	1.31	1.28		
	饱　水	1.08	1.05	1.34	1.30
	饱水＋地震	0.83	0.78		

　　根据《滑坡防治工程设计与施工技术规范》（DZ/T 0219—2006）中的规定，治理后的坡体能够满足稳定性的要求。

附录2　K 法的影响函数值

βy	A_{1Z}	B_{1Z}	C_{1Z}	D_{1Z}
0.00	1.0000	0.0000	0.0000	0.0000
0.05	1.0000	0.0500	0.0013	0.0000
0.10	1.0000	0.1000	0.0050	0.0002
0.15	0.9999	0.1500	0.0113	0.0006
0.20	0.9997	0.2000	0.0200	0.0014
0.25	0.9998	0.2500	0.3130	0.0026
0.30	0.9987	0.2999	0.0450	0.0045
0.35	0.9975	0.3498	0.0613	0.0072
0.40	0.9957	0.3997	0.0800	0.0107
0.45	0.9932	0.4494	0.1012	0.0152
0.50	0.9895	0.4990	0.1249	0.0208
0.52	0.9878	0.5188	0.1351	0.0234
0.54	0.9858	0.5385	0.1457	0.0262
0.56	0.9836	0.5582	0.1567	0.0293
0.58	0.9811	0.5778	0.1680	0.0325
0.60	0.9784	0.5974	0.1798	0.0360
0.62	0.9754	0.6170	0.1919	0.0397
0.64	0.9721	0.6364	0.2044	0.0437
0.66	0.9684	0.6559	0.2174	0.0479
0.68	0.9644	0.6752	0.2307	0.0524
0.70	0.9600	0.6944	0.2444	0.0571
0.72	0.9552	0.7136	0.2584	0.0621
0.74	0.9501	0.7326	0.2729	0.0675
0.76	0.9444	0.7516	0.2878	0.0730
0.78	0.9384	0.7704	0.3030	0.0790
0.80	0.9318	0.7891	0.3186	0.0852
0.82	0.9247	0.8077	0.3345	0.0917
0.84	0.9171	0.8261	0.3509	0.0986
0.86	0.9090	0.8443	0.3676	0.1057
0.88	0.9002	0.8624	0.3846	0.1133
0.90	0.8931	0.8804	0.4021	0.1211
0.92	0.8808	0.8981	0.4199	0.1293
0.94	0.8701	0.9156	0.4380	0.1379
0.96	0.8587	0.9329	0.4565	0.1469

续表

βy	A_{1Z}	B_{1Z}	C_{1Z}	D_{1Z}
0.98	0.8466	0.9499	0.4753	0.1562
1.00	0.8337	0.9668	0.4945	0.1659
1.01	0.8270	0.9750	0.5042	0.1709
1.02	0.8201	0.9833	0.5140	0.1760
1.03	0.8129	0.9914	0.5238	0.1812
1.04	0.8056	0.9995	0.5338	0.1865
1.05	0.7980	1.0076	0.5438	0.1918
1.06	0.7902	1.0155	0.5540	0.1973
1.07	0.7822	1.0233	0.5641	0.2029
1.08	0.7740	1.0311	0.5744	0.2086
1.09	0.7655	1.0388	0.5848	0.2144
1.10	0.7568	1.0465	0.5952	0.2203
1.11	0.7479	1.0540	0.6057	0.2263
1.12	0.7387	1.0613	0.6163	0.2324
1.13	0.7293	1.0687	0.6269	0.2386
1.14	0.7196	1.0760	0.6376	0.2449
1.15	0.7097	1.0831	0.6484	0.2514
1.16	0.6995	1.0902	0.6593	0.2579
1.17	0.6891	1.9710	0.6702	0.2646
1.18	0.6784	1.1040	0.6813	0.2713
1.19	0.6674	1.1107	0.6923	0.2782
1.20	0.6561	1.1173	0.7035	0.2852
1.21	0.6446	1.1238	0.7147	0.2923
1.22	0.6330	1.1306	0.7259	0.2997
1.23	0.6206	1.1365	0.7373	0.3068
1.24	0.6082	1.1426	0.7487	0.3142
1.25	0.5955	1.1486	0.7601	0.3218
1.26	0.5824	1.1545	0.7716	0.3294
1.27	0.5691	1.1602	0.7832	0.3372
1.28	0.5555	1.1659	0.7948	0.3451
1.29	0.5415	1.1714	0.8065	0.3531
1.30	0.5272	1.1767	0.8183	0.3612
1.31	0.5126	1.1819	0.8301	0.3695
1.32	0.4977	1.1870	0.8419	0.3778

βy	A_{1Z}	B_{1Z}	C_{1Z}	D_{1Z}
1.33	0.4824	1.1919	0.8538	0.3863
1.34	0.4668	1.1966	0.8657	0.3949
1.35	0.4508	1.2012	0.8777	0.4036
1.36	0.4345	1.2057	0.8898	0.4124
1.37	0.4178	1.2099	0.9018	0.4214
1.38	0.4008	1.2140	0.9140	0.4305
1.39	0.3833	1.2179	0.9261	0.4397
1.40	0.3656	1.2217	0.9383	0.4490
1.41	0.3474	1.2252	0.9506	0.4585
1.42	0.3289	1.2286	0.9628	0.4680
1.43	0.3100	1.2318	0.9751	0.4777
1.44	0.2907	1.2348	0.9865	0.4875
1.45	0.2710	1.2376	0.9998	0.4974
1.46	0.2509	1.2402	1.0122	0.5075
1.47	0.2304	1.2426	1.0246	0.5177
1.48	0.2095	1.2448	1.0371	0.5280
1.49	0.1882	1.2468	1.0495	0.5384
1.50	0.1664	1.2486	1.0620	0.5490
1.51	0.1442	1.2501	1.0745	0.5597
1.52	0.1216	1.2515	1.0870	0.5705
1.53	0.0986	1.2526	1.0995	0.5814
1.54	0.0746	1.2534	1.1121	0.5925
1.55	0.0512	1.2541	1.1246	0.6036
1.56	0.0268	1.2545	1.1371	0.6149
1.57	0.0020	1.2546	1.1497	0.6264
$\pi/2$	0.0000	1.2546	1.1507	0.6273
1.58	−0.0233	1.2545	1.1622	0.6380
1.59	−0.0490	1.2542	1.1748	0.6496
1.60	−0.0753	1.2535	1.1873	0.6615
1.61	−0.1019	1.2526	1.1998	0.6734
1.62	−0.1291	1.2515	1.2124	0.6854
1.63	−0.1568	1.2501	1.2249	0.6976
1.64	−0.1849	1.2484	1.2374	0.7099
1.65	−0.2136	1.2464	1.2498	0.7224

βy	A_{1Z}	B_{1Z}	C_{1Z}	D_{1Z}
1.66	−0.2427	1.2441	1.2623	0.7349
1.67	−0.2724	1.2415	1.2747	0.7476
1.68	−0.3026	1.2386	1.2871	0.7604
1.69	−0.3332	1.2354	1.2995	0.7734
1.70	−0.3644	1.2322	1.3118	0.7863
1.71	−0.3961	1.2282	1.3241	0.7996
1.72	−0.4284	1.2240	1.3364	0.8129
1.73	−0.4612	1.2196	1.3486	0.8263
1.74	−0.4945	1.2148	1.3608	0.8399
1.75	−0.5284	1.2097	1.3729	0.8535
1.76	−0.5628	1.2042	1.3850	0.8673
1.77	−0.5977	1.1984	1.3970	0.8812
1.78	−0.6333	1.1923	1.4089	0.8953
1.79	−0.6694	1.1857	1.4208	0.9094
1.80	−0.7060	1.1789	1.4326	0.9237
1.81	−0.7433	1.1716	1.4444	0.9381
1.82	−0.7811	1.1640	1.4561	0.9526
1.83	−0.8195	1.1560	1.4677	0.9672
1.84	−0.8584	1.1476	1.4792	0.9819
1.85	−0.8980	1.1389	1.4906	0.9968
1.86	−0.9382	1.1297	1.5020	1.0117
1.87	−0.9790	1.1201	1.5132	1.0268
1.88	−1.0203	1.1101	1.5244	1.0420
1.89	−1.0623	1.0997	1.5354	1.0573
1.90	−1.1049	1.0888	1.5464	1.0727
1.91	−1.1481	1.0776	1.5572	1.0882
1.92	−1.1920	1.0659	1.5679	1.1038
1.93	−1.2364	1.0538	1.5785	1.1196
1.94	−1.2815	1.0411	1.5890	1.1354
1.95	−1.3273	1.0281	1.5993	1.1514
1.96	−1.3736	1.0146	1.6095	1.1674
1.97	−1.4207	1.0007	1.6196	1.1835
1.98	−1.4683	0.9862	1.6296	1.1998
1.99	−1.5166	0.9713	1.6393	1.2161
2.00	−1.5656	0.9558	1.6490	1.2325

βy	A_{1Z}	B_{1Z}	C_{1Z}	D_{1Z}
2.01	−1.6153	0.9399	1.6584	1.2491
2.02	−1.6656	0.9235	1.6678	1.2658
2.03	−1.7165	0.9066	1.6769	1.2825
2.04	−1.7682	0.8892	1.6859	1.2993
2.05	−1.8205	0.8713	1.6947	1.3162
2.06	−1.8734	0.8528	1.7033	1.3332
2.07	−1.9271	0.8338	1.7117	1.3502
2.08	−1.9815	0.8142	1.7200	1.3674
2.09	−2.0365	0.7939	1.7280	1.3845
2.10	−2.0923	0.7735	1.7359	1.4020
2.11	−2.1487	0.7523	1.7435	1.4194
2.12	−2.2058	0.7306	1.7509	1.4368
2.13	−2.2636	0.7082	1.7581	1.4544
2.14	−2.3221	0.6853	1.7651	1.4720
2.15	−2.3814	0.6618	1.7718	1.4897
2.16	−2.4413	0.6376	1.7783	1.5074
2.17	−2.5020	0.6129	1.7846	1.5253
2.18	−2.5633	0.5876	1.7906	1.5431
2.19	−2.6254	0.5616	1.7963	1.5611
2.20	−2.6882	0.5351	1.8018	1.5791
2.21	−2.7518	0.5079	1.8070	1.5971
2.22	−2.8160	0.4801	1.8120	1.6152
2.23	−2.8810	0.4516	1.8166	1.6333
2.24	−2.9466	0.4224	1.8210	1.6515
2.25	−3.0131	0.3926	1.8251	1.6698
2.26	−3.0802	0.3621	1.8288	1.6880
2.27	−3.1481	0.3310	1.8323	1.7063
2.28	−3.2167	0.2992	1.8355	1.7247
2.29	−3.2861	0.2667	1.8383	1.7430
2.30	−3.3562	0.2335	1.8408	1.7614
2.31	−3.4270	0.1996	1.8430	1.7798
2.32	−3.4986	0.1649	1.8448	1.7983
2.33	−3.5708	0.1296	1.8462	1.8167
2.34	−3.6439	0.0935	1.8473	1.8352
2.35	−3.7177	0.0567	1.8481	1.8537

续表

βy	A_{1Z}	B_{1Z}	C_{1Z}	D_{1Z}
2. 36	-3. 7922	0. 0191	1. 8485	1. 8722
2. 37	-3. 8675	-0. 0192	1. 8485	1. 8906
2. 38	-3. 9435	-0. 0583	1. 8481	1. 9091
2. 39	-4. 0202	-0. 0981	1. 8473	1. 9276
2. 40	-4. 0976	-0. 1386	1. 8461	1. 9461
2. 41	-4. 1759	-0. 1800	1. 8446	1. 9645
2. 42	-4. 2548	-0. 2221	1. 8425	1. 9830
2. 43	-4. 3345	-0. 2651	1. 8401	2. 0014
2. 44	-4. 4150	-0. 3089	1. 8373	2. 0198
2. 45	-4. 4961	-0. 3534	1. 8339	2. 0381
2. 46	-4. 5780	-0. 3988	1. 8302	0. 0564
2. 47	-4. 6606	-0. 4450	1. 8259	2. 0747
2. 48	-4. 7439	-0. 4920	1. 8213	2. 0930
2. 49	-4. 8280	-0. 5399	1. 8161	2. 1111
2. 50	-4. 9128	-0. 5885	1. 8105	2. 1293
2. 51	-4. 9984	-0. 6381	1. 8043	2. 1474
2. 52	-5. 0846	-0. 6885	1. 7977	2. 1654
2. 53	-5. 1716	-0. 7398	1. 7906	2. 1833
2. 54	-5. 2593	-0. 7920	1. 7829	2. 2012
2. 55	-5. 3477	-0. 8459	1. 7747	2. 2190
2. 56	-5. 4368	-0. 8989	1. 7660	2. 2367
2. 57	-5. 5266	-0. 9538	1. 7567	2. 2543
2. 58	-5. 6172	-1. 0095	1. 7469	2. 2718
2. 59	-5. 7084	-1. 0661	1. 7365	2. 2892
2. 60	-5. 8003	-1. 1236	1. 7256	2. 3065
2. 61	-5. 8929	-1. 1821	1. 7141	2. 3237
2. 62	-5. 9862	-1. 2415	1. 7019	2. 3408
2. 63	-6. 0802	-1. 3018	1. 6892	2. 3578
2. 64	-6. 1748	-1. 3631	1. 6759	2. 3746
2. 65	-6. 2701	-1. 4253	1. 6620	2. 3913
2. 66	-6. 3661	-1. 4885	1. 6474	2. 4078
2. 67	-6. 4628	-1. 5527	1. 6322	2. 4242
2. 68	-6. 5600	-1. 6177	1. 6163	2. 4405
2. 69	-6. 6580	-1. 6838	1. 6327	2. 4566
2. 70	-6. 7565	-1. 7509	1. 5827	2. 4725

续表

βy	A_{1Z}	B_{1Z}	C_{1Z}	D_{1Z}
2.71	−6.8558	−1.8190	1.5648	2.4882
2.72	−6.9556	−1.8881	1.5463	2.5037
2.73	−7.0560	−1.9581	1.5271	2.5191
2.74	−7.1571	−2.0292	1.5071	2.5343
2.75	−7.2588	−2.1012	1.4865	2.5493
2.76	−7.3611	−2.1743	1.4651	2.5640
2.77	−7.4639	−2.2484	1.4430	2.5786
2.78	−7.5673	−2.3236	1.4201	2.5929
2.79	−7.6714	−2.3998	1.3965	2.6070
2.80	−7.7759	−2.4770	1.3721	2.6208
2.81	−7.8810	−2.5553	1.3470	2.6344
2.82	−7.9866	−2.6347	1.3210	2.6477
2.83	−8.0929	−2.7151	1.2943	2.6608
2.84	−8.1995	−2.7965	1.2667	2.6736
2.85	−8.3067	−2.8790	1.2383	2.6862
2.86	−8.4144	−2.9627	1.2091	2.6984
2.87	−5.5225	−3.0473	1.1791	2.7103
2.88	−8.6312	−3.1331	1.1482	2.7220
2.89	−8.7404	−3.2200	1.1164	2.7333
2.90	−8.8471	−3.3079	1.0838	2.7443
2.91	−8.9598	−3.3969	1.0503	2.7550
2.92	−9.0703	−3.4872	1.0158	2.7653
2.93	−9.1811	−3.5784	0.9805	2.7753
2.94	−9.2923	−3.6707	0.9443	2.7849
2.95	−9.4039	−3.7642	0.9071	2.7942
2.96	−9.5158	−3.8588	0.8690	2.8031
2.97	−9.6281	−3.9545	0.8299	2.8115
2.98	−9.7407	−4.0514	0.7899	2.8196
2.99	−9.8536	−4.1493	0.7489	2.8273
3.00	−9.9669	−4.2485	0.7069	2.8346
3.01	−10.0804	−4.3487	0.6639	2.8414
3.02	−10.1943	−4.4501	0.6199	2.8479
3.03	−10.3083	−4.5526	0.5749	2.8538
3.04	−10.4225	−4.6562	0.5289	2.8594
3.05	−10.5317	−4.7611	0.4317	2.8644

续表

βy	A_{1Z}	B_{1Z}	C_{1Z}	D_{1Z}
3.06	− 10.6516	− 4.8670	0.4336	2.8690
3.07	− 10.7665	− 4.9741	0.3844	2.8731
3.08	− 10.8815	− 5.0823	0.3341	2.8767
3.09	− 10.9966	− 5.1917	0.2828	2.8798
3.10	− 11.1119	− 5.3023	0.2303	2.8823
3.11	− 11.2272	− 5.4139	0.1767	2.8844
3.12	− 11.3427	− 5.5268	0.1220	2.8859
3.13	− 11.4580	− 5.6408	0.0662	2.8868
3.14	− 11.5736	− 5.7560	0.0092	2.8872
π	− 11.5919	− 5.7744	0.0000	2.8872
3.15	− 11.6890	− 5.8722	− 0.0490	2.8870
3.16	− 11.8045	− 5.9898	− 1.1083	2.8862
3.17	− 11.9200	− 6.1084	− 0.1688	2.8848
3.18	− 12.0353	− 6.2281	− 0.2305	2.8828
3.19	− 12.1506	− 6.3491	− 0.2934	2.8802
3.20	− 12.2656	− 6.4711	− 0.3574	2.8769
3.21	− 12.3807	− 6.5943	− 0.4227	2.8731
3.22	− 12.4956	− 6.7188	− 0.4894	2.8685
3.23	− 12.6101	− 6.8442	− 0.5571	2.8633
3.24	− 12.7373	− 6.9710	− 0.6262	2.8573
3.25	− 12.8388	− 7.0988	− 0.6966	2.8507
3.26	− 12.9527	− 7.2277	− 0.7682	2.8434
3.27	− 13.0662	− 7.3578	− 0.8411	2.8354
3.28	− 13.1795	− 7.4891	− 0.9154	2.8266
3.29	− 13.2934	− 7.6214	− 0.9909	2.8171
3.30	− 13.4048	− 7.7549	− 1.0678	2.8068
3.31	− 13.5168	− 7.8895	− 1.1460	2.7957
3.32	− 13.6285	− 8.0252	− 1.2256	2.7839
3.33	− 13.7395	− 8.1620	− 1.3065	2.7712
3.34	− 13.8501	− 8.3000	− 1.3888	2.7577
3.35	− 13.9601	− 8.4390	− 1.4725	2.7434
3.36	− 14.0695	− 8.5792	− 1.5577	2.7282
3.37	− 14.1784	− 8.7205	− 1.6441	2.7122
3.38	− 14.2866	− 8.8627	− 1.7321	2.6953
3.39	− 14.3941	− 9.0062	− 1.8214	2.6776

续表

βy	A_{1Z}	B_{1Z}	C_{1Z}	D_{1Z}
3. 40	-14. 5008	-9. 1507	-1. 9121	2. 6589
3. 70	-17. 1662	-13. 9315	-5. 3544	1. 7049
4. 00	-17. 8499	-19. 2524	-10. 3265	-0. 7073
4. 30	-14. 7722	-24. 2669	-16. 8773	-4. 7501
4. 60	-5. 5791	-27. 5057	-24. 7117	-10. 9638
3 π/2	0. 0000	-27. 8317	-27. 8272	-13. 9159
4. 80	5. 3164	-27. 6052	-30. 2589	-16. 4604
5. 10	30. 9997	-22. 4661	-37. 9619	-26. 7317
5. 40	70. 2637	-7. 6440	-42. 7727	-38. 9524
5. 70	124. 7352	21. 2199	-41. 1454	-51. 7563
6. 00	193. 6813	68. 6578	-28. 2116	-62. 5106
2 π	267. 6972	133. 8476	0. 0000	-66. 9238
6. 60	349. 2554	231. 8801	57. 2528	-58. 6870
6. 90	404. 7145	347. 3499	143. 4927	-30. 1819
7. 20	407. 4216	469. 4772	265. 7664	31. 0281
7. 50	313. 3700	580. 6710	423. 9858	133. 6506
7. 80	65. 8475	642. 1835	609. 2596	288. 1681
8. 00	-216. 8647	628. 8779	737. 3101	422. 8713
8. 30	-867. 9091	473. 5998	907. 5542	670. 7544
8. 60	-1843. 2880	75. 6088	997. 2527	959. 4484
8. 90	-3172. 6917	-667. 9794	918. 3664	1252. 3561
9. 20	-4824. 0587	-1860. 5365	551. 4928	1481. 7611
3 π	-6195. 8239	-30977. 9120	0. 0000	1548. 9560
9. 70	-7851. 7063	-5034. 4714	-1108. 6183	1408. 6174
10. 00	-9240. 8733	-7616. 1462	-2995. 7095	812. 3636

附录3　m 法的影响函数值

αy	A_1	B_1	C_1	D_1	E_1
0.0	1	0	0	0	0
0.1	1	0.1	0.005	0.00017	0
0.2	1	0.2	0.02	0.00133	0.00007
0.3	0.99998	0.3	0.045	0.0045	0.00034
0.4	0.99991	0.39999	0.08	0.01067	0.00107
0.5	0.99974	0.49996	0.125	0.02083	0.0026
0.6	0.99935	0.59987	0.17998	0.036	0.0054
0.7	0.9986	0.69967	0.24495	0.05716	0.01
0.8	0.99727	0.79927	0.31988	0.08532	0.01706
0.9	0.99508	0.89852	0.40472	0.12146	0.02733
1.0	0.99167	0.99722	0.49941	0.16657	0.04165
1.1	0.98658	1.09508	0.60384	0.22166	0.06097
1.2	0.97927	1.19171	0.71787	0.28757	0.08633
1.3	0.96908	1.2866	0.84127	0.36536	0.11886
1.4	0.95523	1.3791	0.97373	0.45587	0.15978
1.5	0.93681	1.46839	1.11484	0.55996	0.21041
1.6	0.9128	1.55346	1.26404	0.67841	0.27212
1.7	0.88201	1.63307	1.4206	0.81192	0.34637
1.8	0.84313	1.70575	1.58362	0.96108	0.43467
1.9	0.79467	1.76973	1.7519	1.12634	0.53856
2.0	0.73502	1.82294	1.92402	1.30798	0.65962
2.2	0.57492	1.8871	2.27217	1.72039	0.95947
2.4	0.34691	1.87449	2.60882	2.1953	1.34612
2.6	0.03314	1.75474	2.90669	2.7236	1.82963
2.8	− 0.38548	1.49039	3.12845	3.28761	2.41635
3.0	− 0.92809	1.03679	3.22473	3.85829	3.10653
3.2	− 1.61194	0.34278	3.13221	4.39178	3.89102
3.4	− 2.44967	− 0.6475	2.77223	4.82566	4.74721
3.6	− 3.44542	− 1.99135	2.05038	5.07509	5.63403
3.8	− 4.5898	− 3.74207	0.85751	5.02907	6.48605
4.0	− 5.85329	− 5.94095	− 0.92675	4.54767	7.20694
4.2	− 7.17823	− 8.60589	− 3.42725	3.46084	7.66258
4.4	− 8.46929	− 11.71596	− 6.7619	1.57015	7.67453

续表

αy	A_1	B_1	C_1	D_1	E_1
4.6	−9.58278	−15.19163	−11.02433	−1.34502	7.01496
4.8	−10.31551	−18.87009	−16.2591	−5.51489	5.4044
5.0	−10.39409	−22.4761	−22.42791	−11.15786	2.51465
5.2	−9.46672	−25.58918	−29.36578	−18.44757	−2.0205
5.4	−7.09981	−27.60937	−36.72658	−27.46552	−8.58323
5.6	−2.7832	−27.72502	−43.91853	−38.13644	−17.63387
5.8	4.05145	−24.88855	−50.03197	−50.14434	−29.15273
6.0	13.99309	−17.80855	−53.76463	−62.3283	−43.55636
αy	A_2	B_2	C_2	D_2	E_2
0.0	0.00000	1.00000	0.00000	0.00000	0.00000
0.1	0.00000	1.00000	0.10000	0.00500	0.00017
0.2	−0.00007	0.99999	0.20000	0.02000	0.00133
0.3	−0.00034	0.99996	0.30000	0.04500	0.00450
0.4	−0.00107	0.99983	0.39998	0.08000	0.01067
0.5	−0.00260	0.99948	0.49993	0.12499	0.02083
0.6	−0.00540	0.99870	0.59981	0.17998	0.03600
0.7	−0.01000	0.99720	0.69951	0.24493	0.05716
0.8	−0.01706	0.99454	0.79891	0.31983	0.08531
0.9	−0.02733	0.99016	0.89779	0.40462	0.12145
1.0	−0.04165	0.98334	0.99583	0.49921	0.16654
1.1	−0.06097	0.97317	1.09262	0.60345	0.22156
1.2	−0.08631	0.95855	1.18756	0.71716	0.28747
1.3	−0.11883	0.93817	1.27990	0.84002	0.36516
1.4	−0.15973	0.91047	1.36865	0.97164	0.45550
1.5	−0.21030	0.87366	1.45259	1.11145	0.55932
1.6	−0.27193	0.82566	1.53020	1.25872	0.67734
1.7	−0.34604	0.76413	1.59963	1.41248	0.81019
1.8	−0.43412	0.68645	1.65867	1.57150	0.95835
1.9	−0.53767	0.58968	1.70468	1.73422	1.12214
2	−0.65821	0.47061	1.73456	1.89872	1.30165
2.2	−0.95615	0.15129	1.73109	2.22300	1.70684
2.4	−1.33888	−0.30271	1.61287	2.51873	2.16820
2.6	−1.81478	−0.92598	1.33485	2.74971	2.67236
2.8	−2.38753	−1.75478	0.84178	2.86653	3.19537
3.0	−3.05316	−2.82403	0.06837	2.80404	3.69914
3.2	−3.79622	−4.16287	−1.05910	2.47914	4.12733

续表

αy	A_2	B_2	C_2	D_2	E_2
3.4	-4.58492	-5.78813	-2.61941	1.78930	4.40086
3.6	-5.36534	-7.69539	-4.69037	0.61270	4.41336
3.8	-6.05453	-9.84716	-7.33918	-1.18938	4.02716
4.0	-6.53312	-12.15789	-10.60840	-3.76645	3.07053
4.2	-6.63771	-14.47566	-14.49625	-7.26771	1.33758
4.4	-6.15405	-16.56083	-18.93030	-11.82405	-1.40771
4.6	-4.81250	-18.06264	-23.73398	-17.52124	-5.42113
4.8	-2.28769	-18.49537	-28.58514	-24.36215	-10.95882
5.0	1.79474	-17.21722	-32.96967	-32.21617	-18.24560
5.2	7.84071	-13.41642	-36.12597	-40.75423	-27.42751
5.4	16.25497	-6.11121	-36.99502	-49.36951	-38.50482
5.6	27.38777	5.82694	-34.17277	-57.08507	-51.24208
5.8	41.45479	23.61537	-25.88225	-62.45345	-65.05316
6.0	58.42435	48.45246	-9.97907	-63.45715	-78.86100
αy	A_3	B_3	C_3	D_3	E_3
0.0	0.00000	0.00000	1.00000	0.00000	0.00000
0.1	-0.00017	-0.00001	1.00000	1.00000	0.00500
0.2	-0.00133	-0.00013	0.99999	0.20000	0.02000
0.3	-0.00450	-0.00680	0.99994	0.30000	0.04500
0.4	-0.01067	-0.00213	0.99974	0.39998	0.08000
0.5	-0.02083	-0.00521	0.99922	0.49991	0.12499
0.6	-0.03600	-0.01080	0.99806	0.59974	0.17997
0.7	-0.05716	-0.02001	0.99580	0.69935	0.24492
0.8	-0.08532	-0.03413	0.99181	0.79854	0.31979
0.9	-0.12144	-0.05466	0.98524	0.89705	0.40453
1.0	-0.16652	-0.08329	0.97501	0.99445	0.49901
1.1	-0.22151	-0.12192	0.95975	1.09016	0.60307
1.2	-0.28736	-0.17260	0.93783	1.18342	0.71645
1.3	-0.36495	-0.23760	0.90727	1.27320	0.83878
1.4	-0.45514	-0.31934	0.86574	1.35821	0.96955
1.5	-0.55869	-0.42039	0.81054	1.43680	1.10806
1.6	-0.67628	-0.54348	0.73859	1.50695	1.25340
1.7	-0.80846	-0.69144	0.64637	1.56621	1.40435
1.8	-0.95562	-0.86715	0.52997	1.61162	1.55938
1.9	-1.11794	-1.07357	0.38503	1.63968	1.71655
2.0	-1.29532	-1.31361	0.20676	1.64629	1.87344

αy	A_3	B_3	C_3	D_3	E_3
2.2	− 1.69331	− 1.90568	− 0.27087	1.57537	2.17388
2.4	− 2.14113	− 2.66328	− 0.94884	1.35201	2.42880
2.6	− 2.62620	− 3.59990	− 1.87738	0.91680	2.59313
2.8	− 3.10333	− 4.71751	− 3.10791	0.19728	2.60557
3.0	− 3.54050	− 5.99981	− 4.68788	− 0.89127	2.38556
3.2	− 3.86405	− 7.40337	− 6.65295	− 2.44320	1.83083
3.4	− 3.97853	− 8.84653	− 9.01581	− 4.55689	0.81617
3.6	− 3.75702	− 10.19606	− 11.75089	− 7.32525	− 0.80563
3.8	− 3.03605	− 11.25190	− 14.77432	− 10.82106	− 3.19951
4.0	− 1.61430	− 11.73063	− 17.91863	− 15.07545	− 6.53869
4.2	0.74657	− 11.24932	− 20.90227	− 20.04840	− 10.98828
4.4	4.31469	− 9.31209	− 23.29456	− 25.58958	− 16.67935
4.6	9.37248	− 5.30302	− 24.47806	− 31.38891	− 23.67093
4.8	16.18898	1.50929	− 23.61178	− 36.91681	− 31.89724
5.0	24.97623	11.94853	− 19.60110	− 41.35574	− 41.09780
5.2	35.82509	26.87946	− 11.08309	− 43.52697	− 50.72899
5.4	48.61601	47.11770	3.56014	− 41.82015	− 59.85741
5.6	62.90107	73.28704	26.14335	− 34.13766	− 67.03850
5.8	77.75522	105.61026	58.55356	− 17.87215	− 70.18836
6.0	91.59823	143.61937	102.53238	10.05694	− 66.46333
αy	A_4	B_4	C_4	D_4	E_4
0.0	0.00000	0.00000	0.00000	1.00000	0.00000
0.1	− 0.00500	− 0.00033	− 0.00001	1.00000	0.10000
0.2	− 0.20000	− 0.00267	− 0.00020	0.99999	0.20000
0.3	− 0.04500	− 0.00900	− 0.00101	0.99992	0.29999
0.4	− 0.08000	− 0.02133	− 0.00320	0.99966	0.39997
0.5	− 0.12499	− 0.04167	− 0.00781	0.99896	0.49989
0.6	− 0.17997	− 0.07199	− 0.01620	0.99741	0.59968
0.7	− 0.24490	− 0.11431	− 0.03001	0.99440	0.69918
0.8	− 0.31975	− 0.17060	− 0.05119	0.98908	0.79818
0.9	− 0.40443	− 0.24285	− 0.08199	0.98032	0.89631
1.0	− 0.49881	− 0.33299	− 0.12493	0.96668	0.99306
1.1	− 0.60268	− 0.44292	− 0.18286	0.94634	1.08770
1.2	− 0.71574	− 0.57451	− 0.25886	0.91712	1.17927
1.3	− 0.83753	− 0.72950	− 0.35631	0.87637	1.26650
1.4	− 0.96746	− 0.90954	− 0.47883	0.82101	1.34776

αy	A_4	B_4	C_4	D_4	E_4
1.5	− 1.10468	− 1.11611	− 0.63027	0.74745	1.42101
1.6	− 1.24808	− 1.35043	− 0.81466	0.65157	1.48371
1.7	− 1.39623	− 1.61347	− 1.03618	0.52871	1.53281
1.8	− 1.54728	− 1.90579	− 1.29909	0.37368	1.56461
1.9	− 1.69889	− 2.22748	− 1.60770	0.18071	1.57475
2.0	− 1.84818	− 2.57800	− 1.96620	− 0.05652	1.55812
2.2	− 2.12482	− 3.35955	− 2.84858	− 0.69158	1.41995
2.4	− 2.33901	− 4.22816	− 3.97323	− 1.59150	1.09191
2.6	− 2.43695	− 5.14025	− 5.35541	− 2.82106	0.50057
2.8	− 2.34558	− 6.02301	− 6.99007	− 4.00090	− 0.44309
3.0	− 1.96927	− 6.76472	− 8.84028	− 6.51971	− 1.84214
3.2	− 1.18727	− 7.20390	− 10.82226	− 9.08236	− 3.80956
3.4	0.14717	− 7.11792	− 12.78668	− 12.13313	− 6.46001
3.6	2.20465	− 6.21211	− 14.49634	− 15.61293	− 9.89623
3.8	5.17298	− 4.11147	− 15.60095	− 19.37352	− 14.18824
4.0	9.24375	− 0.35784	− 15.61050	− 23.14032	− 19.34331
4.2	14.58961	5.58352	− 13.87018	− 26.46802	− 25.26497
4.4	21.32923	14.30231	− 9.54133	− 28.69034	− 31.69927
4.6	29.47642	26.39967	− 1.59546	− 28.86740	− 38.16749
4.8	38.87054	42.41401	11.16907	− 25.73656	− 43.88593
5.0	49.08509	62.70634	30.07446	− 17.67648	− 47.67563
5.2	59.31370	87.29438	56.45843	− 2.69874	− 47.86864
5.4	68.23464	115.62512	91.49619	21.51278	− 42.22257
5.6	73.85997	146.27796	135.92622	57.48755	− 27.86204
5.8	73.38160	176.59591	189.65530	107.74502	− 1.27470
6.0	63.03608	202.25181	251.21978	174.42061	41.59958

参 考 文 献

[1] 中华人民共和国行业标准. JGJ 120—1999 建筑基坑支护技术规程 [s]. 北京：中国建筑工业出版社, 1999.

[2] 铁道第二勘察设计院. TB 10025—2001 铁路路基支挡结构设计规范 [s]. 北京：中国铁道出版社, 2001.

[3] 铁道部第二勘测设计院. 抗滑桩设计与计算 [M]. 北京：中国铁道出版社, 1983.

[4] 交通部第二公路勘测设计院. 公路设计手册——路基 [M]. 2 版. 北京：人民交通出版社, 1997.

[5] 中华人民共和国建设部. GB 50003—2001 砌体结构设计规范 [s]. 北京：中国建筑工业出版社, 2001.

[6] 原国家冶金工业部. 锚杆喷射混凝土支护技术规范（GB 50086—2001）[s]. 北京：中国计划出版社, 2002.

[7] 中华人民共和国国家标准. GB 50290—1998 土工合成材料应用技术规范 [s]. 北京：中国计划出版社, 1998.

[8] 交通部标准. JTJ 035—91 公路加筋土工程施工技术规范 [s]. 北京：人民交通出版社, 1993.

[9] 交通部标准. JTJ 015—91 公路加筋土工程设计规范 [s]. 北京：人民交通出版社, 1993.

[10] 交通部标准. JTJ/T 239—1998 水运工程土工织物应用技术规程 [s]. 北京：人民交通出版社, 1998.

[11] 铁道部标准. TB 10118—1999 铁路路基土工合成材料应用技术规范 [s]. 北京：中国铁道出版社, 1999.

[12] 水利部标准. SL/T 225—1998 水利水电工程土工合成材料应用技术规范 [s]. 北京：中国水利电力出版社, 1998.

[13] 交通部水运工程土工织物应用推广组. 土工织物主要生产厂家简介 [M]. 交通部水运工程土工织物应用技术交流研讨会. 1999.

[14] 黄强. 注册岩土工程师专业考试复习教程 [M]. 北京：中国建筑工业出版社, 2002.

[15] 注册岩土工程师必备规范规程汇编 [G]. 北京：中国建筑工业出版社, 2002.

[16] 刘成宇. 土力学 [M]. 2 版. 北京：中国铁道出版社, 1990.

[17] 尉希成. 支挡结构设计手册 [M]. 北京：中国建筑工业出版社, 1995.

[18] 陈忠达. 公路挡土墙设计 [M]. 北京：人民交通出版社, 2001.

[19] 陈忠汉, 黄书秩, 程丽苹. 深基坑工程 [M]. 北京：机械工业出版社, 2002.

[20] 高大钊. 深基坑工程 [M]. 2 版. 北京：机械工业出版社, 2003.

[21] 余志成, 施文华. 深基坑支护设计与施工 [M]. 北京：中国建筑工业出版社, 1997.

[22] 梁钟琪. 土力学及路基 [M]. 成都：西南交通大学出版社, 1982.

[23] 卢雏钧. 锚钉板挡土结构 [M]. 北京：中国铁道出版社, 1989.

[24] 梁炯鎏. 锚固与注浆技术手册 [M]. 北京：中国电力出版社, 1999.

[25] 程良奎, 等. 岩土加固实用技术 [M]. 北京：地震出版社, 1994.

[26] 林宗元. 岩土工程治理手册 [M]. 沈阳：辽宁科学技术出版社, 1993.

[27] 铁道部第四勘测设计院科研所. 加筋土挡墙 [M]. 北京：人民交通出版社, 1985.

[28] 李海光, 等. 新型支挡结构设计与工程实例 [M]. 北京：人民交通出版社, 2004.

[29] 程良奎，杨志银.喷射混凝土与土钉墙［M］.北京：中国建筑工业出版社，2000.

[30] 陈肇元，崔京浩.土钉支护在基坑工程中的应用［M］.北京：中国建筑工业出版社，2000.

[31] 吴家惠.公路支挡构造物［M］.西安：西北工业大学出版社，1995.

[32]《土工合成材料工程应用手册》编写委员会.土工合成材料工程应用手册［M］.北京：中国建筑工业出版社，1994.

[33] 张师德，吴邦颖.加筋土结构原理及应用［M］.北京：中国铁道出版社，1986.

冶金工业出版社部分图书推荐

书　名	作　者	定价(元)
冶金建设工程	李慧民　主编	35.00
建筑工程经济与项目管理	李慧民　主编	28.00
建筑施工技术（第2版）（国规教材）	王士川　主编	42.00
现代建筑设备工程（第2版）（本科教材）	郑庆红　等编	59.00
高层建筑结构设计（本科教材）	谭文辉　主编	39.00
土木工程材料（本科教材）	廖国胜　主编	40.00
混凝土及砌体结构（本科教材）	王社良　主编	41.00
土力学与基础工程（本科教材）	冯志焱　主编	28.00
建筑安装工程造价（本科教材）	肖作义　主编	45.00
土木工程施工组织（本科教材）	蒋红妍　主编	26.00
土木工程专业课程设计（本科教材）	陈安英　主编	29.00
施工企业会计（第2版）（国规教材）	朱宾梅　主编	46.00
水污染控制工程（第3版）（国规教材）	彭党聪　主编	49.00
流体力学及输配管网（本科教材）	马庆元　主编	49.00
土木工程概论（第2版）（本科教材）	胡长明　主编	32.00
建筑施工实训指南（本科教材）	韩玉文　主编	28.00
建筑概论（本科教材）	张　亮　主编	35.00
居住建筑设计（本科教材）	赵小龙　主编	29.00
SAP2000结构工程案例分析	陈昌宏　主编	25.00
建筑结构振动计算与抗振措施	张荣山　著	55.00
理论力学（本科教材）	刘俊卿　主编	35.00
岩石力学（高职高专教材）	杨建中　主编	26.00
地质灾害治理工程设计	门玉明　编著	65.00
岩土材料的环境效应	陈四利　等编著	26.00
混凝土断裂与损伤	沈新普　等著	15.00
建设工程台阶爆破	郑炳旭　等编	29.00
计算机辅助建筑设计	刘声远　编著	25.00
冶金建筑工程施工质量验收规范 （YB4147—2006 代替 YBJ232—1991）		96.00
钢骨混凝土结构技术规程（YB9082—2006）		38.00
现行冶金工程施工标准汇编（上册）		248.00
现行冶金工程施工标准汇编（下册）		248.00